Grundlagen der Astrodynamik und Ephemeridenrechnung

Über den Autor

Ingo Klöckl, geb. 1968, studierte an der Johannes-Gutenberg-Universität Mainz Chemie und promovierte anschliessend in Kernchemie. Sein Interesse für die Softwareentwicklung führte ihn für einige Jahre in die Selbständigkeit im Bereich Softwareentwicklung, auch danach blieb er der Informationstechnologie treu und ist seitdem als Entwickler, Projektleiter und Teamleiter tätig. In dieser Zeit entstanden Bücher zur Programmierung in Postscript („PostScript - Einführung, Workshop, Referenz", Carl Hanser-Verlag 1995, ISBN 3-446-1838-17) und $\LaTeX 2_\varepsilon$ („$\LaTeX 2_\varepsilon$- Tips und Tricks", dpunkt-Verlag 2. Auflage 2002, ISBN 3-89864-145-7) sowie zur Chemie der Malerei („Chemie der Farbmittel. In der Malerei", de Gruyter-Verlag 2015, ISBN 978-3-11-037453-7) und zur Programmierung von Mikrocontrollern („AVR® Mikrocontroller", de Gruyter-Verlag 2015, ISBN 978-3-11-040769-3).

Trotz seiner Beschäftigung in der Informationstechnologie nutzt er seine wissenschaftliche Neugier gern, um Probleme des Alltags auf mathematische Weise zu lösen. Aus der Frage, in welchem Masse ein potentieller Garten von einem neuen Nachbarhaus beschattet werden würde und wie eine Sonnenuhr im Garten beschaffen sein müßte, entstanden Notizen zur Bahnbewegung von Erde und Sonne und zur Berechnung von Sonnenuhren, schließlich Zettelberge und schlussendlich das vorliegende Buch.

Ingo Klöckl

Grundlagen der Astrodynamik und Ephemeridenrechnung
Eine mathematische Einführung für Anfänger

2017

Impressum

Ingo Klöckl, Grundlagen der Astrodynamik und Ephemeridenrechnung
1. Auflage 2017
Publikation durch: Dr. Ingo Klöckl,
B. Lichtenbergstr. 56, D-76189 Karlsruhe
astrodynamik@2k-software.de
ISBN 978-3-00-046047-0

(c) 2017 Ingo Klöckl
Druck und Herstellung: siehe letzte Seite
Satz und Layout: Ingo Klöckl
Umschlagbild: „Naukluftgebirge, Namibia" (2011), Öl 50 cm × 40 cm, Ingo Klöckl
Gesetzt mit LaTeX aus der Schnittger und Opus (FontSite 500 CD).

Für

meine Eltern Franziska und Ingo,
die mir das Ausleben meiner wissenschaftlichen Interessen ermöglicht haben

und

meine Frau Claudia,
die mit großer Geduld meine spontanen Vorlesungen über Sonnenuhren oder die Dynamik
exotischer Planetensysteme am Frühstückstisch wohlwollend angehört hat

und

alle, die über den Weg der Neugier ihr Interesse für das faszinierende Gebiet der Mathematik
und Astronomie entdeckt haben oder noch entdecken mögen.

Inhaltsverzeichnis

Vorwort

Was macht ein Naturwissenschaftler, der im Zug zwischen Karlsruhe und Zürich pendelt und immer drei Stunden unbeschäftigt ist? Er liest als Chemiker natürlich Bücher über Chemie, driftet zur Bio- und Geochemie ab, landet bei der Physik, schliesslich bei alten Sprachen, Betrachtungen über klassische Musik und neue Quantenmaterialien. Treten Veränderungen dieser Routine auf, zum Beispiel durch den Neubau eines Hauses neben dem eigenen Garten, gewinnen einige dieser zufällig gewonnenen Erkenntnisse plötzlich eine neue Bedeutung: was, wenn das neue Haus die Birnbäume beschatten würde? Können weiterhin Himbeeren gepflanzt oder Liegestühle aufgebaut werden? Ist es möglich, den zu erwartenden Schattenwurf des Hauses vorherzuberechnen und die resultierenden Beeinträchtigungen zu ermitteln? Dazu stand doch etwas in einem dieser Bücher über Himmelsmechanik ... Und wenn ich schon dabei bin, ich wollte doch immer mal spielerisch ausrechnen, wann Mars und Venus wo zu sehen sind, oder wie sich das mit den Erdsatelliten und ihren seltsamen Umlaufbahnen verhält. Außerdem stand in einem neuen Journal auch etwas über exotische Exoplaneten, die sehr sonnennahe Umlaufbahnen mit extremen Bahngeschwindigkeiten und Exzentrizitäten haben müssen. Die könnte man auch gleich mal ausrechnen ... Kurz, eine neue Spielwiese war gefunden.

Dieses Buch ist aus Notizen entstanden, die ich bei vielen solcher Bahnfahrten beim Einarbeiten in die Thematik der Himmelsmechanik, speziell der Satelliten- und Planetenbewegung angefertigt habe. Anlass waren die erwähnten praktische Fragestellungen, von denen einige im Hauptteil des Buches als Berechnungsbeispiele dienen.

Das Buch erhebt keinesfalls den Anspruch, die hervorragenden existierenden Bücher zum Thema zu ersetzen, wie z. B. [2] [3] [6] [7] und speziell [1], was als Grundlage des Buches diente. Es soll stattdessen die ersten Schritte in diesem faszinierenden Gebiet erleichtern und zeigt dazu alle mathematischen Herleitungen detailliert mit allen entscheidenden Zwischenschritten und benutzten Identitäten und Umrechnungen. Alle Herleitungen gehen von einem idealisierten System mit einem sphärischen Zentralkörper und einem sphärischen Satelliten ohne weitere Störungen aus und beschränken sich auf Keplerbahnen. Das Buch ist daher besonders für Nichtphysiker oder Anfänger geeignet, zum Beispiel auch im Zuge eines einführenden VHS- oder Volkssternwartenkursus.

Ein Kapitel mit Berechnungsbeispielen stellt den Bezug zur Praxis her. In diesem werden die hergeleiteten astrodynamischen Resultate benutzt, um Fragen nach dem Sonnenstand oder Planetenpositionen, Satellitenbahnen und Schattenwurf zu beantworten. Alle Probleme werden mit Hilfe von Computerprogrammen gelöst, die zugrundeliegende Java-Klassenbibliothek kann von meiner Website heruntergeladen werden. Diese Bibliothek erhebt jedoch keinen Anspruch auf wissenschaftliche Exaktheit, sondern dient der Illustration der Algorithmen und Verfahren. Auf wissenschaftliche Rechenbibliotheken wird auf S. 77 verwiesen.

1 Astronomische Grundlagen

Dieses Kapitel führt in knapper Form einige grundlegende Arbeitsmittel der Himmelsmechanik ein, die im Hauptteil des Buches ausgiebig benutzt werden:

- Zeit und Zeitbezugssysteme. Besonders das Julianische Datum ist für die Durchführung zahlreicher Berechnungen wichtig.

- Astronomische Koordinatensysteme. Im Buch und in der Praxis werden helio-, geo- und topozentrische kartesische Koordinatensysteme sowie das bahnbezogene perifokale Koordinatensystem benötigt. Es werden auch die jeweiligen polaren Koordinaten sowie die Umrechnungen der Systeme untereinander vorgestellt.

In größerer Tiefe werden diese interessanten Themen in [4] [5] [8] [9] [7] behandelt.

1.1 Zeit und Zeitmessung

Zur Bestimmung der Zeit können verschiedene periodische Vorgänge herangezogen werden. Während wir heutzutage dank der modernen Physik meist sofort an Atomuhren zur Zeitbestimmung denken, musste man sich früher an natürlichen periodischen Vorgängen orientieren, die astronomischer Natur sind:

- die tägliche Erddrehung resp. die Bewegung der Sonne um die Erde → Tag

- der Mondumlauf mit den Mondphasen → (Mond-)Monat

- der Erdumlauf mit dem jahreszeitlichen Wechsel → Jahr

Aus der Erddrehung lassen sich mehrere Definitionen des Tages ableiten.

1.1.1 Der Sonnentag

Wahrer Sonnentag Der wahre Sonnentag ist die (ungleichmäßige) Zeit zwischen zwei aufeinanderfolgenden unteren Kulminationen (Tiefständen) der *wahren* Sonne, die bspw. von einer Sonnenuhr angezeigt wird. Die wahre Sonne ist die, die wir am Himmel beobachten können.

Basis des wahren Sonnentages ist die untere Kulmination der wahren Sonne (die wir nicht beobachten können), die mit 0^h wahrer Ortszeit (WOZ) bezeichnet wird. Der Zeitabschnitt zwischen zwei aufeinanderfolgenden unteren Kulminationen (zwischen 0^h WOZ und 24^h WOZ) ist der wahre Sonnentag, der in 24 Stunden geteilt wird. Die obere Kulmination (Höchstand) der wahren Sonne schwankt um wenige Sekunden um den theoretischen Wert $12^h00^m00^s$.

Auf der Nordhalbkugel der Erde findet dieser Meridiandurchgang immer im Süden statt. Die wahre Sonne ist die Bewegung der Sonne entlang der Ekliptik. Da diese Bewegung nicht konstant ist (die Erde bewegt sich auf einer elliptischen Umlaufbahn um die Sonne und ist im Winter in Sonnennähe schneller als im Sommer in Sonnenferne), bewegt sich auch die Sonne scheinbar unterschiedlich rasch um die Erde.

Der wahre Sonnentag liefert eine Definition der Mittagszeit, die von der geographischen Länge des Ortes abhängt: steht die Sonne an einem Ort gerade im Meridian, ist es an einem westlicher gelegenen Ort erst später Vormittag, an einem östlicher gelegenen Ort bereits früher Nachmittag. Da sich die Sonne mit einer Geschwindigkeit von $\frac{24^h}{360°}$ oder $\frac{1^h}{15°}$ um die Erde bewegt, entspricht eine Längendifferenz von $15°$ einem Zeitunterschied von 1^h.

In Verbindung mit der Zeitablesung von Sonnenuhren tritt die Abweichung der wahren Ortszeit von einer Zonenzeit in Erscheinung, die wir in ▸ Absch. 1.1.8 genauer betrachten.

Mittlerer Sonnentag (bürgerlicher Tag) Der mittlere Sonnentag ist die (wenig ungleichmäßige) Zeit zwischen zwei aufeinanderfolgenden Kulminationen der mittleren Sonne, seine Dauer beträgt definitionsgemäß genau 24^h oder $86\,400^s$.

Da die wahre Ortszeit ein unregelmäßiges Zeitmaß ist, wurde die sog. *mittlere Sonne* und damit die *mittlere Ortszeit* eingeführt, die ein nahezu gleichförmiges Zeitmaß ist. Dies wird dadurch erreicht, daß die gedachte jährliche Bewegung einer mittleren Sonne in der gleichen Zeit wie die der wahren Sonne, aber mit gleichförmiger Geschwindigkeit entlang des Himmelsäquators erfolgt.

Als Folge hiervon weicht die mittlere Ortszeit von der wahren Sonnenzeit im Jahresverlauf um bis zu 16^m ab. Diese Abweichung wird durch die *Zeitgleichung* beschrieben:

$$\text{Zeitgleichung} = \text{wahre Ortszeit} - \text{mittlere Ortszeit} \qquad (1.1)$$

Sie setzt sich im wesentlichen aus zwei annähernd periodischen Anteilen zusammen:

- einer Abweichung von $\approx \pm 7,5^m$/Jahr aufgrund der elliptischen Erdbahn und

- einer Abweichung von $\approx \pm 10^m$/Halbjahr aufgrund der Neigung der Erdachse.

Wir werden uns in ▸ Absch. 3.4 mit der praktischen Berechnung dieser Zeitdifferenz befassen.

Auch die mittlere Sonnenzeit weist noch Unregelmäßigkeiten auf, die durch Vorgänge auf der Erde verursacht werden, wie bspw. Massenverlagerungen im Erdinneren oder Verlagerungserscheinungen der Wasser- und Luftmassen.

Besonders in Verbindung mit der Zeitablesung von Sonnenuhren tritt noch die Abweichung der mittleren Ortszeit zur Zonenzeit auf, die wir in ▸ Absch. 1.1.8 genauer betrachten.

1.1.2 Der Sterntag und seine Varianten

Bezieht man die Erdrotation nicht auf die Kulmination der Sonne, sondern auf die ausgewählter Sterne, gelangt man zu Varianten des *Sterntages*.

Siderischer Tag Der siderische Tag ist die Zeitdauer zwischen der wiederkehrenden Kulmination eines fiktiven, unendlich weit entfernten Fixsterns. In dieser Zeit dreht sich die Erde genau einmal um ihre Achse, es zeigt sich danach die exakt gleiche Sternkonstellation wieder. Der siderische Tag hat eine Länge von $23^h56^m04{,}099^s$ Sonnenzeit.

Wahrer Sterntag Der wahre Sterntag ist die Zeit zwischen zwei aufeinanderfolgenden Kulminationen des (wahren) Frühlingspunktes.

Mittlerer Sterntag Der mittlere Sterntag ist die Zeit zwischen zwei aufeinanderfolgenden Kulminationen des mittleren Frühlingspunktes.

Da auch der Frühlingspunkt nicht unveränderlich ist, sondern sich allmählich auf der Ekliptik bewegt, kann man auch hier einen *mittleren Frühlingspunkt* definieren und darauf eine Tagesdefinition aufbauen.

Der mittlere Sterntag unterscheidet sich im wesentlichen durch das Fehlen der Nutation (einer periodischen Taumelbewegung der Erde, die ihrer Rotation überlagert ist) vom wahren Sterntag. Er hat definitionsgemä eine Länge von genau 24^{h} Sternzeit oder $23^{\mathrm{h}}56^{\mathrm{m}}04{,}09054^{\mathrm{s}}$ Sonnenzeit.

1.1.3 Umrechnung der Tagessysteme

Der *Sonnentag* ist die Zeit zwischen zwei Zenitdurchgängen der Sonne. Die Erde muss sich in dieser Zeit etwas mehr als $360°$ drehen, da sie in dieser Zeit noch $^1/_{365}$ ihrer Bahnbewegung um die Sonne absolvieren muss. Der Sonnentag ist daher ein wenig länger als ein siderischer Tag.

$$1 \text{ mittlerer Sterntag} = \qquad\qquad 0{,}9972695664 \text{ mittlere Sonnentage} \qquad (1.2)$$
$$= \quad 23^{\mathrm{h}}56^{\mathrm{m}}4{,}09054^{\mathrm{s}} \text{ mittlere Sonnentage} \approx 23{,}9344697^{\mathrm{h}}$$
$$= \qquad\qquad\qquad\qquad 86.164{,}091^{\mathrm{s}}$$
$$1 \text{ siderischer Tag} = \qquad\qquad 0{,}997269664 \text{ mittlere Sonnentage} \qquad (1.3)$$
$$= \quad 23^{\mathrm{h}}56^{\mathrm{m}}4{,}099^{\mathrm{s}} \text{ mittlere Sonnentage} \approx 23{,}9345^{\mathrm{h}}$$
$$= \qquad\qquad\qquad\qquad 86.164{,}099^{\mathrm{s}}$$
$$1 \text{ mittlerer Sonnentag} = \qquad\qquad 1{,}0027379093 \text{ mittlere Sterntage} \qquad (1.4)$$
$$= \qquad 24^{\mathrm{h}}03^{\mathrm{m}}56{,}55536^{\mathrm{s}} \text{ mittlere Sterntage} \qquad (1.5)$$
$$1 \text{ mittlerer Sonnentag} = \qquad\qquad 1{,}0027378107 \text{ siderische Tage} \qquad (1.6)$$
$$= \qquad 24^{\mathrm{h}}03^{\mathrm{m}}56{,}5468445^{\mathrm{s}} \text{ siderische Tage} \qquad (1.7)$$

1.1.4 Julianisches Datum

Das *Julianische Datum* (nicht zu verwechseln mit dem julianischen Kalender) basiert auf einer fortlaufenden Zählung der Tage ab einem bestimmten Datum, das willkürlich auf den 1. Jänner 4713 v. Chr. festgelegt wurde. Es wird durch Voranstellen von „JD" an die Tagesnummer (den *Julianischen Tag*) gekennzeichnet. Der 1. 1. 4713 v. Chr. (oder auch 1. 1. -4712, das Jahr Null v. Chr. gibt es nicht) entspricht also JD1. Als Einheit wurde der mittlere Sonnentag gewählt.

Der grosse Vorteil des Julianischen Datums ist, dass es eine fortlaufende Zeitbasis darstellt, innerhalb derer Zeitdifferenzen (in Tagen) einfach durch Subtraktion der zwei Tagesdaten ermittelt werden können. Eine Berücksichtigung von unterschiedlich langen Monaten, Schaltjahren, Kalenderformaten et cetera ist unnötig.

Mit dem Julianischen Datum kann nicht nur das Datum eindeutig bestimmt werden, auch *Zeitpunkte* lassen sich darstellen, indem die Tageszeit (UT) als Bruchteil des Tages hinzugerechnet wird. Die Zählung beginnt dabei um 12:00 Mittag und nicht, wie gewöhnlich, um Mitternacht.

Tabelle 1.1 Zusammenhang des gregorianischen Datums (GD) und des Julianischen Datums (JD) sowie des modifizierten Julianischen Datums, mit und ohne Zeitanteil.

Gregorianisches Datum	Julianische Tagesnummer	GD mit Zeitanteil	JD mit Zeitanteil (astronomisch)	Modifiziertes JD
1. 1. -4712	JD1			
		-, 12:00 UT	JD0,0	
2. 1. -4712	JD2			
		-, 00:00 UT	JD0,5	
		-, 12:00 UT	JD1,0	
		-, 24:00 UT	JD1,5	
3. 1. -4712	JD3			
31. 12. -4712	JD366			
		-, 00:00 UT	JD364,5	
		-, 12:00 UT	JD365,0	
		-, 24:00 UT	JD365,5	
1. 1. -4711	JD367			
31. 12. 0	JD1721424			
		-, 00:00 UT	JD1721422,5	
		-, 12:00 UT	JD1721423,0	
		-, 24:00 UT	JD1721423,5	
1. 1. 1	JD1721425			
		-, 00:00 UT	JD1721423,5	
		-, 12:00 UT	JD1721424,0	
		-, 24:00 UT	JD1721424,5	
1. 1. 1990	JD2447893			47893
		-, 12:00 UT	JD2447893,0	47893,0
		-, 18:00 UT	JD2447893,25	47893,25
		-, 24:00 UT	JD2447893,5	47893,5
2. 1. 1990	JD2447894			47894
		-, 00:00 UT	JD2447893,5	47893,5
		-, 06:00 UT	JD2447893,75	47893,75
		-, 12:00 UT	JD2447894,0	47894,0
3. 1. 1990	JD2447895			47895
1. 1. 2005	JD2453371			53371

Um 18:00 ist $^1/_4$ des Tages vergangen und somit der Zeitanteil 0,25. Um Mitternacht ist der halbe Tag vergangen und der Zeitanteil auf 0,5 angewachsen. Es gilt (UT Universalzeit, siehe unten)

$$JD(t) = JD + \frac{UT}{24^h} \qquad (1.8)$$

Es ist zu beachten, dass die ganzzahlige Tagesnummer bei Eins beginnt, während das astronomische Datum bei 0,0 beginnt, sodass sich Verschiebungen im ganzzahligen Anteil ergeben. So hat der Mittag des 1. 1. 4713 v. Chr. die Tagesnummer JD1, aber das Datum JD0,0.

Epoche, Äquinoktium, Julianisches Jahrhundert Vor allem in der Astronomie wird das Julianische Datum sehr häufig herangezogen, um die Bewegung von Himmelskörpern zu berechnen. Da viele Bezugsgrössen wie die Lage der Ekliptik sich im Laufe der Zeit ändern, werden bestimmte Julianische Tagesdaten als Referenztage verwendet, auch *Epoche* oder *Äquinoktium* genannt. Ein Beispiel hierfür ist die Epoche J2000, d. h. der Julianische Tag für den 1. 1. 2000 12:00 Mittag oder JD2451545,0.

Gerade bei langsam verlaufenden Vorgängen wie der ekliptikalen Verlagerung, die erst im Bereich von Jahrhunderten spürbar wird, verwendet man häufig ein Zeitmaß, das der Zahl der verflossenen julianischen Jahrhunderte seit einer Epoche entspricht. Bezieht man sich bspw. auf die Epoche J2000, so ergibt sich das Zeitmass zu

$$T_{J2000}(t) = \frac{JD(t) - 2\,451\,545}{36525} \qquad (1.9)$$

Es ändert seinen Wert pro Jahrhundert um 1 und ist zu Beginn der Epoche 0. Die 36525 ist die Zahl an Tagen in einem julianischen Jahrhundert (1 julianisches Jahr hat 365,25 Tage).

1.1.5 Modifiziertes Julianisches Datum

Da die julianischen Tagesnummern für aktuelle Daten schon sehr gross sind und sich andererseits die ersten beiden Stellen „24" bis ins nächste Jahrhundert hinein nicht ändern werden, existiert noch das *Modifizierte Julianische Datum* (MJD). Der Nullpunkt dieser Zählung ist der 17. 11. 1858 00:00 UT. Dieser Zeitpunkt entspricht dem JD2400000,5, zur Berechnung des MJD wird diese Zahl vom JD abgezogen:

$$MJD(t) = JD(t) - 2\,400\,000, 5 \qquad (1.10)$$

Berechnung Die Berechnung des Julianischen aus einem beliebigen Gregorianischen Datum nach dem Nullpunkt der Zählung kann mit folgendem Programm durchgeführt werden [8]:

Listing 1.1 Konvertierung Gregorianisch→mod. Julianisch / Java

```
public static double getMJDFromDate(Date date){
    int y = date.year;
    int m = date.month;
    int d = date.day;

    int b = 0;
    if (m<=2) {
        m += 12;
        y--;
```

```
10   }
11   if ( (10000*y+100*m+d) <= 15821004){
12     // julian calendar
13     b = -2 + (y+4716)/4 - 1179;
14   } else {
15     // gregorian calendar
16     b = y/400 - y/100 + y/4;
17   }
18   double mjdDate = 365*y - 679004 + b + (int)(30.6001*(m+1)) + d;
19   return mjdDate;
20 }
```

Die Berechnung des Gregorianischen aus dem Julianischen Datum kann mit folgendem Programm durchgeführt werden [8]:

Listing 1.2 Konvertierung Julianisch→Gregorianisch / Java

```
1  public static DateTime getDateTimeFromJD(double JD){
2    JD += 0.5;      // shift of astronomical scale
3    int a = (int)(JD);
4    int b = 0;
5    int c = 0;
6    if (a<2299161){
7      // julian calender
8      b = 0;
9      c = a+1524;
10   } else {
11     // gregorian calendar
12     b = (int)((a-1867216.25)/36524.25);
13     c = a + b -b/4 + 1525;
14   }
15   int d = (int)((c-122.1)/365.25);
16   int e = 365*d + d/4;
17   int f = (int)((c-e)/30.6001);
18   int day = c - e - (int)(30.6001*f);
19   int month = f - 1 - 12*(f/14);
20   int year = d - 4715 - ((7+month)/10);
21   double jdTime = JD - (int)(JD);  // time in fraction of day
22   return new DateTime(new Date(day, month, year),
23                       Time.fromFractionDay(jdTime));
24 }
```

1.1.6 Zeit

Nachdem ein Einblick in die grösseren zeitlichen Bezugssysteme wie Tage gegeben ist, lohnt es sich, die Definitionen von Zeit im Bereich von Tagen bis Sekunden zu betrachten.

1.1.7 Universalzeit UT

Die *Universalzeit* (UT) ist die lokale Zeit in Greenwich, früher auch als Greenwich Mean Time (GMT) bezeichnet. Entscheidend ist, dass diese Zeit für die geographische Länge 0° gilt. Neben den Bezeichnungen UT (oder alt GMT) wird auch zuweilen ein „Z" an die Zeitangabe geschrieben, wie in 1014Z.

Für Präzision im Bereich unter einer Sekunde ist es notwendig, die Bedeutung von UT genauer zu spezifizieren:

UTC Diese koordinierte Universalzeit ist die Grundlage des weltweiten zivilen Zeitsystems. Sie wird mit Hilfe von Atomuhren in vielen Labors rund um die Erde gemessen und vom International Bureau of Weights and Measures zur UTC zusammengefasst, die auf ca. 1 ns täglich genau und über Radiosender und GPS verfügbar ist.

Insbesondere ist UTC nicht mit astronomischen Vorgängen verbunden.

UT1 Diese Zeit beruht auf einer Messung des beobachteten Rotationswinkels der Erde und wird entsprechend häufig für astronomische und navigatorische Fragestellungen herangezogen. Da der Drehwinkel von Vorgängen abhängig ist, die die Erddrehung beeinflussen, kann UT1 leicht von UTC abweichen. Diese Differenzen sind verfügbar.

Damit UTC nicht zu stark von der „natürlichen Erd-Uhrzeit" UT1 abweicht, wird eine Schaltsekunde in UTC eingeschaltet, wenn UTC um mehr als $0{,}9^s$ von UT1 abweicht (ungefähr jährlich).

1.1.8 Zeitzonen

Zeitzonen fassen für ein grösseres Gebiet (typischerweise 15° Längengrade) die Zeit zusammen. Ausgangspunkt für diese Zeitzonen ist der Meridian von Greenwich, 0° Länge. Die dortige Zeitzone ist die Westeuropäische Zeit (WEZ) und entspricht der UTC. Bewegt man sich Richtung Osten, springt die Zonenzeit im Stundentakt zu höheren Werten, Richtung Westen zu niedrigeren Werten. Die Mitteleuropäische Zeit (MEZ) entspricht der mittleren Sonnenzeit auf 15° östlicher Länge. Da diese Zeitzone östlich liegt und die Erde sich ostwärts dreht, ist die MEZ um 1^h grösser als die WEZ (MEZ=UT+1^h). Noch weiter östlich beginnt die Osteuropäischen Zeit (OEZ), die dann der WEZ oder UT um zwei Stunden voraus ist (OEZ=UT+2^h). Aufgrund der Sommerzeit gelten im Sommer die folgenden Umrechnungen: WESZ=UT+1^h, MESZ=UT+2^h, OESZ=UT+3^h.

Da wir die gesetzliche Zonenzeit als normale Zeit empfinden, nehmen wir beim Beobachten des Sonnenlaufs oft scheinbare Diskrepanzen wahr, besonders beim Ablesen der Zeit von Sonnenuhren scheint der Sonnenuhr ein Fehler zu unterlaufen. Neben der bereits diskutierten Abweichung der wahren von der mittleren Ortszeit durch die Zeitgleichung kommt hier noch die Abweichung der Ortszeit von der Zonenzeit ins Spiel, die durchaus im Bereich von $\frac{1}{2} \cdot \frac{1^h}{15°}$ liegen kann.

Zur Ablesung der mittleren Zonenzeit müssen wir daher die Längenabweichung vom Zentrum der Zeitzone korrigieren, die durch einen Winkel $tz_{korr} = tz \cdot 15° + \lambda_E$ beschrieben wird, mit $\lambda_E < 0$ für östliche Längen. tz_{korr} entspricht der Längendifferenz in Grad zwischen dem Zentrum der Zeitzone tz und dem Beobachterstandort und ist positiv, wenn die Sonnenuhr westlich des Zonenzentrums aufgestellt ist. Beispiel: für Karlsruhe mit $\lambda_E = -8°24^m$ in der MEZ-Zone (UT+1h) ist $tz_{korr} = 6°36^m > 0$, da Karlsruhe westlich des Zeitzonenzentrums liegt. Dies bedeutet, daß die wahre und mittlere Sonne später im Mittag steht als im Zonenzentrum. Eine Sonnenuhr, die zum wahren oder mittleren Mittag 12^h00^m WOZ/MOZ anzeigt, muss daher eine spätere MEZ-Uhrzeit anzeigen, nämlich genau $tz_{korr}/15° \cdot 1^h = 26^m$ mehr oder 12^h26^m MEZ.

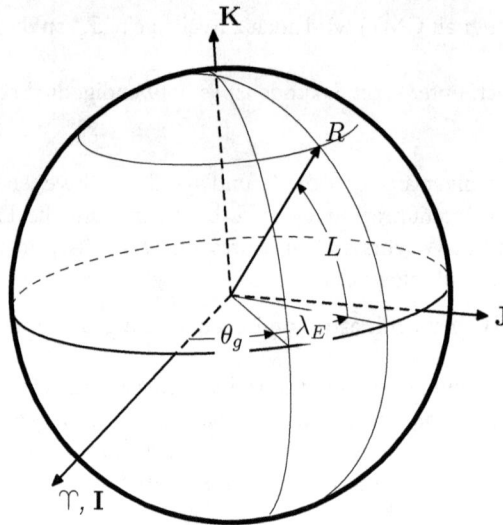

Abbildung 1.1 Ermittlung der lokalen siderischen Zeit θ eines Ortes **R** der geographischen Länge λ_E und Breite L. θ_g ist die lokale Sternzeit von Greenwich zum Beobachtungszeitpunkt t. **I** ist eine feste Bezugsachse, die in die Frühlingsäquinoktialrichtung Υ weist.

1.1.9 Lokale siderische Zeit (Sternzeit)

Die lokale siderische Zeit θ (Sternzeit) kann als Winkel zwischen einer Bezugsachse **I** (der Frühlings-Äquinoktialrichtung Υ) und des Meridians der Beobachtungsstation interpretiert werden. Während **I** eine feste Richtung im Raum vorgibt, beschreibt θ die tägliche Drehung des Erdballs und ändert sich im Laufe eines siderischen Tages um 24^{h}.

Die Sternzeit θ eines Ortes zu einem Beobachtungszeitpunkt kann ermittelt werden, wenn folgende Angaben verfügbar sind ($\blacktriangleright$ Abb. 1.1):

λ_E Geographische östliche Länge von Greenwich der Beobachtungsstation im Stundenmass ($360°$ $= 24^{\mathrm{h}}$, $1^{\mathrm{h}} = 15°$)

t Zeitpunkt der Beobachtung

θ_{g0} Siderische Zeit des Greenwich-Meridians zum Zeitpunkt t_0 (der Drehwinkel des Erdballs zu diesem Bezugszeitpunkt)

t_0 Fester Zeitpunkt, zu dem θ_{g0} bestimmt wurde

$D_\star$, $D_\odot$ Anzahl der Stern- und Sonnentage, die der Zeitdifferenz $t - t_0$ entsprechen

$\omega_\oplus$ Winkelgeschwindigkeit der täglichen Drehung der Erde um ihre Achse, $360°$ pro Sterntag oder $1.0027379093 \times 360°$ pro Sonnentag

θ ist dann die Summe aus geographischer Länge λ_E und siderischer Greenwich-Zeit θ_g. Diese entspricht dem Winkel zwischen **I** oder Υ und dem Meridian von Greenwich zum Zeitpunkt t und kann wiederum aus der siderischen Greenwichzeit θ_{g0} zum Bezugszeitpunkt t_0 und der verstrichenen Zeit bestimmt werden. Für diese Zeitdifferenz können Stern- oder Sonnentage eingesetzt werden:

$$\theta = \theta_g + \lambda_E$$
$$= \theta_{g0} + \omega_\oplus (t - t_0) + \lambda_E$$

in Sterntagen:

$$= \theta_{g0} + 360° \cdot D_\star + \lambda_E \tag{1.11}$$

in Sonnentagen:

$$= \theta_{g0} + 1.0027379093 \cdot 360° \cdot D_\odot + \lambda_E \tag{1.12}$$

Programmatisch kann die lokale Sternzeit mit folgendem Programm aus dem buchbegleitenden Astroframework ermittelt werden [15]:

Listing 1.3 Bestimmung der lokalen Sternzeit/ Java

```
 1  public static Time getSiderealTime(double JD, double longitude){
 2    double D = JD-2451545.0;
 3    double D0 = DateTime.getJDLastMidnight(D);
 4    double H = 24.0*(D-D0);
 5    double T = D/36525.0;
 6    double GMST = 6.697374558 + 0.06570982441908*D0 +
 7      1.00273790935*H + 0.000026*T*T; // [h]
 8    GMST *= 2*PI/24.0;
 9    double LMST = GMST - longitude;
10    return Time.fromRadian(LMST, true);
11  }
```

1.1.10 Sternzeit und Stundenwinkel

Eine Herausforderung für die Astronomie ist die tägliche Drehung der Erde, durch die der ansonsten „stillstehende" Fixsternhimmel in Bewegung gerät. In diesem Zusammenhang sind folgende Grössen von Bedeutung (Abb. 1.2):

Rektaszension α Konstante; Lage des Sterns in Stunden (0-360° = 0-24^h), gemessen vom Frühlingspunkt ♈ (der I-Achse) nach Westen (links). Diese Angabe ist unabhängig von der Erdrotation und hängt nur von der Lage des Sonnensystems relativ zum Gestirn ab. α kann auch als äquatoriale Länge aufgefasst werden.

Sternzeit θ Drehwinkel der Erde in Stunden (0-360° = 0-24^h), verursacht durch die tägliche Rotation der Erde. Gemessen vom Frühlingspunkt ♈ nach Westen (links) zum Meridian (also der Südrichtung des Beobachters).

Stundenwinkel t Der Winkel in Stunden (0-360° = 0-24^h), um den ein Stern von seinem Kulminationspunkt auf dem Süd-Meridian entfernt ist. Der Stundenwinkel ist positiv, wenn der Stern seinen Kulminationspunkt bereits überschritten hat, und negativ, wenn die Kulmination noch bevorsteht.

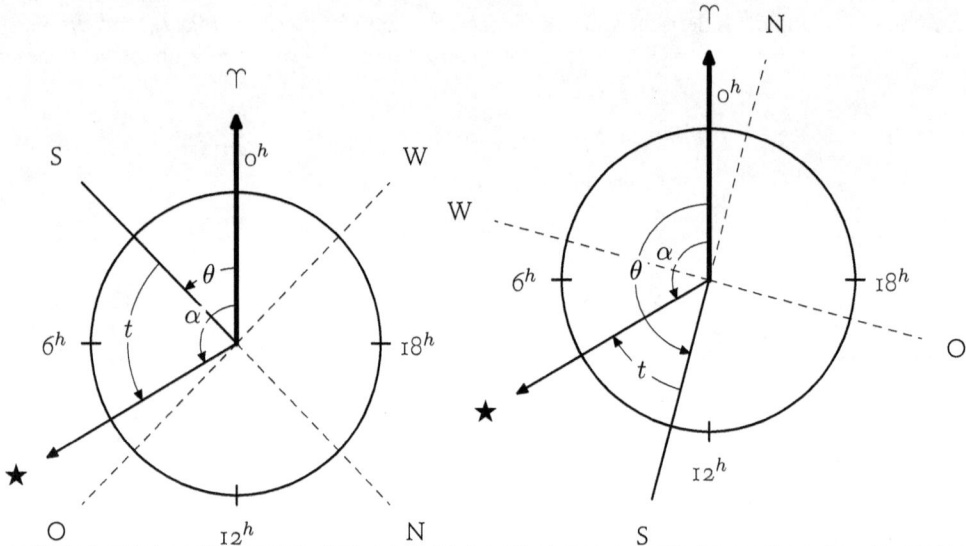

Abbildung 1.2 Zusammenhang zwischen Rektaszension α, Sternzeit θ und Stundenwinkel t. Das Gestirn hat eine Rektaszension von 8^h. In der ersten Konstellation ist es 3^h Sternzeit ($\theta = 3^h$), sodass der Stundenwinkel 5^h beträgt, der Stern kulminiert erst in fünf Stunden. In der zweiten Konstellation ist es bereits 11^h Sternzeit ($\theta = 11^h$), sodass der Stern seit $11\text{-}8 = 3^h$ im Absteigen begriffen ist.

Es gilt der Zusammenhang:

$$t = \theta - \alpha \qquad (1.13)$$

Einige Spezialfälle:

- Für $t = 0$ gilt $\theta = \alpha$; wenn ein Stern mit Rektaszension α kulminiert (Meridiandurchgang des Sterns), dann entspricht die Sternzeit der Rektaszension des Sterns.

- Für $\alpha = 0$ gilt $\theta = t$; ein Stern mit Rektaszension 0^h ist der Zeiger der Sternzeituhr, der Winkel zwischen dem Stern und dem S-Meridian entspricht der Sternzeit (und dem Stundenwinkel).

  Näherungsweise können die Sterne α Pegasi und γ Pegasi diese Funktion erfüllen, die als untere helle Sterne des Pegasusquadrates Rektaszensionen von $23^h5°2$ünd $0^h13°32$besitzen.

Beispiel α eines Sterns sei 8^h, θ sei einmal 3^h und einmal 11^h (▸Abb. 1.2). Dann ist der Stundenwinkel des Sterns im ersten Fall $3\text{-}8 = \text{-}5^h$, das heisst der Stern kulminiert in fünf Stunden. Im zweiten Fall beträgt der Stundenwinkel $11\text{-}8 = 3^h$, der Stern stand somit vor 3^h im Zenit und ist seitdem im Sinken begriffen.

1.2 Das Referenz-Ellipsoid

Für viele Betrachtungen kann die Erde als Kugel betrachtet werden. Speziell in Zusammenhang mit topozentrischen Koordinatensystemen jedoch muss die wirkliche Gestalt der Erde berücksichtigt werden. Dies kann in erster Näherung mit der Annahme eines *Ellipsoids* erfolgen.

Das Referenzellipsoid WGS84 beschreibt die Erde als abgeflachtes Ellipsoid mit den beiden Halbachsen

$$a = 6378,137\,000\,\text{km} \qquad (1.14)$$
$$b = 6356,752\,315\,\text{km}$$

Die Lage eines Punktes $\mathbf{R}$ auf der Erdoberfläche kann – wie im Falle einer perfekten Kugel – mit den Zahlen (λ_E, L, H) (geographische Länge, geographische Breite und Höhe über Meeresspiegel) angegeben werden. Die Umrechnung in kartesische Koordinaten ist jedoch deutlich schwieriger. Das Problem hierbei ist, dass die Breite üblicherweise als *geodätische Breite L* aufgefasst wird, die den Winkel der Normalen in $\mathbf{R}$ und der Äquatorebene darstellt. Bei einem elliptischen Körper fällt dieser Schnittpunkt $\mathbf{F}$ der Normalen mit der Äquatorebene nicht mit dem Zentrum $\mathbf{M}$ zusammen. Die Ortskoordinaten können daher nicht mit der einfachen Parameterdarstellung eines Ellipsoids berechnet werden, für die die geozentrische Breite β benötigt wird.

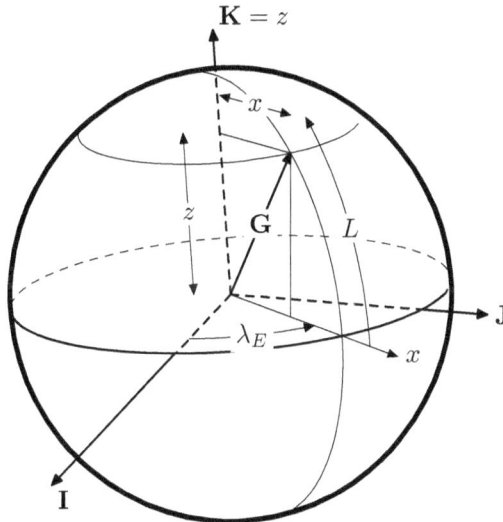

Abbildung 1.3 Umrechnung der Ortskoordinaten (R_x, R_z) auf ein Referenz-Ellipsoid. $\mathbf{G}$ ist der Punkt senkrecht unter $\mathbf{R}$ auf der Erdoberfläche mit der Höhenlage $H = 0$. λ_E und L sind die geographische Länge und Breite des Ortes $\mathbf{R}$, x und z Koordinaten eines (rotationssymmetrischen) Schnittes durch das Ellipsoid. Die Achsen $\mathbf{IJK}$ spannen ein kartesisches Koordinatensystem auf, mit $\mathbf{I}$ in Frühlingsäquinoktialrichtung Υ, $\mathbf{J}$ senkrecht dazu in der Äquatorialebene und $\mathbf{K}$ als Polachse.

Zur Ableitung der Ortskoordinaten aus Länge λ_E und Breite L betrachten wir nun einen Schnitt $\mathbf{G}$ mit der geographischen Länge λ_E durch das Ellipsoid (▷ Abb. 1.3), der in ▷ Abb. 1.4 detaillierter dargestellt ist. Aufgrund der Rotationssymmetrie ist λ_E zunächst unerheblich. Der Rand der Ellipse und damit die Lage des Punktes $\mathbf{G}$ in der Schnittebene sowie ein Vektor in tangentialer Richtung in Parameterdarstellung (▷ Glg. B.50) sind durch

$$\mathbf{G} = (a\cos\beta, b\sin\beta), \quad \mathbf{T} = \frac{d\mathbf{G}}{d\beta} = (-a\sin\beta, b\cos\beta)$$

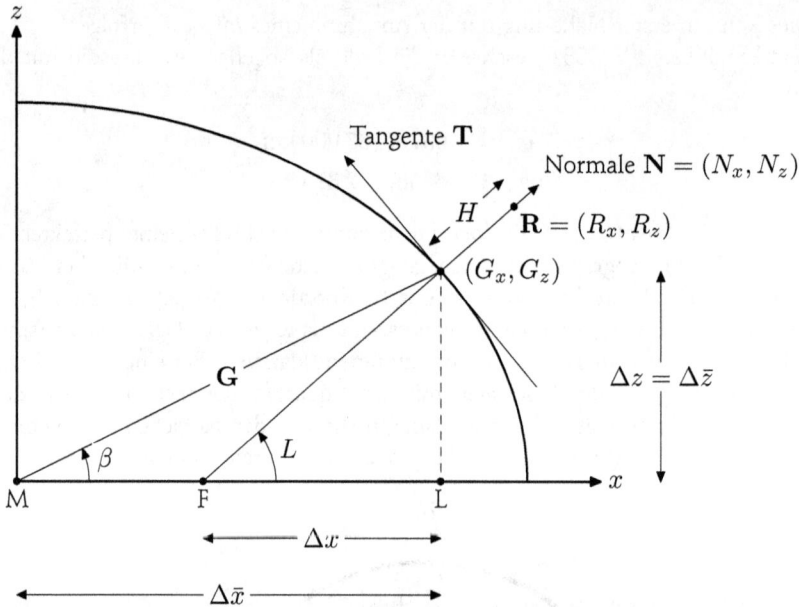

Abbildung 1.4 Ableitung der kartesischen Koordinaten eines Punktes **R** auf einem Ellipsoid. **G** ist der Punkt senkrecht unter **R** auf der Erdoberfläche mit $H = 0$. Dargestellt ist der Schnitt durch das Ellipsoid. L ist die geodätische Breite, β die geozentrische Breite, bei der die Höhenlage H von **R** über **F** berücksichtigt ist. **F** ist der Punkt in der Äquatorebene des Ellipsoids, der genau senkrecht unter **G** in der Normalenrichtung liegt. **L** ist der Schnittpunkt der Äquatorebene mit einem Lot auf die Äquatorebene durch **G**.

gegeben. Der Tangentenvektor ist kein Einheitsvektor, aber diese Eigenschaft wird hier auch nicht benötigt. Gesucht wird nun ein Normalenvektor **N** in **G**, für den gilt:

$$\mathbf{T} \cdot \mathbf{N} = \begin{pmatrix} -a\sin\beta \\ b\cos\beta \end{pmatrix} \cdot \begin{pmatrix} N_x \\ N_z \end{pmatrix} = 0$$
$$-a\sin\beta \cdot N_x + b\cos\beta \cdot N_z = 0$$
$$b\cos\beta \cdot N_z = a\sin\beta \cdot N_x$$
$$\frac{N_z}{N_x} = \frac{a\sin\beta}{b\cos\beta}$$

Dieser Vektor ist ebenfalls kein Einheitsvektor. Dennoch kann er genutzt werden, um L in Zusammenhang mit β zu bringen:

$$\tan L = \frac{\Delta z}{\Delta x} = \frac{N_z}{N_x} = \frac{a\sin\beta}{b\cos\beta} = \frac{a}{b}\tan\beta$$
$$\Leftrightarrow \tan\beta = \frac{\Delta\bar{z}}{\Delta\bar{x}} = \frac{b}{a}\tan L = \frac{b/a\sin L}{\cos L}$$
$$\Rightarrow \Delta\bar{x} = a\cos L$$
$$\Delta\bar{z} = b\sin L$$

Daraus und aus dem Dreieck MLR folgt mit AK=Ankathete, GK=Gegenkathete, Hyp=Hypotenuse des Dreiecks, ▸ Glg. B.5 und ▸ Glg. B.18:

$$\sin\beta = \frac{\text{GK}}{\text{Hyp}} = \frac{\Delta\bar{z}}{\sqrt{\Delta\bar{x}^2 + \Delta\bar{z}^2}} = \frac{b\sin L}{\sqrt{a^2\cos^2 L + b^2\sin^2 L}} = \frac{\sqrt{1-e^2}\sin L}{\sqrt{1-e^2\sin^2 L}}$$

$$\cos\beta = \frac{\text{AK}}{\text{Hyp}} = \frac{\overline{\Delta x}}{\sqrt{\Delta\bar{x}^2 + \Delta\bar{z}^2}} = \frac{a\cos L}{\sqrt{a^2\cos^2 L + b^2\sin^2 L}} = \frac{\cos L}{\sqrt{1-e^2\sin^2 L}}$$

Damit liegt der durch (λ_E, L) beschriebene Punkt in der Schnittebene an den kartesischen Koordinaten:

$$G_x = a\cos\beta = \frac{a\cos L}{\sqrt{\cos^2 L + b^2/a^2\sin^2 L}} = \frac{a\cos L}{\sqrt{1-e^2\sin^2 L}} \tag{1.15}$$

$$G_z = b\sin\beta = \frac{b^2}{a}\frac{\sin L}{\sqrt{\cos^2 L + b^2/a^2\sin^2 L}} = \frac{a(1-e^2)\sin L}{\sqrt{1-e^2\sin^2 L}}$$

Die Höhenlage von $\mathbf{R}$ führt zu einer Verschiebung von $\mathbf{G}$ um

$$\delta x = H\cos L$$
$$\delta z = H\sin L \tag{1.16}$$

Damit folgt für den Ortsvektor (R_x, R_z) von $\mathbf{R}$ in der Schnittebene:

$$\mathbf{R} = \mathbf{G} + \delta$$

$$R_x = \left(\frac{a}{\sqrt{\cos^2 L + b^2/a^2\sin^2 L}} + H\right)\cos L = \left(\frac{a}{\sqrt{1-e^2\sin^2 L}} + H\right)\cos L \tag{1.17}$$

$$R_z = \left(\frac{b^2}{a}\frac{1}{\sqrt{\cos^2 L + b^2/a^2\sin^2 L}} + H\right)\sin L = \left(\frac{a(1-e^2)}{\sqrt{1-e^2\sin^2 L}} + H\right)\sin L \tag{1.18}$$

Berücksichtigt man schliesslich noch die Drehung der Schnittebene um die Länge λ_E, können die endgültigen Koordinaten bestimmt werden:

$$\mathbf{R} = R_i\mathbf{I} + R_j\mathbf{J} + R_k\mathbf{K} \tag{1.19}$$
$$= R_x\cos\lambda_E\mathbf{I} + R_x\sin\lambda_E\mathbf{J} + R_z\mathbf{K}$$

1.3 Astronomische Koordinatensysteme

In der Astronomie existieren verschiedene Koordinatensysteme, die durch ihre jeweiligen Eigenschaften bestimmte Konstellationen besonders gut beschreiben. Man verwendet sie daher nebeneinander.

Die Bewegung der Erde um die Sonne definiert zwei Ebenen, die eine erste Unterscheidung der Koordinatensysteme zulassen:

▪ die *Ekliptik*, das ist die Bahnebene der Erde bei ihrem Umlauf um die Sonne. (Man versteht unter der Ekliptik auch die Bahn der Sonne durch die Sternzeichen, wenn man von der Erde aus die Sonne anpeilt, ▶ Absch. 1.4.1.)

▪ die *Äquatorebene*, eine Ebene parallel zur äquatorialen Ebene der Erde, die die Sonne einschliesst. Die Schnittpunkte dieser Äquatorebene mit der Ekliptik resp. der Erdumlaufbahn definieren den Frühlingspunkt ♈ und den Herbstpunkt.

Den beiden Ebenen sind jeweils Koordinatensysteme zugeordnet, und zwar die ekliptikalen und die äquatorialen.

Der Winkel, unter dem die beiden Ebenen sich schneiden, ist die *Schiefe der Ekliptik*, auch ϵ genannt. Wie die meisten astronomischen Bezugspunkte, sind auch die Ebenen und die davon abgeleiteten Grössen Veränderungen unterworfen, die sich in sehr langen Zeiträumen abspielen. Es ist daher erforderlich, das Datum anzugeben, zu welchem man bspw. den Frühlingspunkt oder die ekliptikale Schiefe verwendet. Diese Bezugsdaten werden *Äquinoktien* genannt und auf in irgendeiner Weise ausgezeichnete Kalenderdaten gelegt. Häufig ist z. B. das Äquinoktium J2000 in Verwendung, d. h. alle Bahndaten werden auf die astronomischen Verhältnisse des Beginns des Julianischen Jahres 2000 bezogen (▶ S. 7).

Weiterhin kann der Bezugspunkt eines Koordinatensystems beliebig gewählt werden. Häufig findet man als Bezugspunkt

▪ die Sonne → heliozentrische Koordinatensysteme,

▪ die Erde → geozentrische Koordinatensysteme,

▪ den Standort des Beobachters → topozentrische Koordinatensysteme.

In Kombination ergeben sich Koordinatensysteme wie das heliozentrisch-ekliptikale, das heliozentrisch-äquatoriale oder das geozentrisch-ekliptikale usf.

1.3.1 Heliozentrisch-Ekliptikales System

Dieses System bezieht sich auf die Sonne und die Ekliptik, ▶ Abb. 1.5.

▪ Bezugspunkt: Zentrum der Sonne.

▪ Fundamental-Ebene: Ekliptik, in die die Achsen $\mathbf{I_e}$ und $\mathbf{J_e}$ gelegt sind ($\mathbf{I_e J_e}$-Ebene).

▪ $\mathbf{I_e}$-Achse: Von der Sonne zum Erdmittelpunkt am 1. Tag des Herbstes (entspricht einer Linie vom Erdmittelpunkt am 1. Tag des Frühlings zur Sonne) in Richtung des Widder, Frühlings-Equinoktial-Richtung, bezeichnet mit ♈.

▪ $\mathbf{J_e}$-Achse: Von der Sonne zum Erdmittelpunkt am 1. Tag des Winters.

▪ $\mathbf{K_e}$-Achse: Senkrechte auf den $\mathbf{I_e}$- und $\mathbf{J_e}$-Achsen in einem rechtshändigen System.

▪ Besonderheiten: Genau genommen wird nicht der Erdmittelpunkt, sondern die Schnittlinie Ekliptik-Äquator benutzt. Da der Äquator durch die Präzessionsbewegung leicht variiert, handelt es sich um kein Inertialsystem.

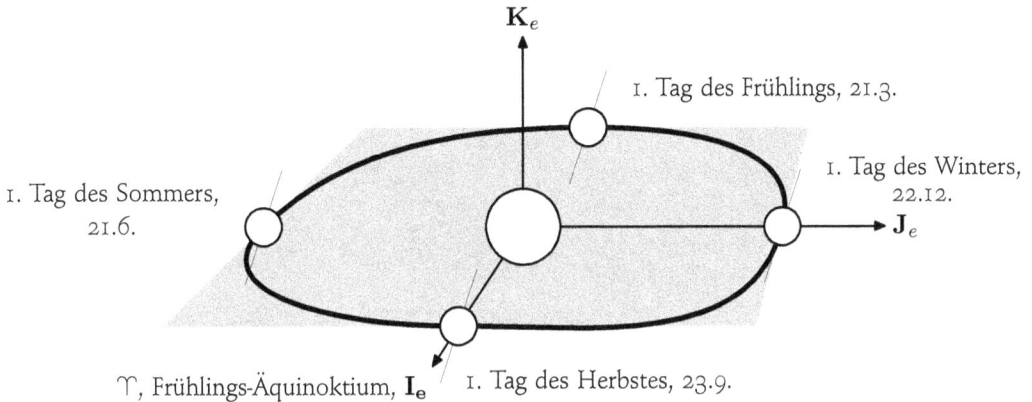

Abbildung 1.5 Das heliozentrisch-ekliptikale System mit der Sonne im Zentrum und der Position der Erde an ausgewählten Tagen des Jahres (21. März, 21. Juni, 23. September, 22. Dezember). Eine der Kardinalachsen (**I**) ist auf den Frühlingspunkt Υ ausgerichtet, die andere (**J**) steht senkrecht dazu innerhalb der Ebene der Ekliptik, die hellgrau gefärbt ist. Die **K**-Achse steht senkrecht auf der Ekliptikalebene.

Polare Koordinaten

Neben den auf die $\mathbf{I_e}$-, $\mathbf{J_e}$- und $\mathbf{K_e}$-Achse bezogenen kartesischen Koordinaten (i_e, j_e, k_e) werden auch polare Koordinaten (r, l, b) (Entfernung r, ekliptikale Länge l und ekliptikale Breite b) verwendet ($\blacktriangleright$ Abb. 1.6). Es gilt $l \in [0°; 360°]$, $b \in [-90°; +90°]$.

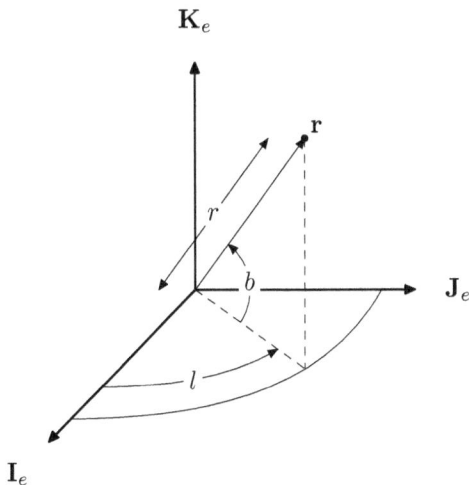

$$\mathbf{r} = (i_e, j_e, k_e) = \begin{pmatrix} r \cos b \cos l \\ r \cos b \sin l \\ r \sin b \end{pmatrix} \quad (1.20)$$

$$r = \sqrt{i_e^2 + j_e^2 + z_e^2} \quad (1.21)$$

$$b = \arcsin \frac{k_e}{r}$$

$$l = \arctan \frac{j_e}{i_e} + \begin{cases} 0 & i_e \geq 0 \\ \pi & i_e < 0 \end{cases}$$

Abbildung 1.6 Polarkoordinaten (r, l, b) eines Punktes $\mathbf{r}$ im heliozentrisch-ekliptikalen System mit den kartesischen Koordinaten (i_e, j_e, k_e). l und b sind die ekliptikale Länge und Breite.

1.3.2 Heliozentrisch-äquatoriales System

Das System bezieht sich auf die Sonne und die Erdäquatorebene, ▶Abb. 1.7.

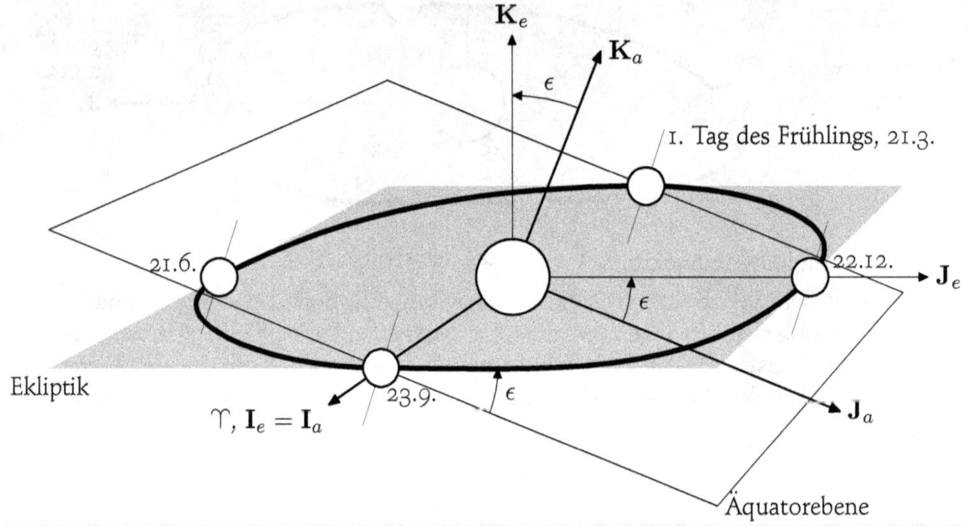

Abbildung 1.7 Das heliozentrisch-äquatoriale System (geneigte, durch Linien begrenzte Ebene) im Vergleich zum heliozentrisch-ekliptikalen System (graue Fläche) mit der Position der Erde an ausgewählten Tagen im Jahr und der Sonne im Zentrum. Die **I**-Achse zeigt wiederum zum Frühlingspunkt ♈, die **J**-Achse steht wiederum senkrecht dazu, aber in der Äquatorialebene. Die **K**-Achse steht senkrecht auf beiden anderen Achsen und der Äquatorialebene.

- Bezugspunkt: Zentrum der Sonne.

- Fundamental-Ebene: Die Ebene, die parallel zur erd-äquatorialen Ebene durch den Sonnenmittelpunkt verläuft und in die die Achsen $\mathbf{I_a}$ und $\mathbf{J_a}$ gelegt werden ($\mathbf{I_a J_a}$-Ebene).

- $\mathbf{I_a}$-Achse: Entspricht der $\mathbf{I_e}$-Achse: von der Sonne zum Erdmittelpunkt am 1. Tag des Herbstes (entspricht einer Linie vom Erdmittelpunkt am 1. Tag des Frühlings zur Sonne) in Richtung des Widder, Frühlings-Equinoktial-Richtung, bezeichnet mit ♈.

- $\mathbf{J_a}$-Achse: Entspricht der um die Schiefe der Ekliptik gedrehten $\mathbf{J_e}$-Achse.

- $\mathbf{K_a}$-Achse: Senkrechte auf den I_a- und J_a-Achsen in einem rechtshändigen System. Entspricht der um die Schiefe der Ekliptik gedrehten $\mathbf{K_e}$-Achse.

- Besonderheiten: Aufgrund der äquatorialen Präzessionsbewegung ebenfalls kein Inertialsystem.

Umrechnung äquatorial–ekliptikal

Die Umrechnung von heliozentrisch-äquatorialen $\mathbf{r}_a = (i_a, j_a, k_a)$ in heliozentrisch-ekliptikale Koordinaten $\mathbf{r}_e = (i_e, j_e, k_e)$ kann mit Hilfe der Schiefe der Ekliptik ϵ durch eine Drehung um die gemeinsame **I**-Achse erzielt werden. Die Rotationsmatrizen lauten:

$$
\begin{aligned}
\mathbf{R}_{a \to e}(\epsilon) &= \mathbf{D}_I(+\epsilon) = \begin{pmatrix} 1 & 0 & 0 \\ 0 & \cos\epsilon & \sin\epsilon \\ 0 & -\sin\epsilon & \cos\epsilon \end{pmatrix} \\[2mm]
\mathbf{R}_{e \to a}(\epsilon) &= \mathbf{D}_I(-\epsilon) = \begin{pmatrix} 1 & 0 & 0 \\ 0 & \cos\epsilon & -\sin\epsilon \\ 0 & \sin\epsilon & \cos\epsilon \end{pmatrix}
\end{aligned}
$$

$$
(i_e, j_e, k_e) = \mathbf{R}_{a \to e}(\epsilon)(i_a, j_a, k_a) \tag{1.22}
$$

$$
(i_a, j_a, k_a) = \mathbf{R}_{e \to a}(\epsilon)(i_e, j_e, k_e) \tag{1.23}
$$

Polare Koordinaten

Auch hier können anstelle der auf die Achsen $\mathbf{I_a}$, $\mathbf{J_a}$ und $\mathbf{K_a}$ bezogenen kartesischen Koordinaten (i_a, j_a, k_a) polare Koordinaten (r, δ, α) (mit Entfernung r, Deklination δ und Rektaszension α) verwendet werden (Abb. 1.8). Es gilt $\alpha \in [0^\mathrm{h}; 24^\mathrm{h}]$, $\delta \in [-90°; +90°]$. Die Koordinaten (δ, α) werden häufig zur Bezeichnung der Position von Sternen benutzt.

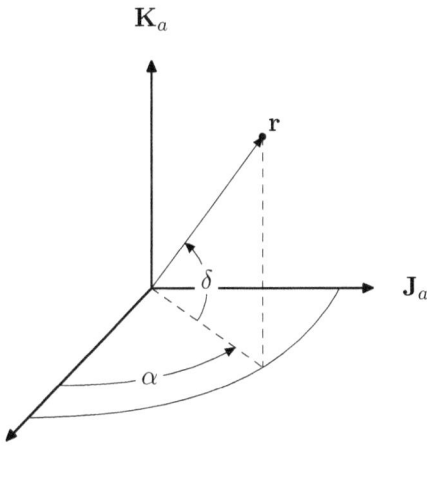

$$
\mathbf{r} = (i_a, j_a, k_a) = \begin{pmatrix} r \cos\delta \cos\alpha \\ r \cos\delta \sin\alpha \\ r \sin\delta \end{pmatrix} \tag{1.24}
$$

$$
r = \sqrt{i_a^2 + j_a^2 + z_a^2} \tag{1.25}
$$

$$
\delta = \arcsin \frac{k_a}{r}
$$

$$
\alpha = \arctan \frac{j_a}{i_a} + \begin{cases} 0 & i_a \geq 0 \\ \pi & i_a < 0 \end{cases}
$$

Abbildung 1.8 Polarkoordinaten (r, α, δ) eines Punktes $\mathbf{r}$ im heliozentrisch-äquatorialen System mit den kartesischen Koordinaten (i_a, j_a, k_a). α und δ heissen Rektaszension und Deklination.

1.3.3 Geozentrisch-Ekliptikales System

Verschiebt man den Bezugspunkt eines heliozentrisch-ekliptikalen Systems in den Erdmittelpunkt, gelangt man zum geozentrisch-ekliptikalen System, Abb. 1.9.

- Bezugspunkt: Erdmittelpunkt.

- Fundamental-Ebene: Ekliptik mit den Achsen **I** und **J** (**IJ**-Ebene).

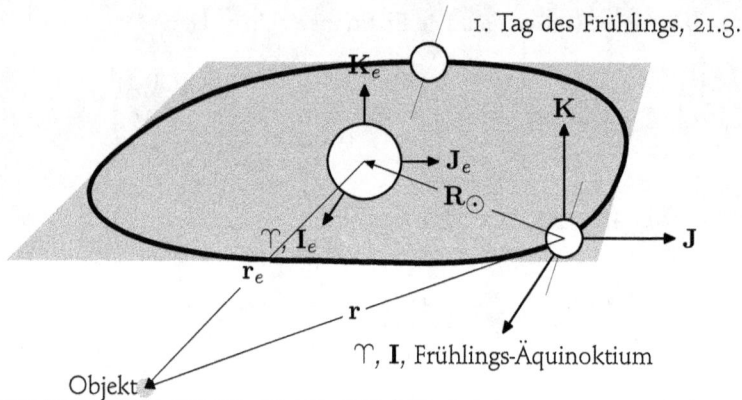

Abbildung 1.9 Das geozentrisch-ekliptikale System sowie der Zusammenhang zwischen heliozentrischem und geozentrischem System. r_e ist der heliozentrische eines Objekts, r der geozentrische Ortsvektor.

- **I**-Achse: Die um die Erdposition verschobene I_e-Achse des heliozentrisch-ekliptikalen Systems.

- **J**-Achse: Die um die Erdposition verschobene J_e-Achse des heliozentrisch-ekliptikalen Systems.

- **K**-Achse: Die um die Erdposition verschobene K_e-Achse des heliozentrisch-ekliptikalen Systems.

- Besonderheiten: Das Koordinatensystem rotiert nicht mit der Erde mit, sondern steht fix in Bezug auf die Sterne (von der Erde aus gesehen).

Umrechnung heliozentrisch-geozentrisch

Abb. 1.9 stellt den Zusammenhang zwischen dem heliozentrisch-ekliptikalen und dem geozentrisch-ekliptikalen System anschaulich dar:

$$r = r_e + R_\odot \qquad (1.26)$$

Hierin ist r der geozentrische Ort, r_e der heliozentrische Ort und $R_\odot$ die geozentrische Position der Sonne.

Polare Koordinaten

Für sehr weit entfernte astronomische Objekte wie Sterne können die heliozentrisch-ekliptikalen Polarkoordinaten (r, l, b) auch im geozentrischen System verwendet werden, da in diesem Falle die Verschiebung des Bezugspunkts um 1 AU gering ist im Vergleich zur Entfernung des nächsten Sterns. Werden dagegen nahe Objekte (Planeten, Satelliten) betrachtet, muss die Verschiebung des Ursprungs von der Sonnen- zur Erdposition berücksichtigt und die dedizierte geozentrische Breite und Länge verwendet werden. Die Umrechnung von kartesischen in polare Koordinaten erfolgt analog zum heliozentrisch-ekliptikalen System.

1.3.4 Geozentrisch-Äquatoriales System

Analog zum geozentrisch-ekliptikalen System ist auch hier der Bezugspunkt in den Erdmittelpunkt verlegt worden, ▸ Abb. 1.10. Die Bezugsebene ist jedoch nicht die Ekliptik, sondern die (Erd-)Äquatorebene.

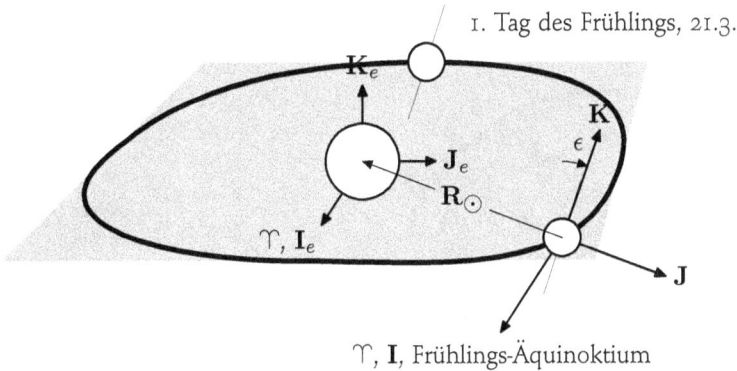

Abbildung 1.10 Das geozentrisch-äquatoriale System. Bezugspunkt ist der Erdmittelpunkt, die **I**-Achse zeigt von dort zum Frühlungspunkt ♈. Die **J**-Achse steht senkrecht auf ihr in der Äquatorebene der Erde. Die **K**-Achse steht senkrecht auf der **IJ**- oder Äquatorebene.

- Bezugspunkt: Zentrum der Erde.

- Fundamental-Ebene: Äquatorebene (**IJ**-Ebene) mit den Achsen **I** und **J**.

- **I**-Achse: Vom Erdmittelpunkt in Richtung des Widder, Frühlings-Equinoktial-Richtung, bezeichnet mit ♈.

- **J**-Achse: Von der **I**-Achse um $90°$ in Richtung Osten versetzt.

- **K**-Achse: Vom Erdmittelpunkt in Richtung des Nordpols.

- Besonderheiten: Das Koordinatensystem rotiert nicht mit der Erde mit, sondern steht fix in Bezug auf die Sterne (von der Erde aus gesehen).

Polare Koordinaten

Analog zum heliozentrisch-äquatorialen System können anstelle der kartesischen polare Koordinaten verwendet werden, die wiederum *Rektaszension* und *Deklination* heissen. Sie sind wie folgt definiert (▸ Abb. 1.11):

- Rektaszension α: Winkel von der Frühlings-Äquinoktial-Richtung (der **I**-Achse), ostwärts gemessen, $\alpha \in [0^{\mathrm{h}}; 24^{\mathrm{h}}]$.

- Deklination δ: Winkel von der Fundamentalebene, nordwärts gemessen, $\delta \in [-90°; +90°]$.

Geozentrisch-äquatoriale Polarkoordinaten sind ausserordentlich wichtig, da sie einerseits das vertraute System von Längen- und Breitenangaben bei Erdpositionen widerspiegeln, andererseits unveränderlich gegenüber der Erddrehung sind. Daher werden sie gerne für die Katalogisierung von Sternörtern benutzt und können sehr leicht auf die Länge und Breite eines terrestrischen Beobachters umgerechnet werden. Dies wird in ▶Absch. 1.3.6 auf S. 30 ausführlich dargestellt.

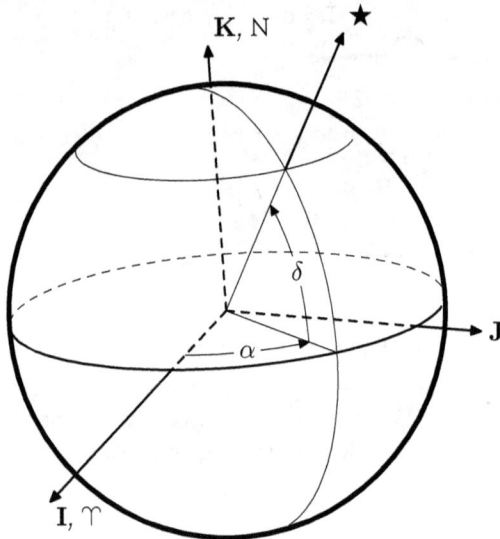

$$\mathbf{r} = r_I \mathbf{I} + r_J \mathbf{J} + r_K \mathbf{K}$$

$$= \begin{pmatrix} \rho \cos \alpha \cos \delta \\ \rho \sin \alpha \cos \delta \\ \rho \sin \delta \end{pmatrix} \qquad (1.27)$$

$$\rho = \sqrt{r_i^2 + r_j^2 + r_k^2} \qquad (1.28)$$

$$\delta = \arcsin \frac{r_k}{\rho}$$

$$\alpha = \arctan \frac{r_j}{r_i} + \begin{cases} 0 & r_i \geq 0 \\ \pi & r_i < 0 \end{cases}$$

Frühlings-Äquinoktium

Abbildung 1.11 Polarkoordinaten (ρ, α, δ) eines Punktes $\mathbf{r}$ mit den kartesischen Koordinaten (r_I, r_J, r_K) oder eines in Verlängerung von $\mathbf{r}$ liegenden Sterns im geozentrisch-äquatorialen System. Die Position eines Sterns wird nur mit Rektaszension α und Deklination δ dargestellt.

1.3.5 Perifokales System, PQW-System

Dieses System bezieht sich auf den Brennpunkt und die Bahnebene eines umlaufenden Körpers. Es ist daher besonders zur Beschreibung der Bahnen von einzelnen Himmelskörpern wie Planeten oder Satelliten geeignet.

- Ursprung: Brennpunkt der Umlaufbahn.

- Fundamental-Ebene: Ebene der Umlaufbahn (**PQ**-Ebene).

- **P**-Achse: Vom Brennpunkt in Richtung Periapsis.

- **Q**-Achse: Von der **P**-Achse um 90°in Richtung der Umlaufbewegung versetzt.

- **W**-Achse: Senkrecht auf der Bahnebene in Richtung des Drehimpulsvektors $\mathbf{h}$.

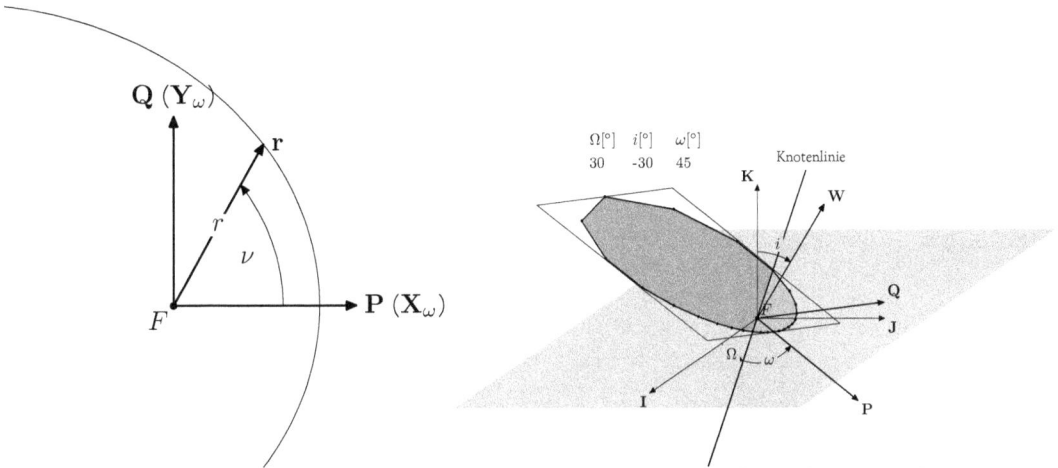

Abbildung 1.12 Das perifokale System. Links: Blick auf die Bahnebene (**PQ**-Ebene). ν ist die wahre Anomalie eines Punktes **r** (kartesische Darstellung) oder $(r, \nu) = (r(\nu), \nu)$ (polare Darstellung) auf der Bahn. Rechts: die Lage der **PQ**- oder Bahnebene im Raum relativ zu einem IJK-System.

Umrechnung in ein IJK-System

Zur Umrechnung in ein IJK-Bezugssystem werden drei Winkel Ω, ω und i benötigt (Abb. 1.13). Diese Winkel können dabei auf ein geozentrisch-äquatoriales (Betrachtung von (Erd-)Satelliten) oder auch ein heliozentrisch-ekliptikales Koordinatensystem (Betrachtung von Planeten) bezogen sein. Zur Verdeutlichung gehen wir zunächst vom IJK-System aus und transformieren es in das PQW-System. Die Transformation erfolgt in drei Schritten, wobei der Brennpunkt in beiden Systemen (PQW und IJK) den Ursprung darstellt:

- eine Drehung um die **K**-Achse um Ω dreht die Periapsis-Linie innerhalb der IJ-Ebene zur Lage der späteren Knotenlinie relativ zum Frühlingspunkt

- eine Drehung um die **I**-Achse um i überführt die Äquator- oder Ekliptikal-Ebene in die Bahnebene, die Knotenlinie als solche entsteht

- eine Drehung um die **K**-Achse um ω dreht die Periapsis-Linie innerhalb der Bahnebene in ihre korrekt Endlage

Die konsekutive Anwendung aller drei Drehungen lässt sich durch eine einzelne Matrix $\mathbf{R}_{pqw \to ijk}$ beschreiben, während eine ähnliche Matrix $\mathbf{R}_{ijk \to pqw}$ die Rücktransformation beschreibt:

$$\mathbf{R}_{pqw \to ijk}(\Omega, i, \omega) = \mathbf{D}_K(-\Omega) \cdot \mathbf{D}_I(-i) \cdot \mathbf{D}_K(-\omega)$$

$$= \begin{pmatrix} \cos\Omega\cos\omega - \sin\Omega\sin\omega\cos i & -\cos\Omega\sin\omega - \sin\Omega\cos\omega\cos i & \sin\Omega\sin i \\ \sin\Omega\cos\omega + \cos\Omega\sin\omega\cos i & -\sin\Omega\sin\omega + \cos\Omega\cos\omega\cos i & -\cos\Omega\sin i \\ \underbrace{\sin\omega\sin i}_{\mathbf{G_P}} & \underbrace{\cos\omega\sin i}_{\mathbf{G_Q}} & \underbrace{\cos i}_{\mathbf{G_R}} \end{pmatrix}$$

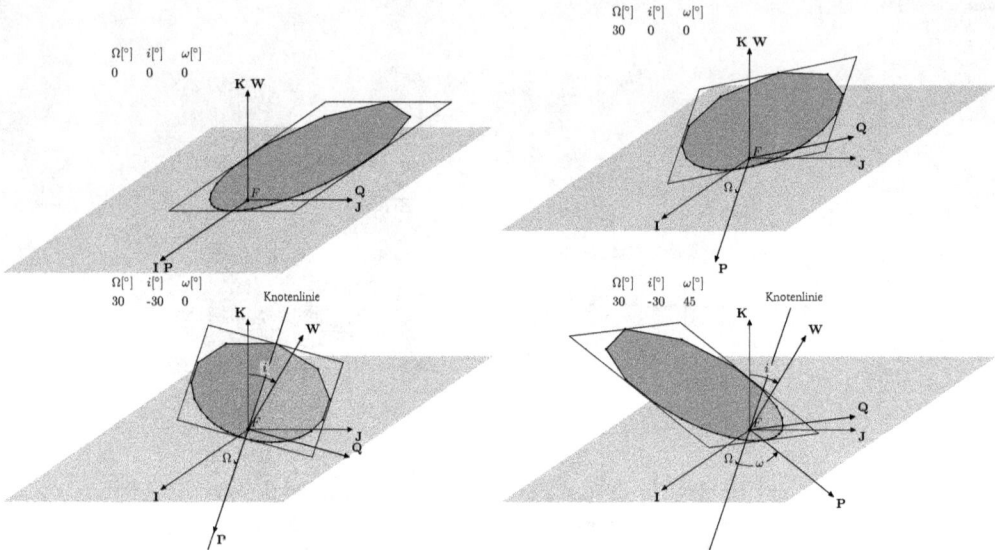

Abbildung 1.13 Überführung des IJK- in das perifokale System durch aufeinanderfolgende Drehungen um die Winkel Ω, i und ω. Die Ursprünge beider Systeme sind identisch.

$$\mathbf{R}_{ijk \to pqw}(\Omega, i, \omega)$$

$$= \begin{pmatrix} \cos\Omega\cos\omega - \sin\Omega\sin\omega\cos i & \sin\Omega\cos\omega + \cos\Omega\sin\omega\cos i & \sin\omega\sin i \\ -\cos\Omega\sin\omega - \sin\Omega\cos\omega\cos i & -\sin\Omega\sin\omega + \cos\Omega\cos\omega\cos i & \cos\omega\sin i \\ \sin\Omega\sin i & -\cos\Omega\sin i & \cos i \end{pmatrix}$$

Mit Hilfe dieser beiden Matrizen können Koordinaten zwischen IJK- und PQW-Systemen transformiert werden:

$$(i, j, k) \;=\; \mathbf{R}_{pqw \to ijk}(\Omega, i, \omega)(p, q, w) \tag{1.29}$$

$$(p, q, w) \;=\; \mathbf{R}_{ijk \to pqw}(\Omega, i, \omega)(i, j, k) \tag{1.30}$$

Die Vektoren $\mathbf{G_P}$, $\mathbf{G_Q}$ und $\mathbf{G_R}$ heissen *Gausssche Vektoren*. Sie stehen senkrecht aufeinander. $\mathbf{G_P}$ und $\mathbf{G_Q}$ liegen innerhalb der Bahnebene und weisen zur Periapsis resp. in Richtung eines Punktes mit wahrer Anomalie $\nu = 90°$.

Darstellung von r und v

Der Ortsvektor $\mathbf{r}$ eines Punktes lässt sich in der Bahnebene als Kegelschnitt in Polarkoordinaten (r, ν) darstellen, ▸Absch. B.5, $\nu \in [0°; 360°]$. In den kartesischen PQ-Koordinaten schauen die Gleichungen wie folgt aus, wenn die grosse und kleine Halbachse a und b, der Halbparameter $p = \frac{b^2}{a}$ oder die numerische Exzentrizität $e = 1 - \frac{b^2}{a^2}$ gegeben sind:

$$\mathbf{r} \;=\; (r\cos\nu)\,\mathbf{P} + (r\sin\nu)\,\mathbf{Q} \tag{1.31}$$

$$r \;=\; \frac{p}{1 + e\cos\nu} = \frac{a(1 - e^2)}{1 + e\cos\nu}$$

Der Geschwindigkeitsvektor $\mathbf{v}$ ist die Ableitung von $\mathbf{r}$ nach der Zeit:

$$
\begin{aligned}
\mathbf{v} &= \dot{\mathbf{r}} \\
&= (\dot{r}\cos\nu - r\dot{\nu}\sin\nu)\,\mathbf{P} + (\dot{r}\sin\nu + r\dot{\nu}\cos\nu)\,\mathbf{Q} \\
&= \left(-\frac{h}{p}\sin\nu\right)\mathbf{P} + \left(\frac{h}{p}\,(e + \cos\nu)\right)\mathbf{Q}
\end{aligned} \tag{1.32}
$$

$$
\begin{aligned}
v &= \frac{h}{p}\sqrt{1 + 2e\cos\nu + e^2} \\
&= \frac{h}{p}\sqrt{\underbrace{1 + e\cos\nu}_{p/r} + \underbrace{1 + e\cos\nu}_{p/r} + \underbrace{e^2 - 1}_{-p/a}} = h\sqrt{\frac{1}{p}\left(\frac{2}{r} - \frac{1}{a}\right)}
\end{aligned} \tag{1.33}
$$

da im PQW-Inertialsystem $\dot{\mathbf{P}} = \dot{\mathbf{Q}} = 0$ gilt. Die Ableitung von r berechnet sich folgendermassen:

$$
\begin{aligned}
\dot{r} &= -\frac{-pe\sin\nu\,\dot{\nu}}{(1 + e\cos\nu)^2} \quad \left(\dot{\nu} = \frac{h}{r^2},\ \triangleright\,\text{Glg. 2.17}\right) \\
&= \frac{pe\sin\nu\,(1 + e\cos\nu)^2 h}{(1 + e\cos\nu)^2 p^2} = e\sin\nu\,\frac{h}{p}
\end{aligned}
$$

An der Periapsis ($\nu = 0°$) gilt $\mathbf{r} \perp \mathbf{v}$, da aus $\triangleright$ Glg. 1.31 und $\triangleright$ Glg. 1.32 folgt

$$
\begin{aligned}
\mathbf{r} \cdot \mathbf{v} &= rv\cos\alpha \\
0 &= \underbrace{r}_{\neq 0}\ \underbrace{v}_{\neq 0}\ \underbrace{\cos\alpha}_{0\,\Rightarrow\,\alpha=90°}
\end{aligned} \tag{1.34}
$$

Die Beträge von $\mathbf{r}$ und $\mathbf{v}$ sind größer Null, sodaß die Gleichheit nur durch $\cos\alpha = 0$ erreicht werden kann, d.h. $\alpha = 90°$.

1.3.6 Topozentrisch-Horizontales System, SEZ-System

Dieses System entspricht dem natürlichen Bezugssystem eines Beobachters auf der Erdoberfläche ($\triangleright$ Abb. 1.14). Sein Ursprung ist der Aufenthaltsort $\mathbf{R}$ des Beobachters, der durch (λ_E, L, H) (geographische Länge, Breite und Höhe über Meeresspiegel) gegeben ist. Das SEZ-System umfasst seine lokale Nord-Süd-, seine West-Ost- sowie seine Zenitrichtung, jeweils bezogen auf seinen augenblicklichen Standpunkt zum aktuellen Zeitpunkt. Das System rotiert mit dem Beobachter mit und ändert sich somit aus seiner Sicht nicht.

- Ursprung: Punkt $\mathbf{R} = (\lambda_E, L, H)$ auf der Erdoberfläche.

- Fundamental-Ebene: Horizontalebene ($\mathbf{SE}$-Ebene).

- $\mathbf{S}$-Achse: In Süd-Richtung.

- $\mathbf{E}$-Achse: In Ost-Richtung.

- $\mathbf{Z}$-Achse: Normale, aufwärts gerichtet.

- Besonderheiten: Das Koordinatensystem rotiert mit der Erde mit und ist daher kein Inertialsystem.

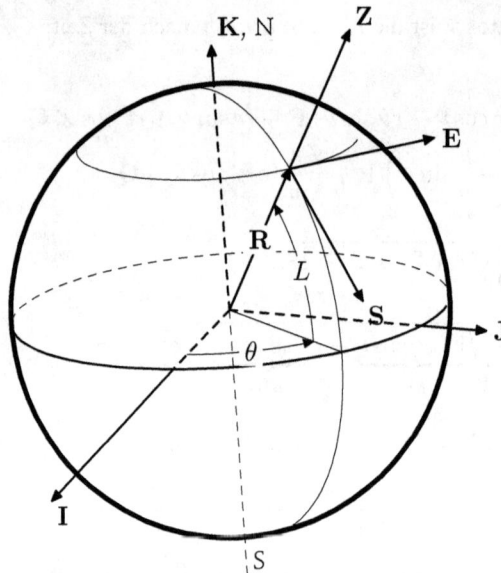

Abbildung 1.14 Das topozentrische SEZ-System in einem Ort **R**. Das SEZ-System steht zum IJK-System über die Winkel θ (die lokale Sternzeit, um Erddrehung korrigierte geographische Länge) und L (die geographische Breite des Punkts **R**) in Beziehung.

Polare Koordinaten

Häufig wird der topozentrische Ortsvektor eines Objekts nicht direkt in SEZ-Koordinaten bestimmt, sondern aus Radarmessungen oder Beobachtungen gewonnen. Dabei ist es natürlich, Polarkoordinaten als topozentrische Entsprechung von Länge und Breite zu verwenden, die in diesem Falle *Azimut* und *Elevation* genannt werden (▸ Abb. 1.15):

- Az: Azimutwinkel, Winkel zwischen Nordrichtung und Objekt, gemessen ostwärts, $Az \in [0^\text{h}; 24^\text{h}]$,

- El: Elevation, Winkel zwischen der Fundamentalebene (Horizont) und der Sichtlinie zum Objekt, $El \in [-90°; +90°]$,

- ρ: Entfernung des Objekts auf der Sichtlinie.

Mit Hilfe dieser Angaben kann der SEZ-Ortsvektor $\boldsymbol{\rho}$ dann wie folgt ausgedrückt werden:

$$\begin{aligned} \boldsymbol{\rho} &= \boldsymbol{\rho}_{SEZ} = \rho_S \mathbf{S} + \rho_E \mathbf{E} + \rho_Z \mathbf{Z} \\ &= (-\rho \cos El \cos Az)\, \mathbf{S} + (\rho \cos El \sin Az)\, \mathbf{E} + (\rho \sin El)\, \mathbf{Z} \end{aligned} \qquad (1.35)$$

Radarstationen können neben den Ortskoordinaten häufig auch deren Änderungsraten $\dot{A}z$, $\dot{E}l$ und $\dot{\rho}$ liefern. In diesem Falle kann auch der Geschwindigkeitsvektor im SEZ-System ausgedrückt

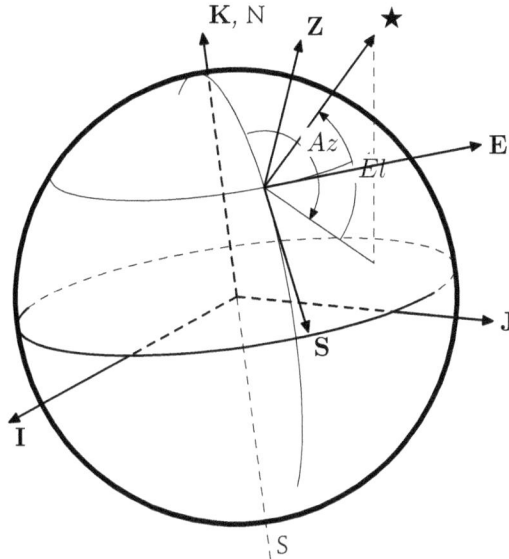

Abbildung 1.15 Azimut und Elevation eines Objekts im topozentrischen SEZ-System. Das Azimut ist der Winkel von der Nordrichtung zum Topozentrum **R** (dem Fusspunkt des Objektes) in der **SE**-Ebene, ostwärts gemessen. Die Elevation ist der Winkel zwischen der **SE**-Ebene und dem Ortsvektor des Objekts.

werden, der sich als Ableitung nach t aus $\boldsymbol{\rho}$ ergibt:

$$
\begin{aligned}
\dot{\boldsymbol{\rho}} \;=\; & \dot{\boldsymbol{\rho}}_{SEZ} = \dot{\rho}_S \mathbf{S} + \dot{\rho}_E \mathbf{E} + \dot{\rho}_Z \mathbf{Z} \\
=\; & \left(-\dot{\rho}\cos El \cos Az + \rho \sin El(\dot{El})\cos Az + \rho \cos El \sin Az(\dot{Az}) \right) \mathbf{S} \\
& + \left(\dot{\rho}\cos El \sin Az - \rho \sin El(\dot{El})\sin Az + \rho \cos El \cos Az(\dot{Az}) \right) \mathbf{E} \\
& + \left(\dot{\rho}\sin El + \rho \cos El(\dot{El}) \right) \mathbf{Z}
\end{aligned}
\tag{1.36}
$$

Die Rückrechnung aus kartesischen in polare SEZ-Koordinaten für den Ortsvektor $\boldsymbol{\rho}$ ($\triangleright$ Abb. 1.16) erfolgt über die Formeln:

$$
\rho \;=\; \sqrt{\rho_S^2 + \rho_E^2 + \rho_Z^2}
\tag{1.37}
$$

$$
El \;=\; \arcsin \frac{\rho_Z}{\rho}
\tag{1.38}
$$

$$
\sin Az' = \frac{\rho_E}{\sqrt{\rho_S^2 + \rho_E^2}}, \quad \cos Az' = \frac{-\rho_S}{\sqrt{\rho_S^2 + \rho_E^2}}
$$

$$
Az' = \arcsin \frac{\rho_E}{\sqrt{\rho_S^2 + \rho_E^2}} = \arccos \frac{-\rho_S}{\sqrt{\rho_S^2 + \rho_E^2}}
$$

$$Az = \begin{cases} Az' + 2\pi & \rho_S < 0, \rho_E < 0, \text{Quadrant IV} \\ Az' & \rho_S < 0, \rho_E \geq 0, \text{Quadrant I} \\ \pi - Az' & \rho_S \geq 0, \rho_E < 0, \text{Quadrant III} \\ \pi - Az' & \rho_S \geq 0, \rho_E \geq 0, \text{Quadrant II} \end{cases} \qquad (1.39)$$

Da die Elevation im Bereich $[-\frac{\pi}{2}; \frac{\pi}{2}]$ liegt und damit im Definitionsbereich des Hauptzweiges des Arkussinus, ist keine Quadrantenunterscheidung für El erforderlich. Im Gegensatz hierzu kann der Azimutwinkel alle vier Quadranten überstreichen, zur korrekten Auflösung der Arkusfunktion muss daher mit Hilfe des Cosinus eine Quadrantenunterscheidung vorgenommen werden.

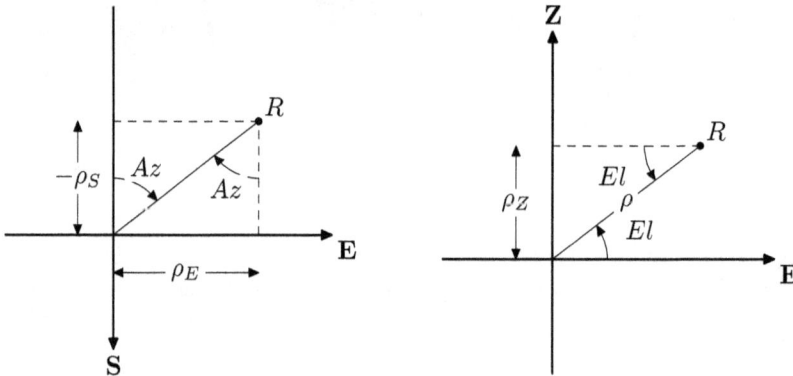

Abbildung 1.16 Ermittlung von Azimut und Elevation sowie des richtigen Quadranten durch Betrachtung von Sinus und Cosinus der Winkel auf verschiedene Arten. Gezeigt sind die Projektionen von **R** und die Winkel auf die **ES**- und **EZ**-Ebene.

Die Ermittlung der zeitlichen Ableitung der Polarkoordinaten aus dem gegebenen kartesischen Geschwindigkeitsvektor $\dot{\boldsymbol{\rho}}$ ist etwas aufwendiger. ▸ Glg. 1.36 kann als lineares Gleichungssystem aufgefasst werden:

$$-\dot{\rho}\cos El \cos Az + \dot{El}\rho \sin El \cos Az \qquad +\dot{Az}\rho \cos El \sin Az - \dot{\rho}_s \qquad = 0$$
$$\dot{\rho}\cos El \sin Az - \dot{El}\rho \sin El \sin Az \qquad +\dot{Az}\rho \cos El \cos Az - \dot{\rho}_E \qquad = 0$$
$$\dot{\rho}\sin El + \dot{El}\rho \cos El \qquad\qquad\qquad - \dot{\rho}_Z \qquad = 0$$

Die Lösung dieses Systems liefert

$$\dot{\rho} = -\dot{\rho}_S \cos El \cos Az + \dot{\rho}_E \cos El \sin Az + \dot{\rho}_Z \sin El$$
$$= \frac{1}{\rho}(\boldsymbol{\rho} \cdot \dot{\boldsymbol{\rho}}) \qquad\qquad (1.40)$$

$$\dot{Az} = \frac{1}{\rho \cos^2 El \sin Az}(\dot{\rho}\cos Az + \dot{\rho}_S \cos El - \dot{\rho}_Z \sin El \cos Az)$$
$$= \frac{\rho \cos El}{\rho^2 \cos^2 El}(\dot{\rho}_S \sin Az + \dot{\rho}_E \cos Az)$$
$$= \frac{1}{\rho^2 \cos^2 El}(\dot{\rho}_S \rho \cos El \sin Az - \dot{\rho}_E(-\rho \cos El \cos Az))$$

$$= \frac{1}{\rho_S^2 + \rho_E^2} \left(\dot{\rho}_S \rho_E - \dot{\rho}_E \rho_S \right) \tag{1.41}$$

$$
\begin{aligned}
\dot{El} &= \frac{1}{\rho \sin El \sin Az} \left(\dot{\rho} \cos El \sin Az + \dot{Az} \rho \cos El \cos Az - \dot{\rho}_E \right) \\
&= \frac{1}{\rho} \left(\dot{\rho}_S \sin El \cos Az - \dot{\rho}_E \sin El \sin Az + \dot{\rho}_Z \cos El \right) \\
&= \frac{1}{\rho \cos El} \left(-\dot{\rho} \sin El + \dot{\rho}_Z \right) = \frac{\dot{\rho}_Z - \dot{\rho} \sin El}{\sqrt{\rho_S^2 + \rho_E^2}}
\end{aligned}
\tag{1.42}
$$

Umrechnung in ein geozentrisch-äquatoriales IJK-System

Zur Umrechnung von topozentrischen SEZ- in geozentrische IJK-Koordinaten muss zunächst das SEZ-System in die dem IJK-System entsprechende Lage gedreht werden. Man erhält dadurch das topozentrische IJK-System. Dieses kann durch eine Translation von P, dem Standort des Beobachters ausgedrückt im IJK-System, in ein korrekt ausgerichtetes geozentrisches IJK System transformiert werden (▹ Abb. 1.17).

Zur Umrechnung der SEZ- in topozentrische IJK-Koordinaten

$$\boldsymbol{\rho}_{IJK} = \mathbf{R}_{sez \to ijk}(\theta, L) \boldsymbol{\rho}_{SEZ} \tag{1.43}$$

wird die Matrix $\mathbf{R}_{sez \to ijk}$ benutzt. Sie führt zwei Drehungen um die Achsen eines IJK-Systems durch, das im Punkt $\mathbf{R}$ gedacht wird (topozentrisches IJK-System). Zunächst wird die Breitenlage L der Station kompensiert, indem die $\mathbf{Z}$-Achse durch eine Drehung um die topozentrische $\mathbf{J}$-Achse um $(90 - L)°$ aufgerichtet wird und dann mit der topozentrischen $\mathbf{K}$-Achse zusammenfällt. Um die beiden anderen Achsen zur Deckung zu bringen, muß nun eine Drehung um die $\mathbf{K}$-Achse erfolgen, die neben der geographischen Länge λ_E auch die Erdrotation berücksichtigt Diese Drehung erfolgt daher um einen Betrag $-\theta$, der der lokalen siderischen Zeit θ (▹ Absch. 1.1.9) entgegengesetzt ist, da sich die Beobachtungsstation um genau diese Zeit von der $\mathbf{I}$-Achse fortgedreht hat:

$$\theta = \theta_g + \lambda_E$$

Nun stimmen auch $\mathbf{I}$- und $\mathbf{S}$-Achse in ihrer Richtung überein. Die SEZ-IJK-Transformation wird somit beschrieben durch:

$$
\begin{aligned}
\mathbf{R}_{sez \to ijk}(\theta, L) &= \mathbf{D}_K(-\theta) \cdot \mathbf{D}_J(L - 90) \\
&= \begin{pmatrix} \sin L \cos \theta & -\sin \theta & \cos L \cos \theta \\ \sin L \sin \theta & \cos \theta & \cos L \sin \theta \\ -\cos L & 0 & \sin L \end{pmatrix} \\
\mathbf{R}_{ijk \to sez}(\theta, L) &= \mathbf{D}_J(90 - L) \cdot \mathbf{D}_K(\theta) \\
&= \begin{pmatrix} \sin L \cos \theta & \sin L \sin \theta & -\cos L \\ -\sin \theta & \cos \theta & 0 \\ \cos L \cos \theta & \cos L \sin \theta & \sin L \end{pmatrix} \\
(i, j, k) &= \mathbf{R}_{sez \to ijk}(\theta, L)(s, e, z) \\
(s, e, z) &= \mathbf{R}_{ijk \to sez}(\theta, L)(i, j, k)
\end{aligned}
$$

$$(i, j, k) = \mathbf{R}_{sez \to ijk}(\theta, L)(s, e, z) \tag{1.44}$$

$$(s, e, z) = \mathbf{R}_{ijk \to sez}(\theta, L)(i, j, k) \tag{1.45}$$

Die erhaltenen IJK-Koordinaten sind auf die Äquatorebene bezogen, da bei der Drehung um die **J**-Achse die Breitenlage der Station eingeht.

Der durch die Transformation $\mathbf{R}_{sez\rightarrow ijk}$ erhaltene topozentrische IJK-Vektor $\boldsymbol{\rho}_{IJK}$ ist immer noch auf das Topozentrum **R** bezogen. Zur Umrechnung in geozentrisch-äquatoriale IJK-Koordinaten müssen die transformierten Koordinaten noch um den geozentrisch-äquatorialen Ortsvektor des Beobachters **R** verschoben werden.

Mit der Annahme einer kugelförmigen Erde entspricht der Vektor vom Geozentrum zum Topozentrum einem Vektor längs der **Z**-Achse mit der Länge des Erdradius $r_{\oplus}\mathbf{Z}$, der durch obige Transformation noch vom SEZ- ins geozentrisch-äquatoriale IJK-System umgerechnet werden muß:

$$\mathbf{R}_{IJK}^{\text{Kugel}} = \mathbf{R}_{sez\rightarrow ijk}(\theta, L) \cdot r_{\oplus}\mathbf{Z}$$

Zur genauen Beschreibung der Lage des Ortes **R** muss jedoch ein Ellipsoid als Näherung der Erdgestalt verwendet werden. Man erhält den auf ein Ellipsoid bezogenen Ortsvektor $\mathbf{R}_{IJK}$ der Beobachtungsstation aus ▸Absch. 1.2, ▸Glg. 1.19.

Zusammengefasst ergibt sich zur Umrechnung von topozentrischen SEZ- in geozentrische IJK-Koordinaten:

$$\begin{aligned}\boldsymbol{\rho}_{IJK} &= \mathbf{R}_{sez\rightarrow ijk}(\theta, L)\boldsymbol{\rho}_{SEZ} \\ \mathbf{r}_{IJK} &= \boldsymbol{\rho}_{IJK} + \mathbf{R}_{IJK} = \mathbf{R}_{sez\rightarrow ijk}(\theta, L)\boldsymbol{\rho} + \mathbf{R}_{IJK}\end{aligned} \tag{1.46}$$

Das gleiche Resultat erhält man, wenn man $\boldsymbol{\rho}$ zunächst in einem geozentrischen SEZ-System darstellt. Hierzu wird wieder der Ortsvektor der Beobachtungsstation **R** benötigt. Da dieser im IJK-System ausgedrückt ist, muss er zuvor in SEZ-Koordinaten umgerechnet werden:

$$\mathbf{r}_{SEZ} = \boldsymbol{\rho} + \mathbf{R}_{ijk\rightarrow sez}(\theta, L)\mathbf{R}_{IJK}$$

Der endgültige geozentrischen Ortsvektor $\mathbf{r}_{IJK}$ kann nun durch Rotation ins IJK-System gedreht werden:

$$\begin{aligned}\mathbf{r}_{IJK} &= \mathbf{R}_{sez\rightarrow ijk}(\theta, L)\mathbf{r}_{SEZ} \\ &= \mathbf{R}_{sez\rightarrow ijk}(\theta, L)\boldsymbol{\rho} + \mathbf{R}_{sez\rightarrow ijk}(\theta, L)\mathbf{R}_{ijk\rightarrow sez}(\theta, L)\mathbf{R}_{IJK} \\ &= \mathbf{R}_{sez\rightarrow ijk}(\theta, L)\boldsymbol{\rho} + \mathbf{R}_{IJK}\end{aligned} \tag{1.47}$$

Dies stimmt mit ▸Glg. 1.46 überein.

Umrechnung in ein IJK-System mit polaren Koordinaten

Neben der Umrechnung der kartesischen SEZ- in kartesische IJK-Koordinaten (und umgekehrt) ist die direkte Umrechnung der entsprechenden polaren Koordinaten für die Praxis sehr wichtig, da z. B. Sternörter häufig durch Rektaszension und Deklination (α, δ), also geozentrisch-polaren IJK-Koordinaten angegeben werden (▸Glg. 1.27). Den terrestrischen Beobachter interessieren dagegen diese Angaben ausgedrückt als Azimut und Höhe (Az, El) in topozentrisch-polaren SEZ-Koordinaten (▸Glg. 1.35). Die Umrechnung der polaren in die jeweiligen kartesischen Koordinaten liefert zunächst die kartesischen Ortsvektoren **r** und $\boldsymbol{\rho}$ im IJK- und SEZ-System (▸Glg. 1.27, ▸Glg. 1.35):

$$\mathbf{r}_{IJK} = \begin{pmatrix} r\cos\delta\cos\alpha \\ r\cos\delta\sin\alpha \\ r\sin\delta \end{pmatrix}, \quad \boldsymbol{\rho}_{SEZ} = \begin{pmatrix} -\rho\cos El\cos Az \\ \rho\cos El\sin Az \\ \rho\sin El \end{pmatrix}$$

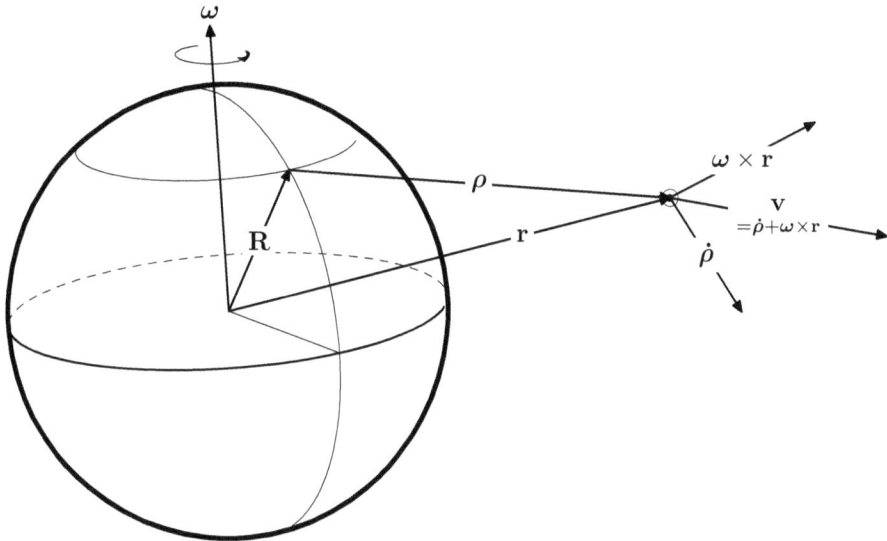

Abbildung 1.17 Beziehung zwischen ρ, $\dot\rho$, $\mathbf{R}$, $\mathbf{r}$ und $\mathbf{v}$. ρ und $\dot\rho$ sind im SEZ-System gegeben, $\mathbf{r}$ und $\mathbf{v}$ sowie $\mathbf{R}$ im geozentrisch-äquatorialen IJK-System. Die finale Geschwindigkeit $\mathbf{v}$ im IJK-System ergibt sich, wenn $\dot\rho$ im SEZ-System sowie die Winkelgeschwindigkeit des SEZ-Systems ω bekannt ist.

Aus dem oben gefundenen Zusammenhang zwischen IJK- und SEZ-System (☞ Glg. 1.46)

$$\rho_{SEZ} = \mathbf{R}_{ijk \to sez}(\theta, L) \cdot (\mathbf{r}_{IJK} - \mathbf{R}_{IJK})$$

ergeben sich die Umrechnungsformeln

$$
\begin{aligned}
-\rho \cos El \cos Az &= \sin L \cos\theta \cdot (r \cos\delta \cos\alpha - p_i) \\
&\quad + \sin L \sin\theta (r \cos\delta \sin\alpha - p_j) - \cos L(r \sin\delta - p_k) \\
\rho \cos El \sin Az &= -\sin\theta(r \cos\delta \cos\alpha - p_i) + \cos\theta(r \cos\delta \sin\alpha - p_j) \\
\rho \sin El &= \cos L \cos\theta(r \cos\delta \cos\alpha - p_i) \\
&\quad + \cos L \sin\theta(r \cos\delta \sin\alpha - p_j) + \sin L(r \sin\delta - p_k)
\end{aligned}
$$

Hiermit liegen drei Gleichungen für drei Unbekannte vor, die nach Az, El und ρ aufgelöst werden müssen.

Im Sonderfall eines Sterns oder eines anderen, sehr weit entfernten Objektes interessieren uns nur die Winkelanteile der Koordinaten, sodaß wir für die Länge des Ortsvektors ρ oder r den Wert 1 annehmen können. Ferner können wir für den Beobachterstandort eine punktförmige Erde annehmen, sodaß $\mathbf{R}_{IJK} \approx \mathbf{0}$. Dann vereinfachen sich die obigen Gleichungen zu

$$
\begin{aligned}
-\cos El \cos Az &= \sin L \cos\theta \cos\delta \cos\alpha \\
&\quad + \sin L \sin\theta \cos\delta \sin\alpha - \cos L \sin\delta \\
\cos El \sin Az &= -\sin\theta \cos\delta \cos\alpha + \cos\theta \cos\delta \sin\alpha \\
\sin El &= \cos L \cos\theta \cos\delta \cos\alpha \\
&\quad + \cos L \sin\theta \cos\delta \sin\alpha + \sin L \sin\delta
\end{aligned}
$$

oder mit dem Stundenwinkel $t = \theta - \alpha$ und den Additionstheoremen ($\blacktriangleright$ Glg. B.16)

$$
\begin{aligned}
-\cos El \cos Az &= c_1(\delta, t, El) = -\frac{\sin\delta - \sin El \sin L}{\cos El \cos L} \\
\cos El \sin Az &= c_2(\delta, t) = -\cos\delta \sin t \\
\sin El &= c_3(\delta, t) = \cos L \cos\delta \cos t + \sin L \sin\delta
\end{aligned}
$$

Die zur Beobachtung notwendigen Angaben Azimut und Höhe können bei bekanntem Stundenwinkel t und geographischer Breite L somit direkt aus Rektaszension und Deklination berechnet werden:

$$
\begin{aligned}
El &= \arcsin c_3(\delta, t) \\
saz &= \frac{c_2(\delta, t)}{\cos El}, \quad caz = \frac{-c_1(\delta, t, El)}{\cos El} \\
Az' &= \arcsin saz \\
Az &= \begin{cases}
\pi - Az' & saz < 0, caz < 0, \text{Quadrant IV} \\
2\pi + Az' & saz < 0, caz \geq 0, \text{Quadrant I} \\
\pi - Az' & saz \geq 0, caz < 0, \text{Quadrant III} \\
Az' & saz \geq 0, caz \geq 0, \text{Quadrant II}
\end{cases}
\end{aligned}
\tag{1.48}
$$

und umgekehrt

$$
\begin{aligned}
\sin\delta &= \sin El \sin L + \cos El \cos L \cos Az \\
\sin t &= -\frac{\sin Az \cos El \cos L}{\cos\delta \cos L} \\
\cos t &= \frac{\sin El - \sin L \sin\delta}{\cos\delta \cos L} \\
\alpha &= \theta - t
\end{aligned}
\tag{1.49}
$$

Darstellung von r und v

Im SEZ-System werden $\mathbf{r}$ und $\mathbf{v}$ durch den Ortsvektor ρ und seine zeitliche Ableitung $\dot\rho$ ausgedrückt. Die IJK-Darstellung von $\mathbf{r}$ wurde bereits in $\blacktriangleright$ Glg. 1.46 gegeben. Da das SEZ-System ein rotierendes Bezugssystem ist, gilt

$$\mathbf{v}_{\text{in fixem System}} = \mathbf{v}_{\text{in bewegtem System}} + \mathbf{v}_{\text{von bewegtem System}}$$

und die IJK-Darstellung von $\mathbf{v}$ enthält zusätzlich eine Komponente $\boldsymbol\omega_\oplus \times \mathbf{r}$, die durch die Eigenrotation bedingt ist ($\blacktriangleright$ Abb. 1.17):

$$
\begin{aligned}
\mathbf{r}_{ijk} &= \mathbf{R}_{sez\to ijk}(\theta, L)\boldsymbol\rho_{SEZ} + \mathbf{R}_{IJK} \tag{1.50} \\
\mathbf{v}_{ijk} &= \mathbf{R}_{sez\to ijk}(\theta, L)\dot{\boldsymbol\rho}_{SEZ} + \boldsymbol\omega_\oplus \times \mathbf{r}_{ijk} \tag{1.51}
\end{aligned}
$$

wobei $\boldsymbol\omega_\oplus$ die Rotation der Erde und damit des SEZ-Systems beschreibt ($\blacktriangleright$ Absch. 1.1.9):

$$
\begin{aligned}
\boldsymbol\omega_\oplus &= 6,3003880989792 \,\text{rad}/d_\odot\mathbf{K} \\
&= 1,0027379093 \cdot 360°/d_\odot\mathbf{K} \\
&= 360°/d_\star\mathbf{K}
\end{aligned}
$$

Als Bezug zur Berechnung der Winkelgeschwindigkeit $\omega_\oplus$ können wir den Sonnentag $d_\odot$ oder den Sterntag $d_\star$ heranziehen. Wie in ▸ Glg. 1.5 beschrieben, ist der Sonnentag etwas länger als der Sterntag.

1.4 Das System Sonne–Erde

Nachdem im Zusammenhang mit wichtigen astronomischen Koordinatensystemen der Begriff der Ekliptik ausgiebig verwendet wurde, soll nun das wichtige System Sonne–Erde genauer betrachtet werden.

1.4.1 Die Ekliptik

Wie schon angedeutet, besitzt der Begriff der *Ekliptik* eine zweifache Bedeutung. Ebenso wie die Bewegung der Erde um die Sonne ebensogut als Bewegung der Sonne um die Erde aufgefasst werden kann, so wird mit diesem Begriff einmal die Bahnebene der Erde um die Sonne bezeichnet, und einmal die jährliche Bahn der Sonne am Himmel von der Erde aus gesehen.

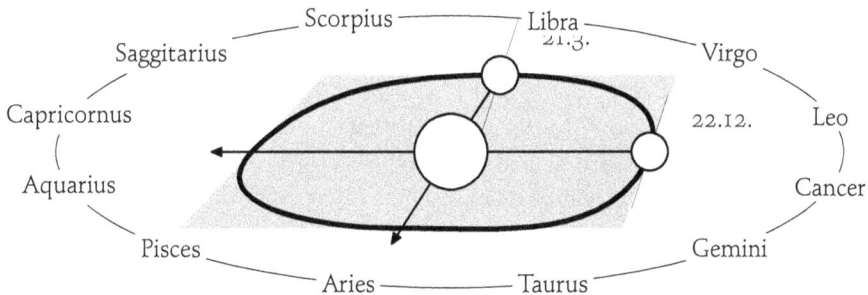

Abbildung 1.18 Entstehung der Ekliptik durch Projektion der Sonne auf die Sternbilder der Erdumlauf-Ebene, von der Erde aus betrachtet. Die Sternbilder sind nicht massstabsgetreu eingezeichnet und nehmen in Wirklichkeit unterschiedlich grosse Winkelbereiche ein.

Peilt man von der Erde aus an verschiedenen Tagen im Jahr die Sonne an, so bewegt sich diese durch verschiedene Sternbilder, und die Rektaszension der Sonne (bezogen auf die Erde) durchläuft alle Werte von 0–360°. Dies ist in der ▸ Abb. 1.18 angedeutet: am Frühlingsbeginn steht die Sonne im Sternbild des Widder, während sie in den Wintermonaten die Sternbilder Schütze bis Wassermann durchläuft.

Die Ekliptik in der zweiten Bedeutung ist somit die Spur, die die Sonne im Jahreslauf am Sternhimmel hinterlässt. Die Sternbilder, die dabei von ihr durchlaufen werden, sind die seit der Antike bekannten *Tierkreiszeichen*. Beginnend beim Frühlingspunkt sind dies:

Fische – Widder – Stier – Zwillinge – Krebs – Löwe – Jungfrau – Waage – Skorpion – Schlangenträger – Schütze – Steinbock – Wassermann

(Man bemerke das als Tierkreiszeichen unbekannte Sternbild des Schlangenträgers, das im astronomischen Kontext nicht unbeachtet bleiben darf.) Die Sternbilder der Ekliptik, ihre wahre Winkelausdehnung und der Zeitraum deS Sonnendurchgangs sind in ▸ Tab. 1.2 zusammengefasst.

Eine genaue Berechnung des jährlichen Sonnenlaufs (▸ Absch. 3.3) liefert die in ▸ Abb. 1.19 gezeigte Bahn. Hierzu wurde die Position der Erde auf einer Keplerbahn um die Sonne mit Hilfe des Programms Listing 1.4 nach den Vorschriften aus ▸ Absch. 2.8 berechnet, jeweils für den 7.,

Tabelle 1.2 Die ekliptikalen Sternbildern, ihre ekliptikale Längenausdehnung und ihr (heutiger) Sonnendurchgang.

Sternbild	Rektaszension	Sonnendurchgang
Aries	28-53°	19. 4. - 14.5.
Taurus	53-90°	14. 5. - 21.6.
Gemini	90-118°	21. 6. - 20.7.
Cancer	118-138°	20. 7. - 11.8.
Leo	138-173°	11. 8. - 17.9.
Virgo	173-218°	17. 9. - 31.10.
Libra	218-241°	31.10. - 23.11.
Scorpius	241-247°	23.11. - 30.11.
Ophiochus	247-266°	30.11. - 18.12.
Sagittarius	266-299°	18.12. - 20.1.
Capricornus	299-327°	20. 1. - 16.2.
Aquarius	327-351°	16. 2. - 12.3.
Pisces	351-28°	12. 3. - 19.4.

14., 21. und 28. eines jeden Monats im Jahr. Die berechnete heliozentrisch-äquatoriale Erdposition liefert durch Multiplikation des Ortsvektors mit (-1) den geozentrisch-äquatorialen Ortsvektor der Sonne. Da Positionen am Sternhimmel vorteilhaft auf den Himmelsäquator bezogen werden, werden alle Vektoren in einem äquatorialen Koordinatensystem durchgeführt. Das Programm liefert folgende Ausgabe:

```
Date (UT)          R.Asc    Decl.
 7. 1.2009 12h 00'  -4h 45' -22° 19'      7. 7.2009 12h 00'   7h 06'  22° 33'
14. 1.2009 12h 00'  -4h 15' -21° 14'     14. 7.2009 12h 00'   7h 35'  21° 37'
21. 1.2009 12h 00'  -3h 45' -19° 49'     21. 7.2009 12h 00'   8h 03'  20° 24'
28. 1.2009 12h 00'  -3h 15' -18° 06'     28. 7.2009 12h 00'   8h 31'  18° 54'
 7. 2.2009 12h 00'  -2h 35' -15° 12'      7. 8.2009 12h 00'   9h 09'  16° 20'
14. 2.2009 12h 00'  -2h 07' -12° 54'     14. 8.2009 12h 00'   9h 36'  14° 16'
21. 2.2009 12h 00'  -1h 40' -10° 26'     21. 8.2009 12h 00'  10h 02'  12° 01'
28. 2.2009 12h 00'  -1h 14'  -7° 51'     28. 8.2009 12h 00'  10h 28'   9° 36'
 7. 3.2009 12h 00'   0h 48'  -5° 09'      7. 9.2009 12h 00'  11h 04'   5° 57'
14. 3.2009 12h 00'   0h 22'  -2° 24'     14. 9.2009 12h 00'  11h 29'   3° 18'
21. 3.2009 12h 00'   0h 03'   0° 21'     21. 9.2009 12h 00'  11h 54'   0° 35'
28. 3.2009 12h 00'   0h 28'   3° 06'     28. 9.2009 12h 00'  12h 19'  -2° 07'
 7. 4.2009 12h 00'   1h 05'   6° 56'      7.10.2009 12h 00'  12h 52'  -5° 36'
14. 4.2009 12h 00'   1h 30'   9° 30'     14.10.2009 12h 00'  13h 18'  -8° 14'
21. 4.2009 12h 00'   1h 56'  11° 57'     21.10.2009 12h 00'  13h 44' -10° 47'
28. 4.2009 12h 00'   2h 23'  14° 14'     28.10.2009 12h 00'  14h 11' -13° 12'
 7. 5.2009 12h 00'   2h 57'  16° 53'      7.11.2009 12h 00'  14h 50' -16° 21'
14. 5.2009 12h 00'   3h 25'  18° 41'     14.11.2009 12h 00'  15h 18' -18° 17'
21. 5.2009 12h 00'   3h 53'  20° 14'     21.11.2009 12h 00'  15h 47' -19° 58'
28. 5.2009 12h 00'   4h 21'  21° 30'     28.11.2009 12h 00'  16h 17' -21° 20'
 7. 6.2009 12h 00'   5h 02'  22° 46'      7.12.2009 12h 00'  16h 56' -22° 38'
14. 6.2009 12h 00'   5h 31'  23° 16'     14.12.2009 12h 00'  17h 27' -23° 13'
21. 6.2009 12h 00'   6h 00'  23° 26'     21.12.2009 12h 00'  17h 58' -23° 26'
28. 6.2009 12h 00'   6h 29'  23° 15'     28.12.2009 12h 00'  -5h 30' -23° 15'
```

Für die Sonnenhöhe oder Deklination erhält man eine typische sinus-artige Kurve, der jährlichen Bewegung der Sonne ist eine Schwankung der beobachteten Sonnenhöhe um ±23°, der *Schiefe der Ekliptik*, überlagert (Symbol •). Wäre die Erdumlaufbahn ein Kreis, so erhielte man tatsächlich eine Sinuskurve. Durch die elliptische Bahn ist die genaue Form der Kurve kompli-

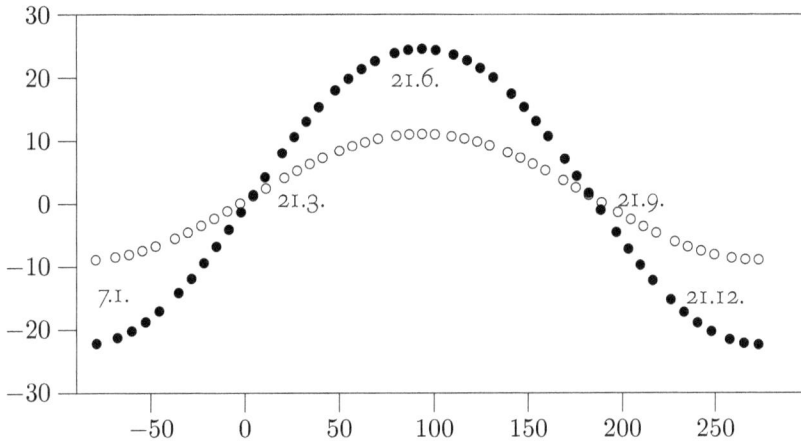

Abbildung 1.19 Jahreszeitliche Schwankung der Sonnenhöhe um den Himmelsäquator. Aufgetragen ist die Sonnenhöhe in Grad (Deklination, Symbol •) gegen die Rektaszension der Sonne. Mit ○ markiert ist die jährliche Schwankung der Sonnenhöhe bei einer fiktiven Schiefe der Ekliptik von nur 10°.

zierter. Wäre die Erdachse weniger stark oder gar nicht geneigt, erhielte man eine Kurve mit entsprechend geringerer bis verschwindender Amplitude. ▸ Abb. 1.19 zeigt den jährlichen Verlauf der Sonnenhöhe für eine fiktive Neigung der Erdachse um nur 10° (Symbol ○).

Die Schwankung um 23° rührt daher, dass sich im äquatorialen Koordinatensystem die Sonne im Winter unter, im Sommer über der Äquatorebene befindet (▸ Abb. 1.20). Eine unmittelbare Auswirkung dieser Schwankung ist die niedrigstehende Wintersonne, weil vom normalen Sonnenstand dieser ekliptikale Abstand, der im Winter bis zu 23° betragen kann, abgezogen werden muss. Die Sommersonne dagegen steht hoch am Himmel, weil im Sommer zur normalen Sonnenhöhe der ekliptikale Abstand (wiederum bis zu 23°) addiert werden muss. Die entsprechenden Simulationen finden Sie im nächsten Abschnitt.

Experiment

Sie können den Einfluss der Schiefe der Ekliptik mit der im Buch vorgestellten Klassenbibliothek selber berechnen, indem Sie die Methode Util.getEclipticInclination() mit dem gewünschten Wert überschreiben. Um zum Beispiel die oben erwähnten und in ▸ Abb. 1.19 mit dem Symbol ○ bezeichneten Auswirkung einer Erdachsenneigung um nur 10° zu simulieren, benutzen Sie Listing 1.4 mit folgender Methode in Util:

```
public static double getEclipticInclination(double JD) {
        return 10.0 * Angle.deg2rad;    // conversion degree -> rad
}
```

Listing 1.4 Jahreszeitliche Schwankung der Sonnenhöhe um den Himmelsäquator / Java (Programm ExampleSunEcliptic.java).

```
1  package de.kksoftware.astro.apps.examples;
2
```

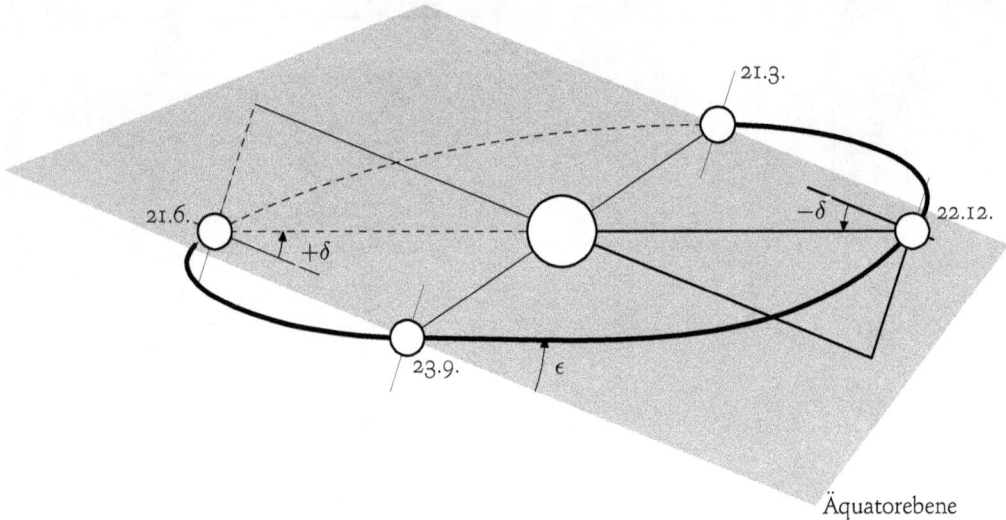

Abbildung 1.20 Ursache der jahreszeitlichen Schwankung der Sonnenhöhe gegenüber der Äquatorebene. Im Winter steht die Erde über der äquatorialen Bezugsebene durch die Sonne resp. die Sonne unterhalb der Äquatorebene der Erde. Im Sommer verhält es sich umgekehrt.

```
3   import de.kksoftware.astro.lib.CelestialBody;
4   import de.kksoftware.astro.lib.CelestialBodyFactory;
5   import de.kksoftware.astro.lib.CelestialBodyType;
6   import de.kksoftware.astro.lib.DateTime;
7   import de.kksoftware.astro.lib.Formatter;
8   import de.kksoftware.astro.lib.Time;
9   import de.kksoftware.astro.lib.Vec3d;
10
11  public class ExampleSunEcliptic {
12
13      /**
14       * This program calculates the geocentric position of the sun during
                one year. The derivation of
15       * the sun from the ecliptic is calculated for some days in each
                month.
16       */
17      public static void main( String[] args ) {
18          Formatter f = new Formatter();
19
20          System.out.println( String.format( "%-18s   %-8s %-8s",
21                  "Date (UT)", "R.Asc", "Decl." ) );
22          for( int month = 1; month <= 12; month++ ) {
23              calculateForDay( f, new DateTime( 7, month, 2009, 12, 0, 0 )
                    .getJD() );
24              calculateForDay( f, new DateTime( 14, month, 2009, 12, 0, 0
                    ).getJD() );
```

```
25              calculateForDay( f, new DateTime( 21, month, 2009, 12, 0, 0
                    ).getJD() );
26              calculateForDay( f, new DateTime( 28, month, 2009, 12, 0, 0
                    ).getJD() );
27          }
28          System.out.println( "\n\n" );
29      }
30
31      private static void calculateForDay( Formatter f, double JD ) {
32          // the participating bodies (target body is sun, viewed from
                earth)
33          CelestialBody earth = CelestialBodyFactory.getCelestialBody( JD,
                CelestialBodyType.EARTH );
34          // get equatorial position of earth
35          Vec3d rHZAEarth = earth.getEquatorialPosition( JD );
36          // geocentric equatorial sun position = negative heliocentric
                equatorial earth position
37          Vec3d rGZA = rHZAEarth.clone().scalarMultiply( -1.0 );
38          double ra = rGZA.getRightAscension();
39          double dec = rGZA.getDeclination();
40          System.out.println( String.format( "%18s  %8s %8s",
41                  f.format( DateTime.fromJD( JD ) ),
42                  f.format( Time.fromRadian( ra ) ), f.formatAngle( dec )
43                  ) );
44      }
45
46  }
```

1.4.2 Der Tagesbogen der Sonne

Berechnet man die topozentrischen Sonnenkoordinaten (Az, El) nicht für die Tage im Jahr, sondern für die Stunden eines Tages (Listing 1.5), erhält man die in ▷ Abb. 1.21 und ▷ Abb. 1.22 dargestellten Kurven. Im Laufe eines Tages (Stunden 0–24) durchmisst die Sonne alle Azimutwinkel zwischen -180° und 180°, dargestellt auf der Abszisse. Die jeweilige Sonnenhöhe über dem Horizont (Elevation) ist auf der Ordinate dargestellt, negative Werte bedeuten, daß die Sonne unter dem Horizont und damit nicht sichtbar ist (Nacht). Die Details einer solchen Berechnung werden in ▷ Absch. 3.3 vorgestellt. Die Kurven sind für einen Betrachter auf 80°, 52° (Berlin) und 10° nördlicher Breite gerechnet.

Die Abbildungen zeigen wiederum, dass die Sonne im Winter (Beispieltag 21.12., Symbol ⋆) um 23° tiefer, im Sommer (Beispieltag 21.6., Symbol ●) um 23° höher als am Frühlings- resp. Herbstbeginn (Beispieltage 21.3. und 21.9., Symbol ○ und ×) steht. Die mittleren Mittagshöhen der Sonne an Frühlings- bzw. Herbstbeginn in Höhe von 10°, 38° und 80° sind die Ergänzungswinkel der geographischen Breite des Beobachterstandorts zum 90°-Winkel, das heißt für einen Beobachter auf 80° Breite beträgt die mittlere Sonnenhöhe an diesen Zeiträumen 90-80=10°.

In den Abbildungen oben ist deutlich zu sehen, dass der Tagesbogen der Sonne in hohen Breiten sehr flach verläuft, für einen Beobachter an einem Standort auf 80° ändert sich die Sonnenhöhe im Sommer am 21.6. (Symbol ●) nur zwischen 14° und (90-80+23)=33°, die Sonne ist also 24 Stunden am Tag zu sehen und es herrscht 24 Stunden lang Tag. Je näher der Beobachter zum Pol kommt, desto geringer werden die täglichen Schwankungen der Sonnenhöhe, um am Pol selber Null zu werden. Damit ist die Sonnenhöhe am Pol über den ganzen Tag konstant und erreicht im Sommer mit 23° ihren maximalen Wert, im Winter mit -23° ihren niedrigsten. Je nachdem, ob diese konstante Sonnenhöhe grösser oder kleiner Null ist, herrscht den ganzen Tag über Tag (am 21.6.) resp. Nacht (am 21.12.). Da diese beiden Extremwerte im Laufe eines Jahres erreicht werden, führt dies zu den halbjährigen Polartagen und -nächten.

Je niedriger die Breite des Beobachtungsortes, umso ausgeprägter zeigt die tägliche Sonnenhöhe einen sinus-artigen Verlauf. In Berlin auf 52° steigt die Sonne bis 90-52+23=61°, sinkt aber auch im sommerlichen Tagesverlauf am 21.6. einmal täglich auf -13° unter den Horizont, was den Nachtschwärmern entgegenkommt (▶ Abb. 1.21 Mitte). Ein Vergleich der Anteile negativer Sonnenhöhen an den Sommer- bzw. Winterkurven zeigt, daß die Sommernächte durch die bis zu 2×23=46° höherstehende Sonne erheblich kürzer sind als die Winternächte. Für eine Mitternachtssonne oder ein Polarhalbjahr liegt Berlin bereits zu weit südlich.

Weiter zum Äquator hin ist die tägliche Schwankung der Sonnenhöhe noch ausgeprägter, die Abbildungen unten zeigen dies für den Beobachterstandort auf 10°. Die Sonne steigt im Osten sehr schnell am Himmel hoch (steiler Kurvenanstieg), verweilt lange auf ihrer Mittagshöhe und sinkt dann im Westen sehr schnell wieder (steiler Kurvenabfall). An den Tagen (Frühling und Herbst), an denen die Erde in der äquatorialen Bezugsebene durch die Sonne liegt, erfolgt dieser Anstieg und Abstieg der Sonne fast genau im Osten bzw. Westen.

Anhand der Abbildung können wir auch erkennen, daß der Merkspruch „Im Osten geht die Sonne auf, im Süden ist ihr Mittagslauf, im Westen will sie untergehn, im Norden ist sie nie zu sehen" nur bedingt richtig ist, und zwar für die Tage des 21.3. und 21.9. (Frühlings- und Herbst-Tag-und-Nachtgleiche). Nur an diesen beiden Tagen geht die Sonne genau im Osten auf (Azimutwinkel 90°) und im Westen unter (Azimut 270°). An allen anderen Tagen im Sommer verschiebt sich der Aufgangspunkt in den Nordosten und der Untergangspunkt in den Nordwesten, wird der Tagesbogen also größer, während die Verhältnisse im Winter die Auf- und Untergangspunkte in den Südosten und Südwesten verschieben, der Tagebogen also enger wird. Dies entspricht der schon erwähnten kurzen Sommer- bzw. langen Winternacht.

Die Berechnung des Ortsvektors der Sonne bezüglich der Erde hat erhebliche praktische Auswirkungen, da sie es erlaubt, verschiedenartigste Formen von Sonnenuhren zu konstruieren, die nicht nur auf der einfachen Einteilung eines Kreises in 12 Teile beruhen. ▶ Absch. 3.5 widmet sich ausführlicher diesem interessanten Thema.

Experiment

Sie können mit der im Buch vorgestellten Klassenbibliothek wiederum den Einfluss der Schiefe der Ekliptik untersuchen, indem Sie die Methode Util.getEclipticInclination() mit dem gewünschten Wert der Erdachsenneigung überschreiben. Für eine Erde ohne Achsenneigung sähe die Methode wie folgt aus:

```
public static double getEclipticInclination(double JD) {
        return 0.0;
}
```

Die berechneten Azimutwerte für die Tagebögen würden für einen Beobachter am Äquator zwischen den beiden Werte -90° (Osten) für den Vormittag und +90° (Westen) für den Nachmittag

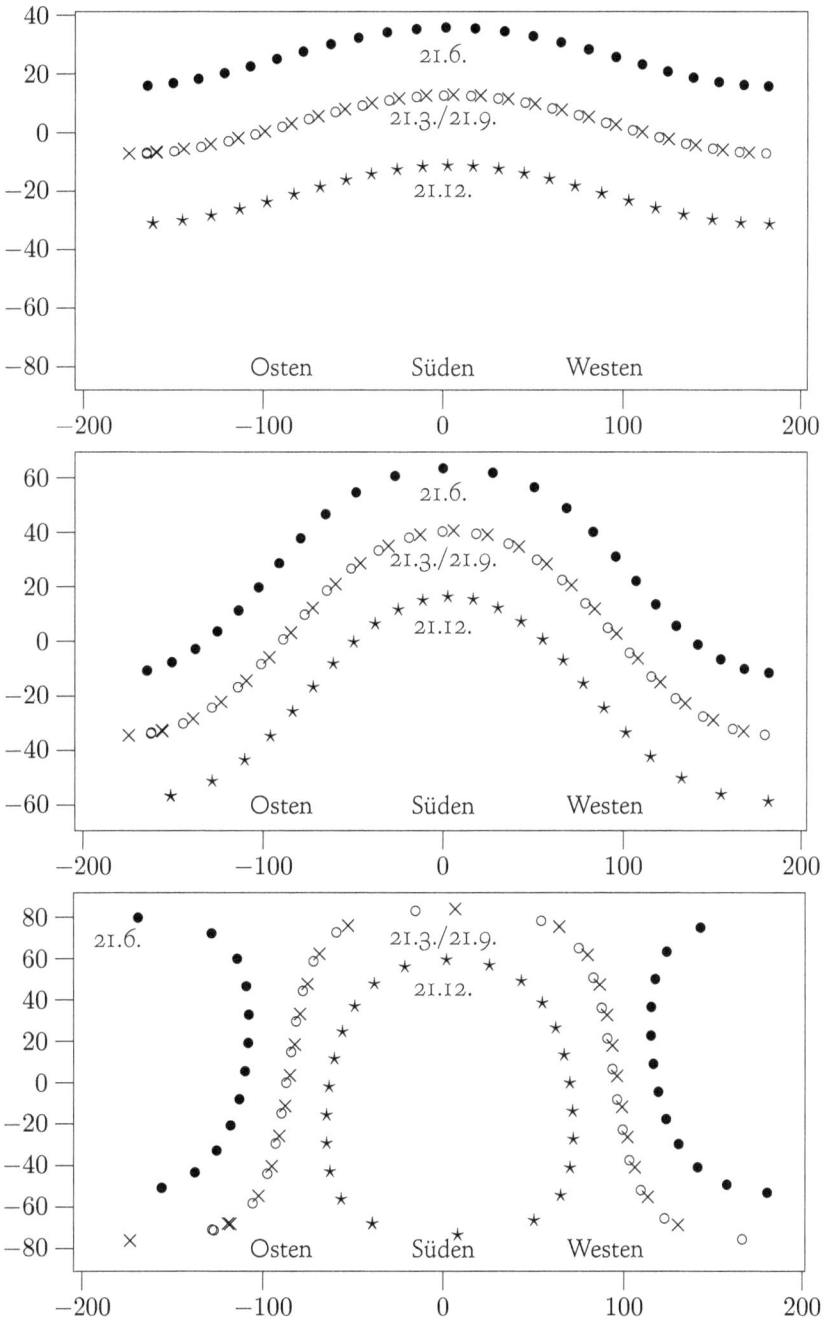

Abbildung 1.21 Sonnenhöhe am 21.3. (○), am 21.6. (●), am 21.9. (×) und am 21.12. (⋆), berechnet für einen Ort auf 80° nördlicher Breite (oberes Bild), für Berlin (52° Breite, mittleres Bild) und einen Ort auf 10° Breite (unteres Bild). Auf der Abszisse sind die Azimutwinkel der Sonne bezogen auf die Südrichtung (Azimut -180°) aufgetragen, auf der Ordinate die Sonnenhöhe (Elevation) über dem Horizont, bei negativen Werten steht die Sonne unter dem Horizont und ist nicht zu sehen.

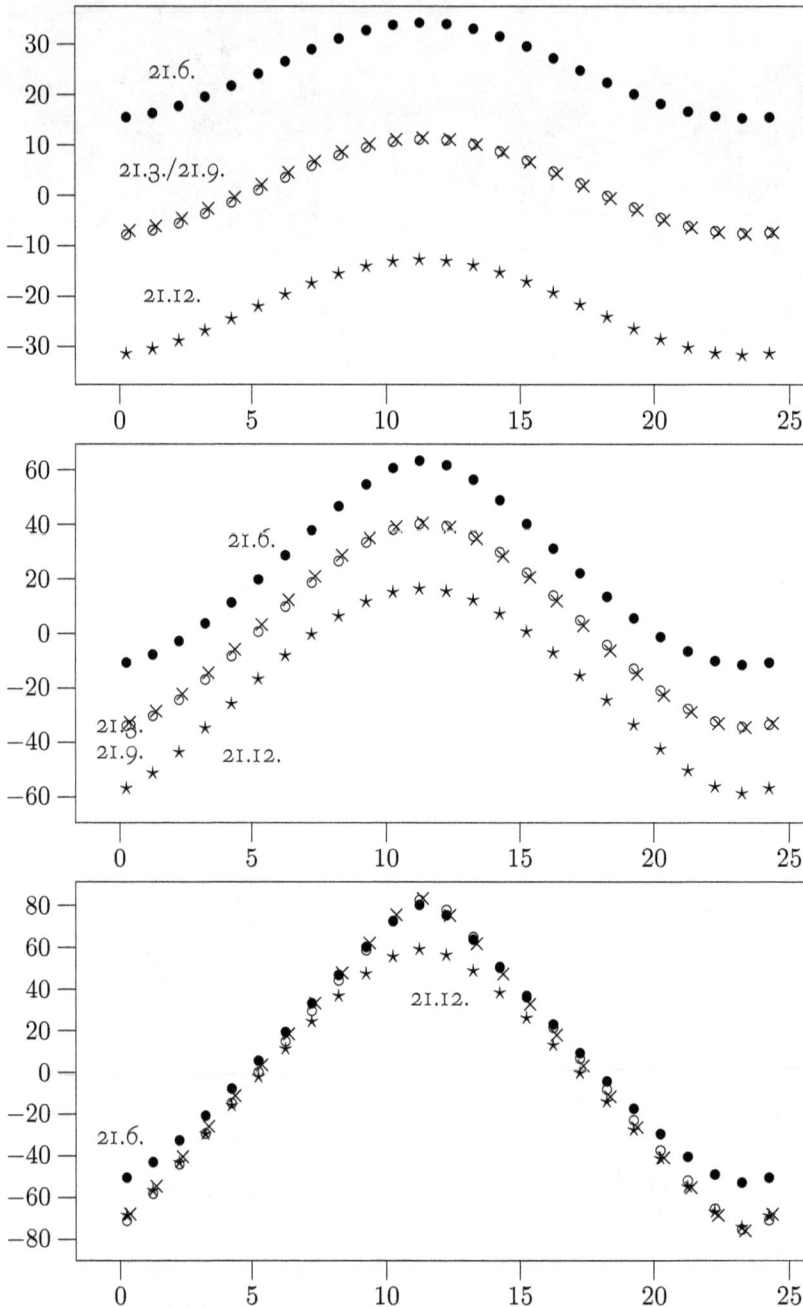

Abbildung 1.22 Sonnenhöhe am 21.3. (○), am 21.6. (●), am 21.9. (×) und am 21.12. (★), berechnet für einen Ort auf 80° nördlicher Breite (oberes Bild), für Berlin (52° Breite, mittleres Bild) und einen Ort auf 10° Breite (unteres Bild). Auf der Abszisse sind die Stunden des Tages (0=Mitternacht, 12=Mittag) aufgetragen, auf der Ordinate die Sonnenhöhe (Elevation) über dem Horizont, bei negativen Werten steht die Sonne unter dem Horizont und ist nicht zu sehen.

wechseln, unabhängig vom Tag im Jahr, da in diesem Falle alle Tage des Jahres gleichberechtigt sind, was den Sonnenlauf betrifft.

Listing 1.5   Tägliche Schwankung der Sonnenhöhe an vier ausgewählten Tagen / Java (Programm ExampleSunElevation.java).

```java
package de.kksoftware.astro.apps.examples;

import java.util.Locale;

import de.kksoftware.astro.lib.Angle;
import de.kksoftware.astro.lib.CelestialBody;
import de.kksoftware.astro.lib.CelestialBodyFactory;
import de.kksoftware.astro.lib.CelestialBodyType;
import de.kksoftware.astro.lib.DateTime;
import de.kksoftware.astro.lib.Util;
import de.kksoftware.astro.lib.Vec3d;

public class ExampleSunElevation {

    /**
     * This program calculates the daily topocentric position of the sun
         for four selected days for
     * an observer in Berlin to plot Az vs. El. The program is exactly
         like ExampleSunPosition, but
     * used to plot the daily arc of the sun (create data set).
     */
    public static void main( String[] args ) {
        // observer location: Berlin
        double longitude = new Angle( -13, 19, 59.9 ).value;
        double latitude = new Angle( 52, 31, 0.1 ).value;
        double altitude = 250.0;
        Vec3d rSite = Util.getGeocentricPosition( longitude, latitude,
            altitude );

        calculateForDay( new DateTime( 21, 3, 2009, 0, 0, 0 ).getJD(),
            longitude, latitude, rSite );
        System.out.println();
        calculateForDay( new DateTime( 21, 6, 2009, 0, 0, 0 ).getJD(),
            longitude, latitude, rSite );
        System.out.println();
        calculateForDay( new DateTime( 21, 9, 2009, 0, 0, 0 ).getJD(),
            longitude, latitude, rSite );
        System.out.println();
        calculateForDay( new DateTime( 21, 12, 2009, 0, 0, 0 ).getJD(),
            longitude, latitude, rSite );
        System.out.println();
    }

    @SuppressWarnings( "boxing" )
```

```
38    private static void calculateForDay( double JDfrom, double longitude
        , double latitude,
39          Vec3d rSite )
40    {
41        // the participating bodies (target body is sun, viewed from
            earth)
42        CelestialBody earth = CelestialBodyFactory.getCelestialBody(
            JDfrom,
43            CelestialBodyType.EARTH );
44        // create result table
45        System.out.println( String.format( Locale.ENGLISH, "%-8s %-8s",
46                "Az.", "Elev." ) );
47        for( double hour = 0; hour <= 24; hour += 1.0 ) {
48            // get equatorial position of earth
49            double day = JDfrom + hour / 24.0;
50            Vec3d rHZAEarth = earth.getEquatorialPosition( day );
51            // geocentric equatorial sun position = negative
                heliocentric equatorial earth position
52            Vec3d rGZA = rHZAEarth.clone().scalarMultiply( -1.0 );
53            // convert GZA to SEZ distance vector and get topocentric
                horicontal coordinates
54            Vec3d rSZE = Util.getSEZFromGZA( rGZA, day, longitude,
                latitude, rSite );
55            double azimut = rSZE.getAzimutN();
56            double elevation = rSZE.getElevation();
57            System.out.println( String.format( Locale.ENGLISH, "%8.3f
                %8.3f",
58                    Angle.rad2deg * Angle.normalizeAngle( azimut ) -
                        180.0, Angle.rad2deg
59                        * elevation
60                    ) );
61        }
62    }
63
64 }
```

2 Astrodynamik

Dieses Kapitel führt, ausgehend von der Newtonschen Bewegungsgleichung, über die Ein- und Zweikörpernäherung zu den Keplerschen Gleichungen und grundlegenden Gesetzen für Planeten und Satellitenbahnen. Die gefundenen Gesetze dienen als Basis für einfache Orts- und Bahnbestimmungen resp. Ephemeridenrechnungen. Wie im Vorwort erwähnt, werden Bahnstörungen, nicht-ideale Körper etc. für diese Einführung nicht berücksichtigt. Wichtige allgemeine Begriffe werden in ▸ Absch. C.2 kurz erläutert.

2.1 Allgemeine Beschreibung der Bewegungsgleichungen

2.1.1 Allgemeiner Fall

Die Newtonsche Gleichung für die Gravitation beschreibt die wechselseitige Anziehung mehrerer Körper in Form der auftretenden Beschleunigungen, die die Körper aufeinander ausüben. Für zwei Körper der Massen m_1 und m_2 im Abstand r lautet sie in skalarer Form

$$F = ma = G\frac{m_1 m_2}{r^2} \tag{2.1}$$

wobei die Kraft längs der Verbindungslinie beider Körper wirkt und G die Gravitationskonstante ist.

In vektorieller Schreibweise kann man allgemein für ein System von n Massepunkten die Kräfte, die auf den Massepunkt i einwirken, beschreiben:

$$
\begin{aligned}
\forall j \neq i : \mathbf{F_{ji}} &= m_i \mathbf{a_{ji}} = -G\frac{m_i m_j}{r_{ji}^2}\frac{\mathbf{r_{ji}}}{r_{ji}} \quad \text{mit} \quad \mathbf{r_{ji}} = \mathbf{r_i} - \mathbf{r_j} \\
\Rightarrow \mathbf{a_{ji}} &= -\frac{Gm_j}{r_{ji}^3}\mathbf{r_{ji}} \\
\mathbf{a_i} = \mathbf{\ddot{r}_i} &= \sum_j \mathbf{a_{ji}}
\end{aligned}
\tag{2.2}
$$

Der Vektor $\mathbf{r_{ji}}$ ist von den einwirkenden Körpern j auf den jeweiligen Körper i gerichtet. Wie in [9, p. 34] gezeigt, gelten die Gleichungen nicht nur für Massepunkte, sondern auch für sphärische Körper.

2.1.2 Das Zweikörper-Problem

Die Newtonsche Gleichung sei für ein System von zwei Körpern M und m der Massen M und m näher betrachtet, wobei M ein massereicher Zentralkörper, etwa die Sonne, und m ein kleiner

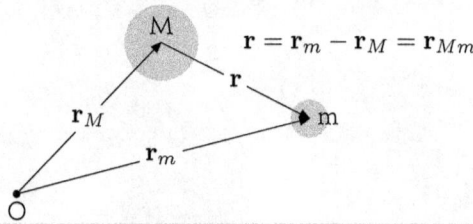

$$\mathbf{r} = \mathbf{r}_m - \mathbf{r}_M = \mathbf{r}_{Mm}$$

Abbildung 2.1 Das Zweikörpersystem mit den Körpern M und m, relativ zu einem Ursprung O. Die Kraft $\mathbf{F}_{Mm} = \mathbf{F}_m$, die der Körper M auf m ausübt, wirkt längs $\mathbf{r}_{Mm}$. Die Kraft $\mathbf{F}_{mM} = \mathbf{F}_M$, die der Körper m auf M ausübt, wirkt längs $\mathbf{r}_{mM} = -\mathbf{r}_{Mm}$.

Körper sei, etwa ein Mond oder ein Planet ($\blacktriangleright$ Abb. 2.1). Aus

$$\mathbf{F}_m = \mathbf{F}_{Mm} = m\ddot{\mathbf{r}}_m \ = \ -G\frac{mM}{r_{Mm}^2}\frac{\mathbf{r}_{Mm}}{r_{Mm}}$$

$$\mathbf{F}_M = \mathbf{F}_{mM} = M\ddot{\mathbf{r}}_M \ = \ -G\frac{mM}{r_{mM}^2}\frac{\mathbf{r}_{mM}}{r_{mM}}$$

folgt dann mit

$$\mathbf{r}_M + \mathbf{r}_{Mm} \ = \ \mathbf{r}_m$$

$$\ddot{\mathbf{r}}_M + \ddot{\mathbf{r}}_{Mm} \ = \ \ddot{\mathbf{r}}_m$$

$$-G\frac{m}{r_{mM}^3}\mathbf{r}_{mM} + \ddot{\mathbf{r}}_{Mm} \ = \ -G\frac{M}{r_{Mm}^3}\mathbf{r}_{Mm}$$

$$\ddot{\mathbf{r}}_{Mm} \ = \ -G\frac{M}{r_{Mm}^3}\mathbf{r}_{Mm} + G\frac{m}{r_{mM}^3}\underbrace{\mathbf{r}_{mM}}_{=-\mathbf{r}_{Mm}}$$

$$= \ -G\frac{M+m}{r_{Mm}^3}\mathbf{r}_{Mm}$$

oder mit $\mathbf{r} = \mathbf{r}_{Mm}$

$$\ddot{\mathbf{r}} \ = \ -G\frac{M+m}{r^3}\mathbf{r} = -\frac{\mu}{r^3}\mathbf{r}$$

$$\ddot{\mathbf{r}} + \frac{\mu}{r^3}\mathbf{r} \ = \ 0 \tag{2.3}$$

Hierin wird mit $\mu = G(M+m)$ der additive Standardgravitationsparameter des Zweikörpersystems bezeichnet. (μ tritt häufig auch als Symbol für die reduzierte Masse $\mu_r = \frac{mM}{m+M}$ auf und darf nicht mit dieser verwechselt werden.)

Energieerhaltung Mit Hilfe der Vektoralgebra lässt sich zeigen, dass bei der durch $\blacktriangleright$ Glg. 2.3 beschriebenen Bewegung die Energie erhalten bleibt. $\blacktriangleright$ Glg. 2.3 wird dazu skalar mit $\dot{\mathbf{r}}$ multipliziert:

$$\dot{\mathbf{r}} \cdot \ddot{\mathbf{r}} + \dot{\mathbf{r}} \cdot \frac{\mu}{r^3}\mathbf{r} = 0$$

Mit $\mathbf{v} = \dot{\mathbf{r}}$

$$\mathbf{v} \cdot \dot{\mathbf{v}} + \frac{\mu}{r^3} \mathbf{r} \cdot \dot{\mathbf{r}} = 0 \quad (\ast \text{ Glg. B.}37)$$

$$\underbrace{v\dot{v}}_{\frac{d}{dt}\left(\frac{v^2}{2}\right)} + \underbrace{\frac{\mu}{r^3}r\dot{r}}_{\frac{d}{dt}\left(-\frac{\mu}{r}\right)} = 0$$

$$\frac{d}{dt}\left(\frac{v^2}{2} - \frac{\mu}{r}\right) = 0$$

$$\Rightarrow \frac{v^2}{2} - \frac{\mu}{r} + c = const$$

Die Integrationskonstante c kann auf Null gesetzt werden, womit man einen Ausdruck für die konstante *spezifische mechanische Energie* erhält:

$$E = \frac{v^2}{2} - \frac{\mu}{r} = const \tag{2.4}$$

Es handelt sich bei diesem Wert um die kinetische Energie einer Einheitsmasse abzüglich der potentiellen Energie der Einheitsmasse.

Exkurs: potentielle Energie im Zweikörpersystem   Die potentielle Energie E_{pot} eines Körpers m im Abstand r von einem Zentralkörper M können wir durch Berechnung der geleisteten Arbeit W bestimmen, indem wir m von einem Anfangszustand i in einen Endzustand f verbringen:

$$E_{\text{pot},f} - E_{\text{pot},i} = W = -\int_{textWeg} \mathbf{F} \cdot d\mathbf{r} \quad (\ast \text{ Glg. B.}2) \tag{2.5}$$

Im Anfangszustand weist der Körper der Masse m den Abstand r_i vom Zentralkörper der Masse M auf, im Endzustand den Abstand r_f. Der Weg verläuft damit längs des Verbindungsvektors $\mathbf{r}$ von $r = r_i$ bis $r = r_f$. Damit und mit $\mathbf{F} \cdot d\mathbf{r} = -F dr$ (die Kraft wirkt nach innen, $d\mathbf{r}$ zeigt längs $\mathbf{r}$ nach außen) ist

$$
\begin{aligned}
E_{\text{pot},f} - E_{\text{pot},i} &= W = \int_{r_i}^{r_f} G\frac{Mm}{r^2} dr \\
&= \left[-GmM\frac{1}{r}\right]_{r_i}^{r_f} \\
&= -GmM\left(\frac{1}{r_f} - \frac{1}{r_i}\right)
\end{aligned}
\tag{2.6}
$$

Wenn wir im Beispiel m von $r_i = 0$ nach $r_f = r$ heben, haben wir das Problem der Division durch Null. Wir können das Bezugssystem jedoch umdrehen und als Bezugspunkt für E_{pot} statt

M einen unendlich weit entfernten Punkt $r_f = \infty$ mit $E_{\text{pot},f} = 0$ festlegen:

$$\underbrace{E_{\text{pot},f}}_{\lim_{r\to\infty} E=0} - E_{\text{pot},i} = W = -GmM\left(\underbrace{\frac{1}{r_f}}_{\lim_{r\to\infty}\frac{1}{r}=0} - \frac{1}{r_i}\right)$$

$$-E_{\text{pot},i} = GmM\frac{1}{r_i}$$

$$E_{\text{pot},i} = -W = -GmM\frac{1}{r_i}$$

D. h. die potentielle Energie von m im Gravitationsfeld von M im Abstand r ist

$$E_{\text{pot}} = -W = -GmM\frac{1}{r} \tag{2.7}$$

Der Preis für die Vermeidung der Division durch Null ist, daß alle Energiebeträge nun negativ sind.

Bahndrehimpulserhaltung Analog lässt sich durch Einkreuzen von links mit $\mathbf{r}$ zeigen, dass der *spezifische Bahndrehimpuls* $\mathbf{h} = \mathbf{r} \times \mathbf{v}m$ des Körpers m bei der Bewegung erhalten bleibt:

$$\underbrace{\mathbf{r} \times \ddot{\mathbf{r}}}_{\frac{d}{dt}(\mathbf{r}\times\dot{\mathbf{r}})} + \underbrace{\mathbf{r} \times \frac{\mu}{r^3}\mathbf{r}}_{=0} = 0 \quad (\blacktriangleright\text{Glg. B.39}, \blacktriangleright\text{Glg. B.38})$$

$$\frac{d}{dt}(\mathbf{r} \times \dot{\mathbf{r}}) = 0$$

Das heißt

$$0 = \frac{d}{dt}(\mathbf{r} \times \mathbf{v}m) = \frac{d}{dt}\mathbf{h}$$

$$\Rightarrow \mathbf{h} = const \tag{2.8}$$

Der spezifische Drehimpuls hängt mit dem Drehimpuls $\mathbf{L}$ über die reduzierte Masse $\mu_r = \frac{mM}{m+M}$ zusammen, die oft ebenfalls mit μ bezeichnet wird:

$$\mathbf{h} = \frac{1}{\mu_r}\mathbf{L}$$

2.2 Die Gausssche Gravitationskonstante

In $\blacktriangleright$ Glg. 2.3 taucht die Konstante μ auf, die ausgeschrieben den Wert $G(M + m)$ hat, wobei M und m die Massen der beiden betrachteten Körper sind. Ist $M = M_\odot$ die Sonnenmasse und m die Masse eines (kleinen) Planeten oder eines Kometen, so gilt $M_\odot \gg m$, sodass $\mu = GM_\odot = k^2$ gesetzt werden kann. k ist die *Gausssche Gravitationskonstante* mit dem Wert

$$k = 0,017\,202\,098\,95\,\text{AE}^{3/2}M_\odot^{-1/2}\text{d}^{-1} \tag{2.9}$$

Der Vorteil dieser Konstanten liegt darin, dass sie als Ganzes erheblich genauer ermittelt werden kann als G und vor allem $M_\odot$ getrennt. Da beide Werte nicht separat benötigt werden, reicht es, k^2 zu bestimmen und damit zu rechnen.

2.3 Ableitung der Bewegungsgleichung, Keplersche Gesetze

Aus der Differentialgleichung ▸ Glg. 2.3 für die Bahnbewegung eines Körpers im Gravitationsfeld eines anderen Körpers in der Zweikörpernäherung können wir rein analytisch die Keplerschen Gesetze herleiten.

Die Bahngleichung, das erste Gesetz

Einkreuzen von rechts mit $\mathbf{h}$ in ▸ Glg. 2.3 ergibt:

$$\ddot{\mathbf{r}} = -\frac{\mu}{r^3}\mathbf{r} \quad (\text{▸ Glg. 2.3})$$

$$\ddot{\mathbf{r}} \times \mathbf{h} = \frac{\mu}{r^3}(\mathbf{h} \times \mathbf{r}) \quad (\text{▸ Glg. B.23})$$

$$\ddot{\mathbf{r}} \times \mathbf{h} + \underbrace{\dot{\mathbf{r}} \times \dot{\mathbf{h}}}_{=0,\,\text{da } \dot{\mathbf{h}}=0} = \frac{\mu}{r^3}(\mathbf{r} \times \mathbf{v}) \times \mathbf{r} = \frac{\mu}{r^3}\left(\mathbf{v}\underbrace{(\mathbf{r} \cdot \mathbf{r})}_{r^2} - \mathbf{r}(\mathbf{r} \cdot \mathbf{v})\right) \quad (\text{▸ Glg. B.29})$$

$$\frac{d}{dt}(\dot{\mathbf{r}} \times \mathbf{h}) = \frac{\mu}{r}\mathbf{v} - \frac{\mu}{r^3}\mathbf{r}\underbrace{(\mathbf{r} \cdot \dot{\mathbf{r}})}_{r\dot{r}} = \frac{\mu}{r}\mathbf{v} - \frac{\mu\dot{r}}{r^2}\mathbf{r} \quad (\text{▸ Glg. B.37})$$

$$= \mu\frac{d}{dt}\left(\frac{\mathbf{r}}{r}\right) \quad (\text{Quotientenregel})$$

somit

$$\frac{d}{dt}(\dot{\mathbf{r}} \times \mathbf{h}) = \mu\frac{d}{dt}\left(\frac{\mathbf{r}}{r}\right)$$

und nach Integration (mit $\mathbf{B}$ als Integrationskonstante) und skalarer Multiplikation mit $\mathbf{r}$

$$\dot{\mathbf{r}} \times \mathbf{h} = \mu\frac{\mathbf{r}}{r} + \mathbf{B} \tag{2.10}$$

$$\underbrace{\mathbf{r} \cdot (\dot{\mathbf{r}} \times \mathbf{h})}_{\substack{= \mathbf{h} \cdot (\mathbf{r} \times \dot{\mathbf{r}}) \\ = \mathbf{h} \cdot (\mathbf{r} \times \mathbf{v}) \\ = \mathbf{h} \cdot \mathbf{h} \ (\text{▸ Glg. B.27})}} = \underbrace{\mathbf{r}\mu\frac{\mathbf{r}}{r}}_{\mathbf{r} \cdot \mathbf{r} = r^2} + \underbrace{\mathbf{r} \cdot \mathbf{B}}_{rB\cos\nu}$$

$$h^2 = \mu r + rB\cos\nu$$

$$r = \frac{h^2/\mu}{1 + B/\mu\cos\nu} = \frac{p}{1 + e\cos\nu} \tag{2.11}$$

▸ Glg. 2.11 beschreibt eine elliptische Umlaufbahn in Polarkoordinaten (▸ Absch. B.5, ▸ Glg. B.49) und stellt das *erste Keplersche Gesetz* dar. Der Parameter der Bahn p kann durch h und μ dargestellt werden, oder via ▸ Glg. B.49 über die große Halbachse a und die Exzentrizität e:

$$p = \frac{h^2}{\mu} = a(1 - e^2) \quad \text{oder} \quad h^2 = \mu a(1 - e^2) \tag{2.12}$$

Zur Bestimmung von a und e gehen wir von ▸ Glg. 2.4 aus. Mit μ, $\mathbf{r}$ und $\mathbf{v}$ können wir E bestimmen. Da $E = const$, gilt dieser Wert auch für die Periapsis, an der $\mathbf{r} = \mathbf{r}_p \perp \mathbf{v} = \mathbf{v}_p$ gilt (▸ Glg. 1.34), oder mit dem flight path-Winkel ϕ aus ▸ Abb. 2.2 $\phi = 0°$:

$$E = \frac{v^2}{2} - \frac{\mu}{r} = E_p = \frac{v_p^2}{2} - \frac{\mu}{r_p}$$

oder mit dem Betrag von $\mathbf{h} = \mathbf{r} \times \mathbf{v}$

$$h = rv \sin\gamma = rv \cos\phi$$

$$h = h_p = r_p v_p \cos 0° \quad \Rightarrow v_p = \frac{h_p}{r_p} = \frac{h}{r_p}$$

$$\Rightarrow E = \frac{v_p^2}{2} - \frac{\mu}{r_p} = \frac{h^2}{2r_p^2} - \frac{\mu}{r_p} = \frac{h^2 - 2\mu r_p}{2r_p^2}$$

$$= \frac{\mu a(1 - e^2) - 2\mu r_p}{2r_p^2} \quad (\text{▸ Glg. 2.12})$$

$$= \frac{\mu a(1 - e^2) - 2\mu a(1 - e)}{2a^2(1 - e)^2} \quad (\text{Geometrie der Ellipse, ▸ Glg. B.51})$$

$$= -\mu \frac{(1 - e)^2}{2a(1 - e)^2}$$

$$= -\frac{\mu}{2a} \tag{2.13}$$

D. h. aus $\mathbf{r}$ und $\mathbf{v}$ kann E, h, a und e bestimmt werden:

$$E = \frac{v^2}{2} - \frac{\mu}{r} \quad (\text{▸ Glg. 2.4}), \quad \mathbf{h} = \mathbf{r} \times \mathbf{v} \quad (\text{▸ Absch. 2.1.2})$$

$$a = -\frac{\mu}{2E} \quad (\text{▸ Glg. 2.13}) \tag{2.14}$$

$$e = \sqrt{1 - \frac{h^2}{a\mu}} \quad (\text{▸ Glg. 2.12}) \tag{2.15}$$

Die vis viva-Gleichung Aus ▸ Glg. 2.4 kann die *vis viva-Gleichung* abgeleitet werden, die bei der Berechnung von Geschwindigkeitsänderungen für Bahnmanöver von Raumfahrtzeugen eine große Rolle spielt:

$$E = \frac{v^2}{2} - \frac{\mu}{r} \quad (\text{▸ Glg. 2.4})$$

$$= -\frac{\mu}{2a} \quad (\text{▸ Glg. 2.13})$$

$$v^2 = \mu \left(\frac{2}{r} - \frac{1}{a} \right)$$

$$v = \sqrt{\frac{2}{r} - \frac{1}{a}} \tag{2.16}$$

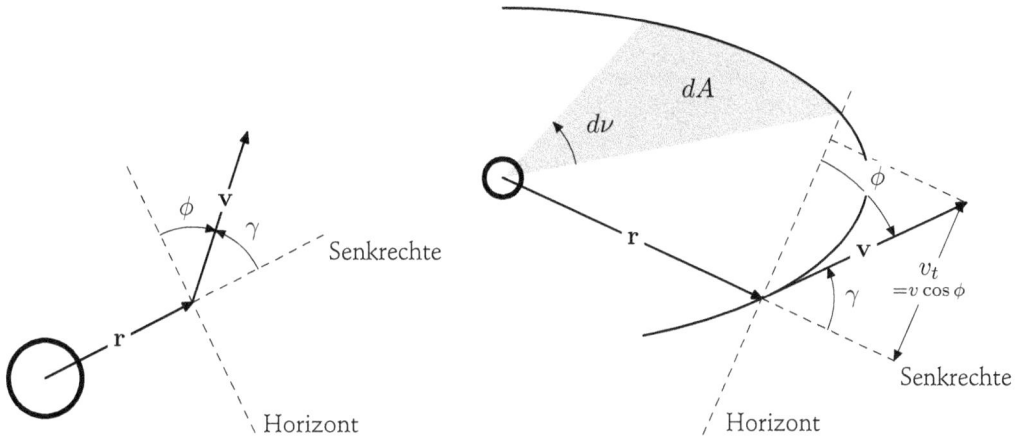

Abbildung 2.2 Der flight-path-Winkel ϕ ist der Winkel, um den **v** gegen die auf **r** senkrecht stehende Horizontlinie gedreht ist, γ ist der Winkel, um den **v** gegen **r** gedreht ist. Es gilt $\phi+\gamma = 90°$. Rechts: die Verhältnisse bei einem infinitesimalen Bahnelement. dA ist die überstrichene Fläche, wenn sich **r** um den Winkel $d\nu$ dreht.

Das zweite Gesetz

Es werde ein kleiner Ausschnitt der Bahn betrachtet ($\blacktriangleright$ Abb. 2.2). Links ist der *flight path-Winkel ϕ* dargestellt. Er stellt den Winkel dar, um den der Geschwindigkeitsvektor von der Horizontlinie (einer Senkrechten auf **r** abweicht.

Aus $\mathbf{h} = \mathbf{r} \times \mathbf{v}$ ($\blacktriangleright$ Glg. 2.8) folgt mit ϕ und $\blacktriangleright$ Glg. B.7 und $\omega = \frac{d}{dt}\nu$:

$$h \;=\; rv\sin\gamma = rv\sin(90 - \phi) = r\,\underbrace{v\cos\phi}_{v_t = \omega r} = r^2 \frac{d}{dt}\nu$$

$$dt \;=\; \frac{r^2}{h}d\nu \tag{2.17}$$

Der Ortsvektor **r** überstreicht bei einer Winkeländerung $d\nu$ die Fläche dA, für $d\nu \to 0$ angenähert als Anteil $\frac{d\nu}{2\pi}$ an einer vollen Kreisfläche:

$$dA \;=\; \frac{d\nu}{2\pi}A_{\text{Kreis}} = \frac{d\nu}{2\pi}r^2\pi = \frac{r^2}{2}d\nu$$

$$d\nu \;=\; \frac{2}{r^2}dA \tag{2.18}$$

Aus $\blacktriangleright$ Glg. 2.17 und Glg. 2.18 ergibt sich

$$dt = \frac{2}{h}dA \tag{2.19}$$

Da $\mathbf{h} = h = const$, hängt dA nur von dt ab. $\blacktriangleright$ Glg. 2.19 stellt das *zweite Keplersche Gesetz* dar.

Das dritte Gesetz

Integriert man ▸Glg. 2.19 über die Umlaufdauer P_t und die Flächse A, so gilt mit den Halbachsen a und b und ▸Absch. B.5:

$$\int_0^{P_t} dt = \frac{2}{h} \int_A dA$$

$$P_t = \frac{2}{h}\pi ab = \frac{2}{h}\pi a \cdot a\sqrt{1-e^2} \tag{2.20}$$

Mit $h = \sqrt{\mu p} = \sqrt{\mu a(1-e^2)}$ (▸Glg. 2.12) ergibt sich

$$P_t = \frac{2\pi a^2\sqrt{1-e^2}}{\sqrt{\mu a(1-e^2)}} = \frac{2\pi}{\sqrt{\mu}}a^{3/2} = 2\pi\sqrt{\frac{a^3}{\mu}} = 2\pi\sqrt{\frac{a^3}{G(M+m)}} \tag{2.21}$$

d. h. die Umlaufzeit P_t hängt für elliptische Orbits nur von der grossen Halbachse a ab. ▸Glg. 2.21 stellt das *dritte Keplersche Gesetz* dar.

2.4 Die drei Keplerschen Gesetze

Im vorangegangenen Abschnitt wurden die drei Keplerschen Gesetze aufgrund einer rein analytischen Betrachtung auf der Newtonschen Bewegungsgleichung aufgebaut. In einer astronomischen Formulierung lauten sie:

1. Die Planeten bewegen sich auf Ellipsen, in deren einem Brennpunkt die Sonne steht.

2. Der heliozentrische Ortsvektor eines Planeten überstreicht in gleichen Zeitabständen gleiche Flächen. Oder auch: die überstrichenen Flächen verhalten sich zueinander wie die dazu benötigten Zeiten. Oder: in gleicher Zeit überstreicht der Ortsvektor gleiche Flächen (▸Abb. 2.3):

$$\frac{\Delta t_1}{A_1} = \frac{\Delta t_2}{A_2} \tag{2.22}$$

Wir sehen, daß dazu in Sonnennähe eine höhere Bahngeschwindigkeit notwendig ist.

3. Das Verhältnis aus den dritten Potenzen der großen Halbachsen und den Quadraten der Umlaufzeiten ist für alle Planeten m konstant (wobei angenommen wird, dass $m \ll M$):

$$\frac{a^3}{P_t^2} = \frac{G(m+M)}{4\pi^2} \approx= \frac{GM}{4\pi^2} = const \tag{2.23}$$

2.5 Runge-Lenz- und Exzentrizitätsvektor

Bei der Herleitung von ▸Glg. 2.10 aus den gegebenen Orts- und Geschwindigkeitsvektoren $\mathbf{r}$ und $\mathbf{v}$ trat der Vektor

$$\mathbf{B} = \mathbf{v} \times \mathbf{h} - \frac{\mu}{r}\mathbf{r} \tag{2.24}$$

auf, der *Runge-Lenz-Vektor* genannt wird und folgende wichtige Eigenschaften hat:

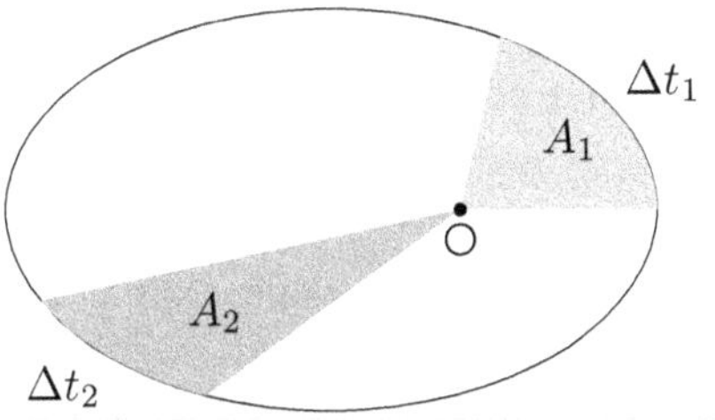

Abbildung 2.3 Zum zweiten Keplerschen Gesetz: die innerhalb der Zeitintervalle dt_1 und dt_2 überstrichenen Flächen dA_1 und dA_2 verhalten sich zueinander wie die Zeitintervalle.

- Er liegt in der Bahnebene des Himmelskörpers, da er senkrecht auf $\mathbf{h}$ steht (ergibt sich aus der Definition des Kreuzprodukts oder durch Berechnung von $\mathbf{B} \cdot \mathbf{h} = 0$).

- Er ist zeitlich unveränderlich, $\frac{d}{dt} B = 0$ (ergibt sich aus der Herleitung von ▹ Glg. 2.10).

- Er weist in Richtung der Periapsis, $\mathbf{r}_P = \mathbf{r}(0°)$ oder im perifokalen PQW-System ausgedrückt in Richtung der $\mathbf{P}$-Achse:

$$\mathbf{B} = \mu e \mathbf{P} \tag{2.25}$$

Die letzte Eigenschaft ist ausserordentlich nützlich, um aus gegebenem $\mathbf{r}$ und $\mathbf{v}$ die Bahnelemente zu berechnen (▹ Absch. 2.9). Sie kann durch skalare Multiplikation mit $\mathbf{r}$ sowie ▹ Glg. B.27 und ▹ Glg. B.21 bewiesen werden:

$$
\begin{aligned}
\mathbf{B} \cdot \mathbf{r} &= \mathbf{r} \cdot (\mathbf{v} \times \mathbf{h}) - \frac{\mu}{r} \mathbf{r} \cdot \mathbf{r} \\
&= \mathbf{h} \cdot \underbrace{(\mathbf{r} \times \mathbf{v})}_{= \mathbf{h}} - \mu r \\
Br \cos \phi &= h^2 - \mu r \\
r &= \frac{h^2}{B \cos \phi + \mu} = \frac{h^2/\mu}{1 + B/\mu \cos \phi} = \frac{p}{1 + e \cos \phi}
\end{aligned}
$$

Der letzte Ausdruck entspricht der Gleichung einer elliptischen Bahn in Polarkoordinaten (▹ Glg. B.49) mit der Exzentrizität $e = B/\mu$. Wenn wie angenommen $\mathbf{B}$ zur Periapsis zeigt, muß $r = r(\phi)$ für $\phi = 0°$ minimal sein. Dies ist der Fall, wenn der Nenner maximal wird, d. h. für $\cos \phi = 1$ oder wie angenommen $\phi = 0$. Damit ist die Annahme bewiesen.

Die Gleichsetzung von $\frac{B}{\mu}$ und e legt nahe, den Vektor

$$
\begin{aligned}
\mathbf{e} &= \frac{1}{\mu} \mathbf{B} = \frac{\mathbf{v} \times \mathbf{h}}{\mu} - \frac{\mathbf{r}}{r} = \frac{\mathbf{v} \times (\mathbf{r} \times \mathbf{v})}{\mu} - \frac{\mathbf{r}}{r} \\
&= \frac{(\mathbf{v} \cdot \mathbf{v})\mathbf{r} - (\mathbf{v} \cdot \mathbf{r})\mathbf{v}}{\mu} - \frac{\mathbf{r}}{r} \quad (\text{▹ Glg. B.28}) \\
&= \left(\frac{v^2}{\mu} - \frac{1}{r} \right) \mathbf{r} - \frac{(\mathbf{v} \cdot \mathbf{r})\mathbf{v}}{\mu} \tag{2.26}
\end{aligned}
$$

zu definieren, der wie **B** zur Periapsis zeigt, aber dessen Betrag der Exzentrizität entspricht. Er wird daher *Exzentrizitätsvektor* genannt und kann ebenfalls im perifokalen PQW-System durch die **P**-Achse ausgedrückt werden:

$$\mathbf{e} = e\mathbf{P} \tag{2.27}$$

. In der Literatur werden häufig verschiedene Skalierungsfaktoren für den Runge-Lenz-Vektor benutzt, sodaß oft auch **e** sowie weitere Vektoren in Richtung der perifokalen **P**-Achse als Runge-Lenz-Vektor bezeichnet werden. Dies ändert aber nichts an seinen grundlegenden Eigenschaften.

2.6 Folgerungen für Orbits

Aus den beiden Erhaltungssätzen Glgn. 2.4 und 2.8 sowie den Keplerschen Gesetzen lassen sich einige Folgerungen für die Bahnbewegung erhalten.

- Die Vektoren **r** und **v** liegen stets in einer Ebene (▸ Glg. 2.8). Damit erfolgt die Bahnbewegung ausschliesslich innerhalb einer Ebene.

- Es gilt (▸ Glg. 2.12):

$$p = \frac{h^2}{\mu}$$

Eine Erhöhung des Drehmoments h führt zu einer weiteren Ellipsenbahn. Die Form der Ellipsenbahn, ausgedrückt durch p, hängt nur vom Drehmoment h ab.

- Weiterhin gilt (▸ Glg. 2.13):

$$E = -\frac{\mu}{2a}, \quad a = -\frac{\mu}{2E}$$

Die Grösse der Ellipsenbahn, ausgedrückt durch a, hängt nur von der Energie E ab. Je höher die Energie ist, desto enger kann die Bahn am Zentralkörper vorbeiführen und die stärkere Gravitation des Zentralkörpers ausgleichen, um den Orbit aufrechtzuerhalten.

- Aus der Umlaufdauer (▸ Glg. 2.21) ergibt sich als Bahngeschwindigkeit v für stabile Kreisbahnen mit Radius a mit ▸ Glg. B.7:

$$v = \omega a = \frac{2\pi}{P_t}a = \sqrt{\frac{\mu}{a^3}}a = \sqrt{\frac{\mu}{a}} \tag{2.28}$$

Darin ist ω die Winkelgeschwindigkeit und P_t die Zeit, die für einen vollen Umlauf von 2π erforderlich ist.

Je grösser der Radius der Kreisbahn ist, umso weniger Geschwindigkeit ist erforderlich, um den Satelliten auf einer stabilen Bahn zu halten. Dies ist Ausdruck des Gleichgewichts der Gravitationskraft F_G auf den Satelliten und der Zentrifugalkraft F_Z:

$$F_G = G\frac{Mm}{r^2} \qquad F_Z = m\omega^2 r = \frac{mv^2}{r}$$

$$F_G = F_Z$$

$$GmM = mv^2 r$$

$$v = \sqrt{\frac{GM}{r}} \quad \text{oder} \quad r = \frac{GM}{v^2} \tag{2.29}$$

Wenn v verringert wird, muß der Satellit auf eine Kreisbahn mit größerem r ausweichen, um in einer stabilen Bahn zu verbleiben. Anderenfalls gewinnt F_G das Übergewicht und der Satellit schlägt eine abwärtsgerichtete Spiralbahn ein.

2.7 Die klassischen Bahnelemente

Wir haben gesehen, daß die Bewegung eines Körpers m um einen Zentralkörper M in der Zweikörperproblem durch die Differentialgleichung zweiten Grades ▷ Glg. 2.3 beschrieben werden kann. Bei der Integration dieser Gleichung fallen zwei vektorielle Integrationskonstanten an, d. h. sechs frei wählbare Zahlen. Zur vollständigen Beschreibung einer elliptischen Umlaufbahn eines Himmelskörpers im Raum werden ebendiese sechs voneinander unabhängigen Zahlenangaben benötigt, die wir auf verschiedene Weise gewinnen können:

- durch zwei Beobachtungen, die jeweils einen Ortsvektor $\mathbf{r_1}$ und $\mathbf{r_2}$ liefern (und damit sechs Koordinaten),

- durch eine Beobachtung, die einen Orts- und einen Geschwindigkeitsvektor $\mathbf{r}$ und $\mathbf{v}$ liefert (und damit drei Koordinaten und drei Geschwindigkeitskomponenten).

Eine grössere Anzahl an Beobachtungen liefert keine weitere Information über eine elliptische Bahn, sondern vermindert nur den Fehler, der bei der minimal nötigen Zahl an Beobachtungen entstehen kann.

Aus den Beobachtungen können die sechs klassischen Bahnelemente (▷ Abb. 2.4) berechnet werden. Sie bestimmen Form und Lage einer auf Kegelschnitten beruhenden Bahn. Drei von ihnen bestimmen die Form und die Zeitabhängigkeit der Bahn:

Grosse Halbachse a Sie legt die Grösse der Bahn fest.

Exzentrizität e Sie legt die Form der Bahn fest, d. h. wie nahe die Ellipse der Kreisform kommt. Ein Wert von Null bedeutet eine Kreisbahn, Werte zwischen 0 und 1 stellen zunehmend langgestreckte Ellipsen dar.

Zeit des Periapsis-Durchgangs T (Epoche) Diese liefert den Zeitbezug der Bewegung auf der Bahn in Bezug auf andere Himmelskörper: zum Zeitpunkt T befindet sich der Himmelskörper in seiner Periapsis-Stellung.

Häufig wird T auch als beliebiger Zeitpunkt (nicht der des Periapsis-Durchgangs) verstanden. Dann wird zusätzlich die mittlere Anomalie M, die mittlere Länge L oder die wahre Anomalie $\nu(T)$ zusammen mit der Epoche T angegeben. Details zu diesen Größen und zur Umrechnung werden in ▷ Absch. 2.8.2 auf Seite 61 gegeben.

Der Einfluss von e auf die Form der Bahn ist in ▷ Abb. 2.5 gezeigt. Das Element a bestimmt die Grösse der Ellipse, während die Bahn sich mit steigendem e zwischen 0 und 1 einer langgestreckten Ellipse annähert und der Brennpunkt vom Zentrum zur Periapsis wandert.

Drei weitere Elemente bestimmen die Lage der Bahnebene im Raum:

Inklination i Sie bestimmt den Winkel zwischen dem Basisvektor $\mathbf{K}$ und dem Drehmomentvektor $\mathbf{h}$ der Bahn oder – im PQW-System – dem $\mathbf{W}$-Vektor.

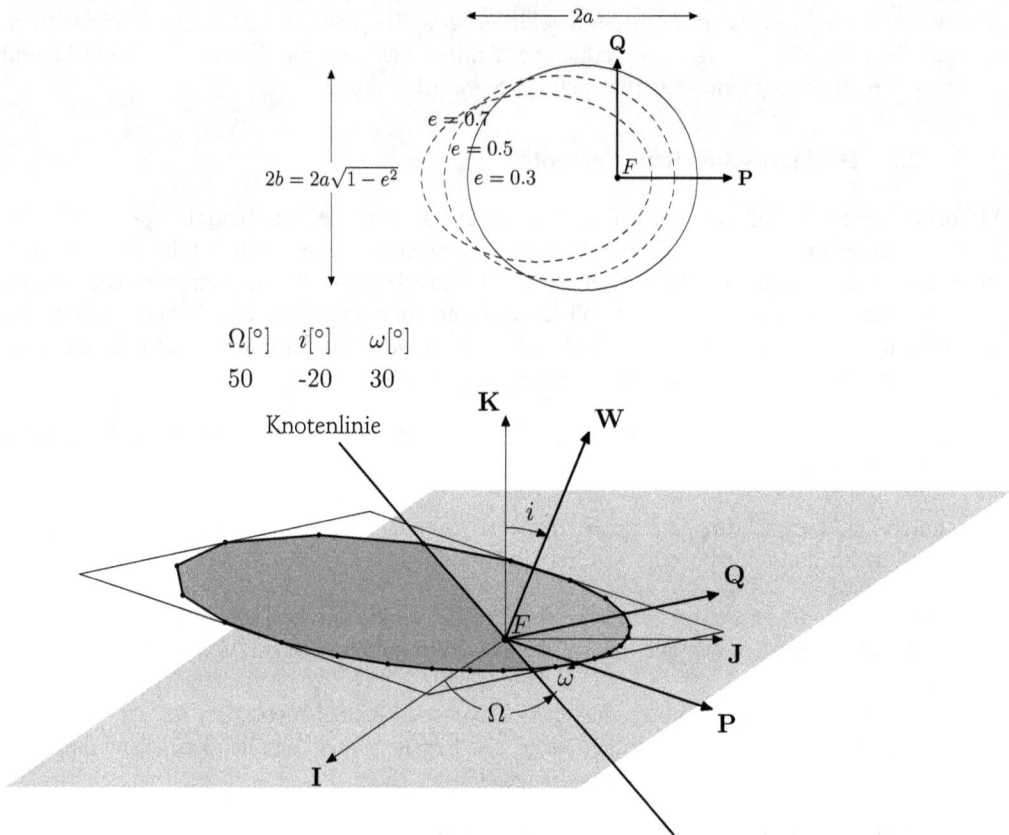

Abbildung 2.4 Die sechs klassischen Bahnelemente in einem IJK-System. Der Winkel Ω wird in der Fundamental- oder **IJ**-Ebene gemessen, der Winkel ω in der Bahnebene (der **PQ**-Ebene eines PQW-Systems). Die Knotenlinie ist die Schnittlinie zwischen der **IJ**- und der Bahnebene.

Länge des aufsteigenden Knotens Ω Sie bestimmt den Winkel zwischen dem Basisvektor **I** und dem Punkt, an dem der Himmelskörper die Fundamentalebene in nördlicher Richtung (zu positiven Werten von **K** hin) kreuzt. Dieser Punkt ist einer der Schnittpunkte zwischen Fundamentalebene und Bahnebene. Ω wird innerhalb der Fundamentalebene (**IJ**-Ebene) gemessen.

Argument der Periapsis ω Es bestimmt den Winkel zwischen dem aufsteigenden Knoten und der Periapsis, also zwischen Knotenlinie und **P**. ω wird in der Bahnebene (**PQ**-Ebene im PQW-System) gemessen. Anstelle des Arguments der Periapsis wird auch häufig die **Länge der Periapsis** $\bar{\omega}$ angegeben. Sie wird in der Fundamentalebene gemessen, und es gilt für sie:

$$\bar{\omega} = \Omega + \omega$$

▶ Abb. 2.6 zeigt den Einfluss einzelner Elemente auf die Lage der Bahn, ▶ Abb. 2.7 den kombinierten Einfluss der Änderungen mehrerer Elemente.

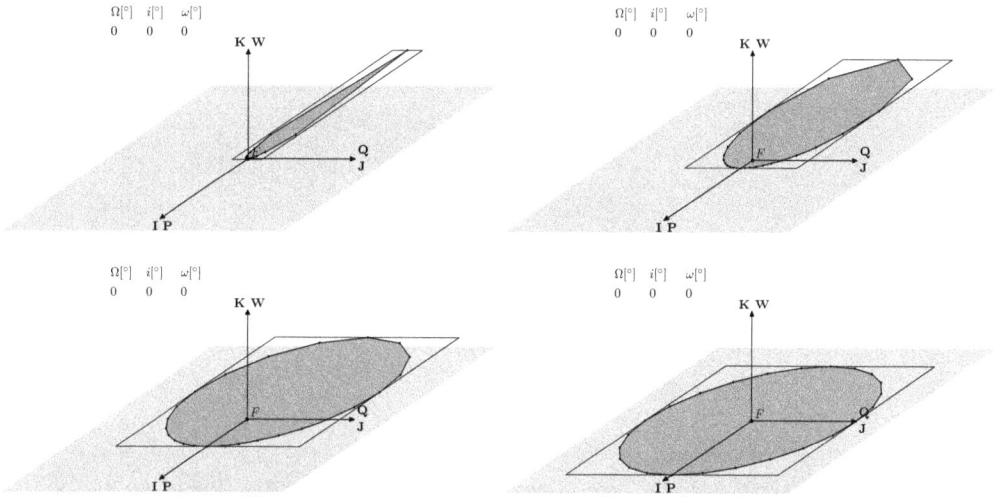

Abbildung 2.5 Die Bedeutung des formgebenden Bahnelements e (Exzentrizität). Es steuert die Abweichung von der Kreisform, wie man an den Werten 1.0, 0.85, 0.5 und 0 erkennt. Gleichzeitig wandert der Brennpunkt aus dem Zentrum zur Periapsis.

2.8 Positionsbestimmung aus den Bahnelementen, Ephemeriden

Aus den sechs Bahnelementen kann für jeden beliebigen Zeitpunkt die Position eines wiederkehrend umlaufenden Himmelskörpers bezogen auf seinen Zentralkörper berechnen werden.

Aufgabe der *Ephemeridenrechnung* ist es, diese auf den Zentralkörper bezogene Position in das geo- oder topozentrische Koordinatensystem eines terrestrischen Beobachters umzurechnen.

2.8.1 Die Form der Bahn des Himmelskörpers

Die Form der Bahn kann unter Verwendung der Bahnelemente a und e sofort aus ▸ Glg. 2.11 bestimmt werden:

$$r = r(\nu) = \frac{a(1 - e^2)}{1 + e \cos \nu} \tag{2.30}$$

Dies ist die Gleichung einer Ellipse in Polarkoordinaten $(r, \nu) = (r(\nu), \nu)$, in der zunächst noch keine Zeitabhängigkeit vorhanden ist. Diese wird im nächsten Abschnitt durch $\nu = \nu(t)$ eingeführt.

2.8.2 Die Bewegung des Himmelskörpers; die Kepler-Gleichung

Zur Bestimmung der Zeitabhängigkeit der Bewegung kann das zweite Keplersche Gesetz, ▸ Glg. 2.19, herangezogen werden. Ziel ist es, $\nu = \nu(t)$ zum Zeitpunkt t zu bestimmen. Ist als Bahnelement die Zeit des Periapsis-Durchgangs T bekannt, setzt es die seitdem verstrichene Zeit $t - T$ und die seitdem überstrichene Fläche A_1 mit der Umlaufzeit und der Gesamtfläche πab der Ellipsenbahn in Beziehung (▸ Abb. 2.8 oben):

$$dt = \frac{2}{h} dA = k dA$$

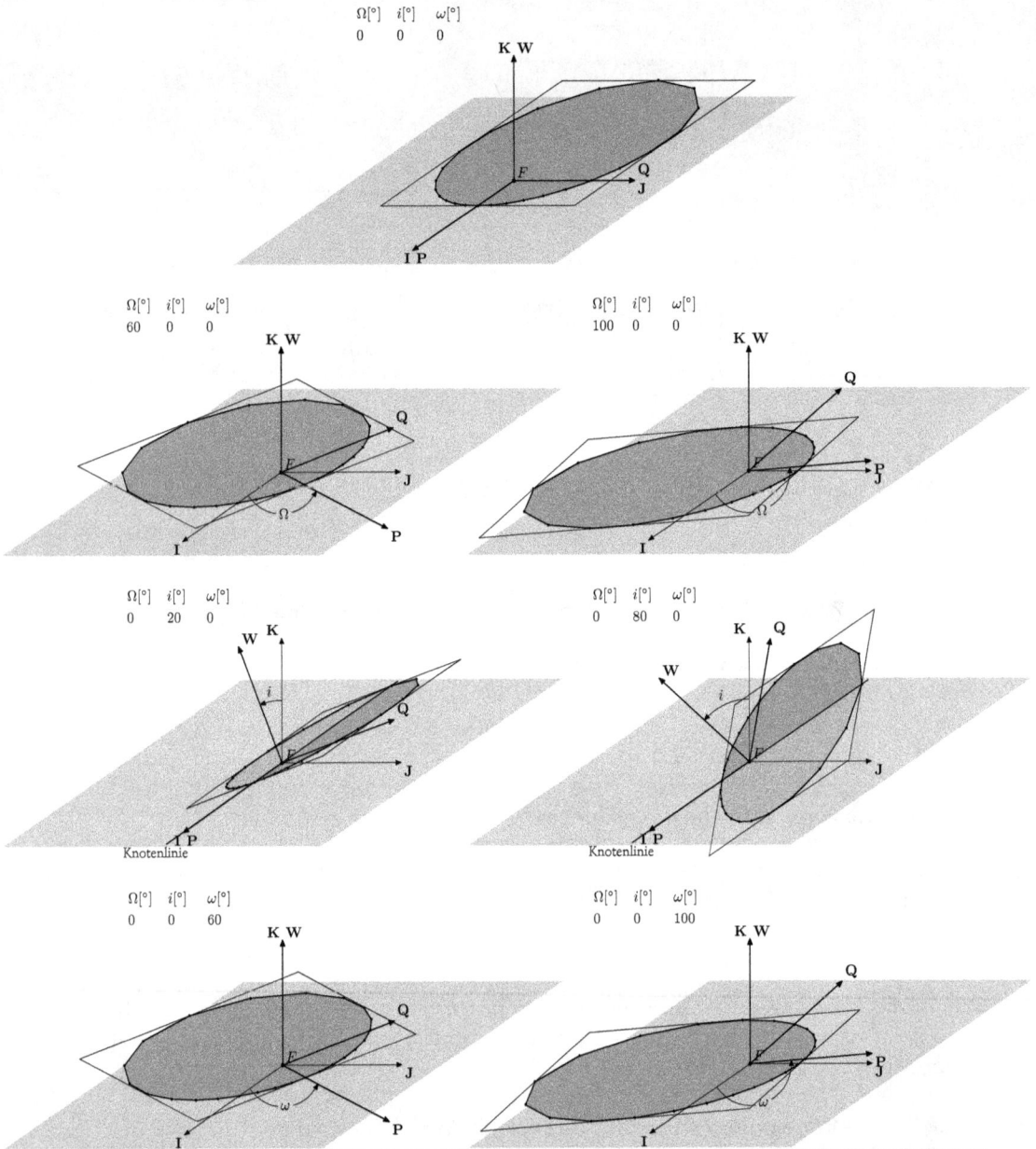

Abbildung 2.6 Die Bedeutung der lagebestimmenden Bahnelemente Ω, i und ω. Ω entspricht dem Winkel zwischen der **I**- und **P**-Achse, ω zwischen der Knotenlinie und der **P**-Achse. Dargestellt ist die Änderung je eines Bahnelements. Mit der Inklination wird die Bahn aus der **IJ**-Ebene gedreht und steht bei $i = 90°$ senkrecht auf ihr. Änderungen von Ω werden erst sichtbar, wenn $i \neq 0$ ist (Abb. 2.7), da sie sonst – wie in dieser Abbildung – nicht von Änderungen von ω zu unterscheiden sind.

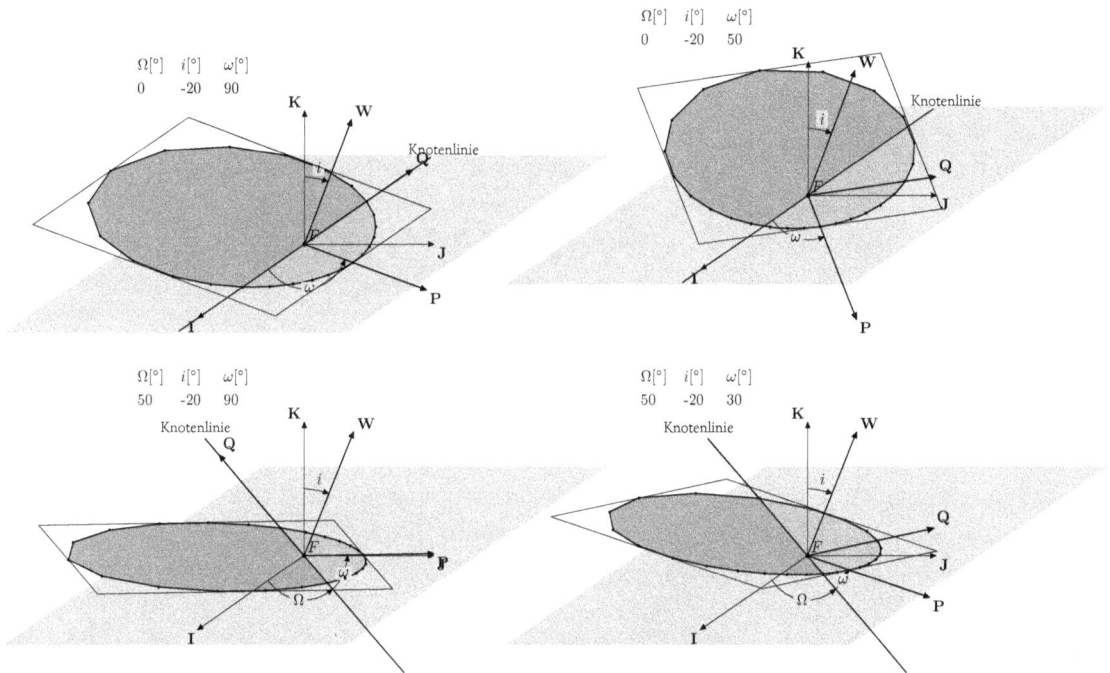

Abbildung 2.7 Variation aller drei Bahnelemente Ω, i und ω anhand einiger Beispiele.

Für einen Vollumlauf in der Zeit P_t gilt dann

$$P_t = k\pi ab \Rightarrow k = \frac{P_t}{\pi ab}$$

und für einen Teilumlauf

$$t - T = kA_1 = \frac{P_t}{\pi ab}A_1 \qquad (2.31)$$

Hierin ist P_t die Umlaufzeit des Himmelskörpers, T der Zeitpunkt des Periapsis-Durchgangs und t der Zeitpunkt, zu dem die Position des Körpers berechnet werden soll. Es seien zunächst einige Begriffe (☞ Abb. 2.8 unten) definiert:

Wahre Anomalie ν Der Winkel Periapsis **V**–Brennpunkt **F**–Himmelskörper **R** oder $\angle(VFR)$.

Exzentrische Anomalie E Der Winkel Periapsis **V**–Mittelpunkt (**O**-**Q** oder $\angle(VOQ)$, wobei **Q** ein Punkt auf einem gedachten Umkreis der Bahnellipse ist. Der Umkreis besitzt den Radius a, **Q** ist der Schnittpunkt eines Lots durch **R** auf $\overline{OV}$ mit dem Umkreis.

Mittlere Anomalie M Der Winkel Periapsis **V**-Mittelpunkt **O**-**T** oder $\angle(VOT)$, wobei **T** ein Punkt auf einem gedachten Umkreis der Bahnellipse ist, der sich mit gleichförmiger Geschwindigkeit in der gleichen Umlaufzeit auf dem Umkreis fortbewegt.

Mit dem Zusammenhang

$$y_{\text{Ellipse}} = \frac{b}{a}y_{\text{Kreis}}$$

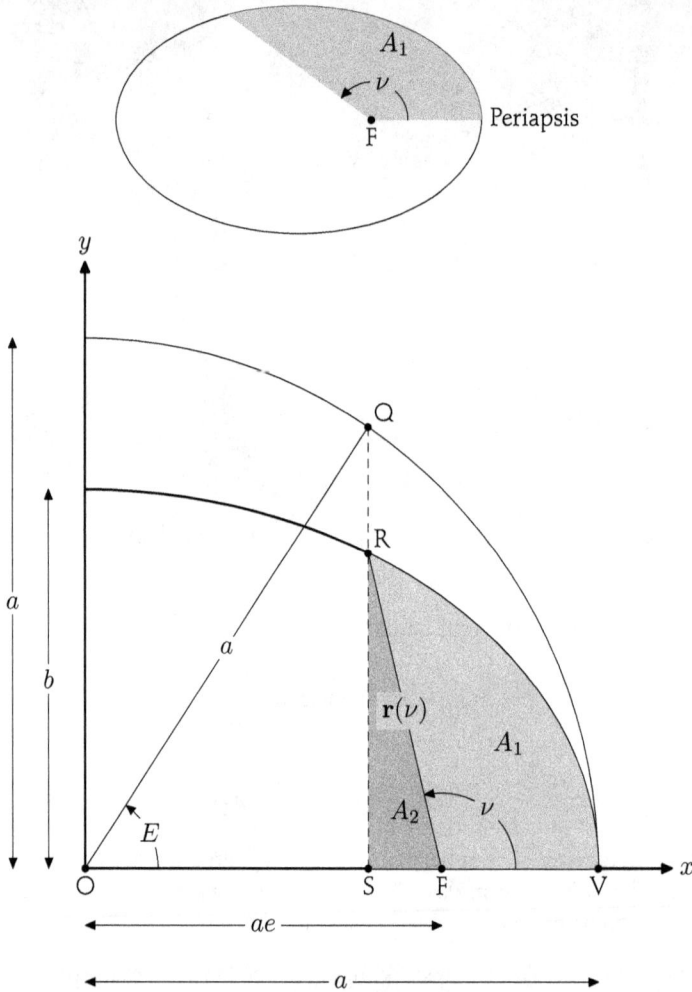

Abbildung 2.8 Oben: Anwendung des zweiten Keplerschen Gesetzes zur Bestimmung der Zeitabhängigkeit von ν. Die zum Zeitpunkt $t - T$ überstrichene Fläche A_1 korrespondiert zu $t-T$ und zur Winkeländerung ν. Unten: Zusammenhang zwischen wahrer (ν) und exzentrischer (E) Anomalie. **Q** ist der Schnittpunkt eines Umkreises mit Radius a und dem Lot durch **R** auf $\overline{OV}$.

zwischen den y-Koordinaten von Ellipse und Kreis lässt sich die Fläche A_1 berechnen, die der Ortsvektor P des Himmelskörpers in der Zeit $t - T$ überstrichen hat:

$$
\begin{aligned}
A_1 &= Area(RSV) - A_2 \\
&= \frac{b}{a} Area(QSV) - Area(SFR) \\
&= \frac{b}{a} \left(\underbrace{Area(QOV)}_{\text{Anteil } E/2\pi \text{ an Vollkreis } a^2\pi} - \Delta(SOQ) \right) - \Delta(SFR) \\
&= \frac{b}{a} \left(\frac{1}{2}a^2 E - \frac{1}{2}\underbrace{(a\cos E)}_{SO}\underbrace{(a\sin E)}_{SQ} \right) - \frac{1}{2}\underbrace{(ae - a\cos E)}_{SF}\underbrace{(\frac{b}{a}a\sin E)}_{SR} \\
&= \frac{ab}{2}(E - \cos E \sin E) - \frac{ab}{2}\sin E(e - \cos E) \\
&= \frac{ab}{2}(E - e\sin E) \qquad (2.32)
\end{aligned}
$$

Dieser Ausdruck für A_1 zusammen mit ▸ Glg. 2.21 und $\mu = G(M + m)$ bringt ▸ Glg. 2.31 in die Form

$$
\begin{aligned}
t - T &= \frac{P_t}{2\pi}(E - e\sin E) \\
\frac{t - T}{P_t} &= \frac{E - e\sin E}{2\pi} = \frac{M(t) - M(T)}{2\pi} \qquad (2.33) \\
2\pi\frac{t - T}{P_t} &= \underbrace{\sqrt{\frac{\mu}{a^3}}}_{n}(t - T) = M(t) - M(T) = E - e\sin E \qquad (2.34)
\end{aligned}
$$

▸ Glg. 2.33 hat den Charakter einer Proportionalität: die Änderung $M(t) - M(T)$ einer Größe M steht zu einem vollen Bahnumlauf, ausgedrückt durch 2π, im gleichen Verhältnis wie die Zeitdifferenz $t - T$ zur Umlaufzeit. Man kann M als eine gleichförmige Bewegung eines Körpers auf dem Umkreis auffassen, der die gleiche Umlaufzeit wie der Himmelskörper auf der Ellipsenbahn hat. M heisst *mittlere Anomalie*. n ist die mittlere Bewegung (die Änderung von $M(t)$) des Himmelskörpers pro Zeiteinheit.

Mit diesen Abkürzungen wird

$$
n(t - T) = M(t) - M(T) = E - e\sin E \qquad (2.35)
$$

Dies ist die *Keplergleichung*. Sie liefert zu gegebenem t und M den Wert der exzentrischen Anomalie E. Sie besitzt keine geschlossene Lösung, es werden daher Näherungsverfahren, z. B. das Newton-Verfahren, verwandt (▸ Absch. A.1).

Zur Bestimmung der Position des Körpers auf seiner Bahn und der durch die Näherungen gewonnenen exzentrischen Anomalie zum Zeitpunkt t betrachten wir die Bahn zunächst in perifokalen Koordinaten. Die Gleichungen ▸ Glg. 1.31 und ▸ Glg. 1.32 liefern den Ortsvektor $\mathbf{r} = \mathbf{r}(\nu) = \mathbf{r}(\nu(t))$ und die Geschwindigkeit $\mathbf{v} = \mathbf{v}(\nu) = \mathbf{v}(\nu(\mathbf{t}))$ zunächst als Funktion der wahren Anomalie ν:

$$\mathbf{r}(\nu(t)) = \begin{pmatrix} r(\nu)\cos\nu(t) \\ r(\nu)\sin\nu(t) \end{pmatrix}, \quad r(\nu(t)) = \frac{p}{1+e\cos\nu} = \frac{a(1-e^2)}{1+e\cos\nu}$$

$$\mathbf{v}(\nu(t)) = \frac{h}{p}\begin{pmatrix} -\sin\nu(t) \\ e+\cos\nu(t) \end{pmatrix}$$

Aus ▶ Abb. 2.8 unten und ▶ Absch. B.5 erhalten wir

$$\overline{OS} = ae + r(\nu)\cos\nu = a\cos E, \quad p(\nu)\cos\nu = a\cos E - ae$$

$$\overline{SR} = r(\nu)\sin\nu = \frac{b}{a}a\sin E = a\sqrt{1-e^2}\sin E$$

Damit folgt für die perifokalen Koordinaten des Himmelskörper (innerhalb seiner Bahnebene, bezogen auf den Brennpunkt) zum Zeitpunkt t in Abhängigkeit von $E = E(t)$:

$$\mathbf{r}(E(t)) = \begin{pmatrix} r(t)\cos\nu(t) \\ r(t)\sin\nu(t) \\ 0 \end{pmatrix} = a\begin{pmatrix} \cos E(t) - e \\ \sqrt{1-e^2}\sin E(t) \\ 0 \end{pmatrix} \qquad (2.36)$$

$$r(E(t)) = \sqrt{r_x^2(E) + r_y^2(E)} = a(1 - e\cos E(t)) \qquad (2.37)$$

Zur Ermittlung des Geschwindigkeitsvektors in Abhängigkeit von E muss die Ableitung von ▶ Glg. 2.36 nach t gebildet werden:

$$\mathbf{v}(E(t)) = \frac{d}{dt}\mathbf{r}(E(t)) = a\begin{pmatrix} -\dot{E}\sin E \\ \sqrt{1-e^2}\dot{E}\cos E \\ 0 \end{pmatrix} = \frac{h}{r(E(t))\sqrt{1-e^2}}\begin{pmatrix} -\sin E \\ \sqrt{1-e^2}\cos E \\ 0 \end{pmatrix}$$

$$v(E(t)) = \sqrt{v_x^2(E) + v_y^2(E)} = \frac{h}{r(E(t))\sqrt{1-e^2}}\sqrt{1 - e^2\cos^2 E}$$

Die zeitliche Ableitung $\dot{E}$ kann aus ▶ Glg. 2.35 berechnet werden, die eine implizite Gleichung in E und t darstellt. Dazu bilden wir mit ▶ Glg. B.45 das Differential der Funktion $K(E,t)$:

$$K(E,t) = E - e\sin E - M(t) + M(T) = E - e\sin E - \frac{2\pi}{P_t}(t-T) = 0$$

$$dK = \frac{\partial K}{\partial E}dE + \frac{\partial K}{\partial t}dt = 0$$

$$= (1 - e\cos E)dE - \frac{2\pi}{P_t}dt$$

und mit ▶ Glg. 2.20 und ▶ Glg. 2.37

$$\frac{dE}{dt} = \frac{2\pi}{P_t(1-e\cos E)} = \frac{h}{a^2(1-e\cos E)\sqrt{1-e^2}} = \frac{h}{ar(t)\sqrt{1-e^2}}$$

Aus $E = E(t)$ können wir auch die wahre Anomalie $\nu = \nu(t)$ berechnen. Die Identitäten $p = \frac{a(1-e^2)}{1+e\cos\nu} = a(1-e\cos E)$ (▶ Glg. 2.30 und ▶ Glg. 2.37) und $\sin^2\nu = 1 - \cos^2\nu$ stellen die

Zusammenhänge zwischen E und ν und über die Keplergleichung auch t her:

$$\cos E = \frac{e + \cos \nu}{1 + e \cos \nu} \tag{2.38}$$

$$\cos \nu = \frac{\cos E - e}{1 - e \cos E} \tag{2.39}$$

$$\sin \nu = \sqrt{1 - \cos^2 \nu} = \frac{\sqrt{1 - e^2} \sin E}{1 - e \cos E} \tag{2.40}$$

Mit Hilfe von Glg. 2.39 kann die wahre Anomalie bestimmt werden. Beim Berechnen des Arkuskosinus muss auf den Quadranten geachtet werden:

$$\nu = \begin{cases} \arccos \frac{\cos E - e}{1 - e \cos E} & 0 \le E \le \pi \\ 2\pi - \arccos \frac{\cos E - e}{1 - e \cos E} & \pi < E \le 2\pi \end{cases} \tag{2.41}$$

Alternative Bahnelemente   Alternativ zu T ist eine Reihe ähnlicher Bahnelemente gebräuchlich. In der Interpretation von T als Zeit eines Periapsisdurchgangs folgt für diesen Zeitpunkt $M(T) = 0$. T kann aber auch einen beliebigen Zeitpunkt bezeichnen; in diesem Falle wird neben der Epoche T auch die mittlere Anomalie $M(T)$ oder die mittlere Länge $L(T)$ angegeben. M und L stehen in folgendem Zusammenhang

$$M = L - \bar{\omega} = L - \omega - \Omega$$

Abb. 2.9 zeigt, wie $M(t)$ für jede der Varianten bestimmt wird. Aus $M(T)$ und T kann $M(t)$ für einen Zeitpunkt t nach Glg. 2.34 berechnet werden:

$$M(t) = M(T) + \frac{2\pi}{P_t}(t - T) = M(T) + \sqrt{\frac{\mu}{a^3}}(t - T) \tag{2.42}$$

Anschliessend wird wieder $E(t)$ aus $M(t)$ anhand der Keplergleichung Glg. 2.35 bestimmt.

2.8.3   Die Lage der Bahn im Raum

Im vorigen Abschnitt wurde dargelegt, wie anhand der Bahnelemente Form und Grösse der Bahn eines Himmelskörpers sowie seine Bewegung innerhalb der Bahnebene berechnet werden können. Sind t, P_t und die Bahnelemente a, e und T gegeben, wird die zeitabhängige Position $\mathbf{p}(t)$ des Himmelskörpers in einem perifokalen System, d. h. *innerhalb seiner Bahnebene*, erhalten.

Es ist nun erforderlich, diese Bahnebene im Raum zu fixieren, wozu drei weitere Bahnelemente i, Ω und ω benötigt werden. Sie bestimmen die Lage der Bahnebene in Bezug auf ein kartesisches IJK-System. Bahnelemente von Planeten des Sonnensystems beziehen sich i. a. auf ein heliozentrisch-ekliptikales System, während Elemente von Erdsatelliten eher in einem geozentrisch-ekliptikalen System vorliegen. Die Koordinaten im Bezugssystem können aus den perifokalen Koordinaten mit den Gleichungen aus Absch. 1.3.5 erhalten werden, z. B. für Bahnelemente im heliozentrisch-ekliptikalen System:

$$\mathbf{r}_e = \mathbf{D_K}(-\Omega) \cdot \mathbf{D_I}(-i) \cdot \mathbf{D_K}(-\omega) \cdot \mathbf{p}$$

$$M(T) = L(T) - \bar{\omega}$$

Geg.: Epoche T, d.h. $M(T) = 0$	Geg.: mittlere Anomalie $M(T)$	Geg.: mittlere Länge $L(T)$

$$M(t) = 2\pi \frac{t-T}{P_t}$$

$$M(t) = M(T) + 2\pi \frac{t-T}{P_t}$$

$$M(t) - M(T) = E(t) - e \sin E(t)$$

$E(t)$ bestimmen

$$\mathbf{r}(t) = a \begin{pmatrix} \cos E(t) - e \\ \sqrt{1 - e^2} \sin E(t) \\ 0 \end{pmatrix}$$

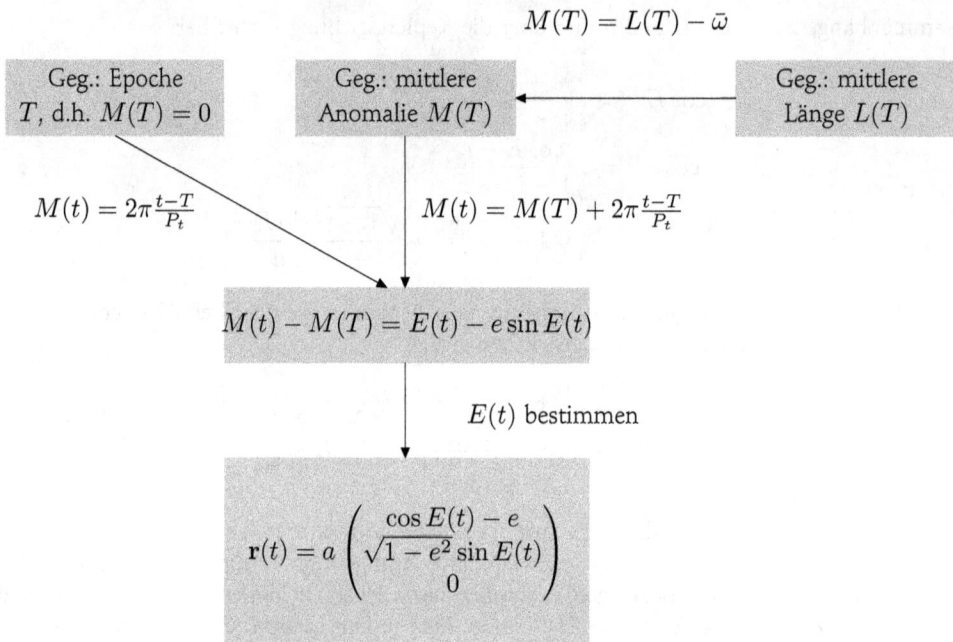

Abbildung 2.9 Möglichkeiten zur Darstellung des sechsten Bahnelements und Berechnung des perifokalen Ortsvektors $\mathbf{r}(t)$. Je nach Interpretation ist $M(T) = 0$ und $M(T)$ gegeben oder aus $L(T)$ berechenbar. Aus $M(T)$ und $M(t)$ kann über Näherungsverfahren $E(t)$ und daraus $\mathbf{r}(t)$ berechnet werden.

Eine Umrechnung der heliozentrisch-ekliptikalen Koordinaten $\mathbf{r}_e$ in heliozentrisch-äquatoriale $\mathbf{r}_a$ kann durch Drehung um die Neigung der Ekliptik ϵ erfolgen, siehe ▷ Absch. 1.3.1:

$$\mathbf{r}_a = \mathbf{D_I}(-\epsilon) \cdot \mathbf{r}_e$$

Diese Umrechnung ist erforderlich, wenn für einen irdischen Beobachter Rektaszension und Deklination eines solaren Himmelskörpers berechnet werden sollen (was im nächsten Abschnitt geschieht).

2.8.4 Berechnung von Rektaszension und Deklination

Zur Berechnung der geozentrischen polaren Koordinaten (r, α, δ) des Himmelskörpers muss von den entsprechenden heliozentrisch-äquatorialen Koordinaten $\mathbf{r}_a$ ausgegangen werden. Zunächst werden diese durch eine einfache Translation in das geozentrische Bezugssystem verschoben, siehe ▷Absch. 1.3.1, Seite 20. Wenn die geozentrische Sonnenposition $\mathbf{R}_\odot$ bekannt ist, ist die Rechnung einfach:

$$\mathbf{r}_2 = \mathbf{r}_a + \mathbf{R}_\odot$$

I. a. ist dagegen die heliozentrische Erdposition $\mathbf{r}_{a,\oplus}$ bekannt, sodaß diese von $\mathbf{r}_a$ subtrahiert werden muss:

$$\mathbf{r}_2 = \mathbf{r}_a - \mathbf{r}_{a,\oplus}$$

$\mathbf{r}_{a,\oplus}$ kann analog zu $\mathbf{r}_a$ berechnet werden, wenn die Bahnelemente der Erde bekannt sind.

Zur Berechnung der sphärischen Koordinaten wird die Identität

$$\mathbf{r}_2 = \begin{pmatrix} r_{2,x} \\ r_{2,y} \\ r_{2,z} \end{pmatrix} = r \begin{pmatrix} \cos\delta\cos\alpha \\ \cos\delta\sin\alpha \\ \sin\delta \end{pmatrix}$$

genutzt. Aus ihr folgt sofort mit ▷ Glg. 1.27 und ▷ Glg. 1.28 aus ▷ Abb. 1.11

$$
\begin{aligned}
r &= \sqrt{r_{2,x}^2 + r_{2,y}^2 + r_{2,z}^2} \\
\delta &= \arcsin\frac{r_{2,z}}{r} \\
\alpha &= \arctan\frac{r_{2,y}}{r_{2,x}} + \begin{cases} 0 & r_{2,x} \geq 0 \\ \pi & r_{2,x} < 0 \end{cases}
\end{aligned}
$$

2.9 Berechnung der Bahnelemente aus Anfangsbedingungen

Die zu ▷ Absch. 2.8 inverse Aufgabe, nämlich die Bestimmung der sechs Bahnelemente aus der Position eines Himmelskörpers, kann gelöst werden, wenn sechs Bestimmungsgleichungen für die Elemente vorliegen und die Epoche T bekannt ist.

Die sechs Bestimmungsgleichungen können durch verschiedene Beobachtungen gewonnen werden:

- Ort und Geschwindigkeit $\mathbf{r}$ und $\mathbf{v}$ des Himmelskörpers zur gleichen Zeit t sind bekannt. Aus den zweimal drei Vektorkomponenten können die Bahnelemente unmittelbar bestimmt werden, wie im folgenden gezeigt wird.

- Optische Beobachtungen liefern jeweils zwei Werte (Azimut und Elevation oder Rektaszension und Deklination), sodass hier drei Beobachtungen erforderlich sind, um sechs Bestimmungsgleichungen aufzustellen.

- Eine Radarstation kann über die Dopplerverschiebung des Signals neben zwei Winkelangaben auch die Entfernung als dritten Wert und somit einen kompletten Ortsvektor $\boldsymbol{\rho}$ liefern, sodass zwei Radar-Beobachtungen erforderlich sind. Die Bestimmung der Bahnelemente aus Ortsvektoren ohne Geschwindigkeitsinformation über das hier vorgestellte Gibbs-Verfahren benötigt jedoch noch einen dritten, koplanaren Vektor und somit eine dritte Radar-Beobachtung. (Die scheinbar überflüssigen zusätzlichen drei Vektorkomponenten sind aufgrund der Koplanarität von den anderen sechs Vektorkomponenten abhängig.)

- Ist eine Radarstation in der Lage, neben den Winkel- und Entfernungswerten auch deren zeitliche Änderung zu messen, reduziert sich die Anzahl der notwendigen Beobachtungen auf eine einzige, die zugleich einen Ortsvektor $\boldsymbol{\rho}$ und seine zeitliche Ableitung $\dot{\boldsymbol{\rho}}$ liefert.

Die meisten aus (terrestrischen) Beobachtung gewonnenen Vektoren liegen als Winkel im topozentrischen System der Beobachtungsstation vor, sodass sie zunächst in topozentrische SEZ-Vektoren umgerechnet werden müssen (Details hierzu finden sich auf ▷ S. 26):

- Entfernung, Azimut und Elevationswinkel liefern über ▷ Glg. 1.35 den topozentrischen Ortsvektor $\boldsymbol{\rho}$.

④ 3 Radarbeobachtungen
ρ, Az, El

② 1 Radarbeobachtung mit
Raten ρ, Az, El, $\dot{\rho}$, $\dot{Az}$, $\dot{El}$

$\boldsymbol{\rho} = \boldsymbol{\rho}(\rho, Az, El)$

$$\boldsymbol{\rho} = \boldsymbol{\rho}(\rho, Az, El)$$
$$\dot{\boldsymbol{\rho}} = \dot{\boldsymbol{\rho}}(\rho, Az, El, \dot{\rho}, \dot{Az}, \dot{El})$$

3 topozentrische
Ortsvektoren $\boldsymbol{\rho}$

$\mathbf{r} = P_{IJK} + \mathbf{R}_{SEZ \to IJK} \cdot \boldsymbol{\rho}$

topozentrische
Vektoren $\boldsymbol{\rho}$ und $\dot{\boldsymbol{\rho}}$

③ 3 helio-/geozentrische
Ortsvektoren $\mathbf{r}$

$$\mathbf{r} = P_{IJK} + \mathbf{R}_{SEZ \to IJK} \cdot \boldsymbol{\rho}$$
$$\mathbf{v} = \dot{\mathbf{r}} = \boldsymbol{\omega}_{\oplus} \times \mathbf{r} + \mathbf{R}_{SEZ \to IJK} \cdot \dot{\boldsymbol{\rho}}$$

Gibbs-Verfahren

① helio-/geozentrische
Orbitalelemente aus $\mathbf{r}$ und $\mathbf{v}$

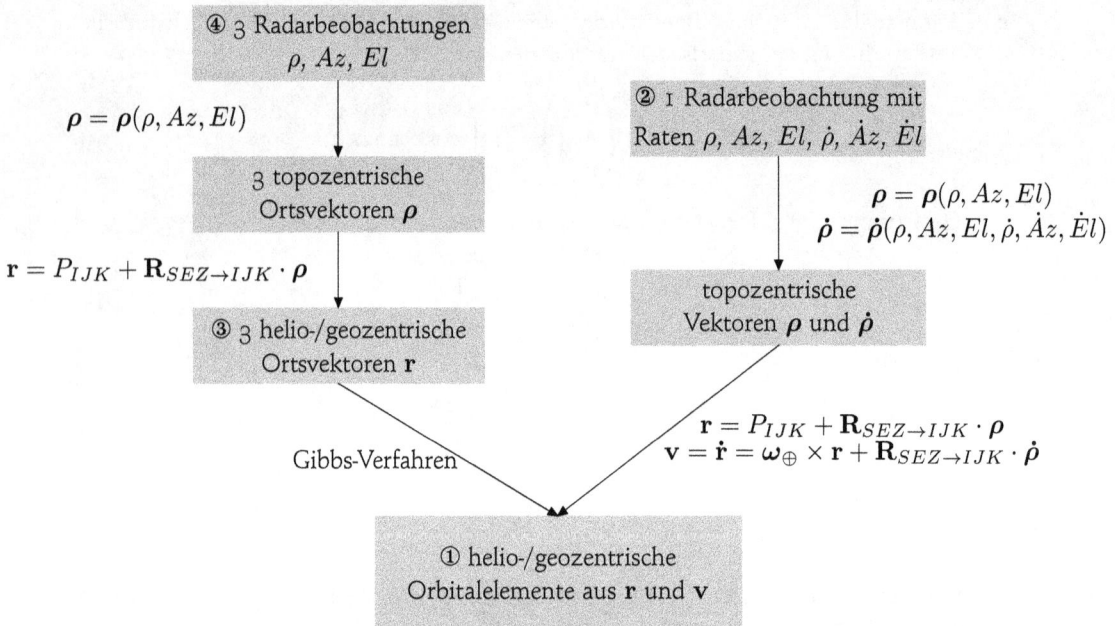

Abbildung 2.10 Möglichkeiten zur Gewinnung eines Orts- und Geschwindigkeitsvektors, aus denen die Bahnelemente berechnet werden können. Die Möglichkeiten ①–④ werden im Beispiel zum Erdsatelliten exemplarisch durchgespielt, um aus den entsprechenden Beobachtungsdaten die Bahnelemente eines Satelliten zu bestimmen, ⊳ Absch. 3.9.

⬛ Die Änderungen von Entfernung, Azimut und Elevationswinkel liefern über ⊳ Glg. 1.36 den topozentrischen Geschwindigkeitsvektor $\dot{\boldsymbol{\rho}}$.

Diese topozentrischen Vektoren müssen hernach in das System umgerechnet werden, auf das sich die Bahnelemente beziehen, z. B. ein helio- oder geozentrisches System:

⬛ Kennt man einen topozentrischen Ortsvektor $\boldsymbol{\rho}$ bezüglich eines Ortes P_{IJK}, kann $\mathbf{r}$ aus ⊳ Glg. 1.50 bestimmt werden.

⬛ Kennt man die Änderung eines topozentrischen Ortsvektors $\dot{\boldsymbol{\rho}}$ bezüglich eines Ortes P_{IJK}, kann $\mathbf{v}$ aus ⊳ Glg. 1.51 bestimmt werden.

Beobachtungen, die die Winkel als Rektaszension und Deklination (α, δ) liefern, erlauben die direkte Umrechnung dieser Winkel in die kartesischen IJK-Vektoren.

Ein Überblick über die verschiedenen Möglichkeiten gibt ⊳ Abb. 2.10.

2.9.1 Die Form-Elemente

Aus Orts- und Geschwindigkeitsvektor $\mathbf{r}$ und $\mathbf{v}$ sowie den Massen m und M kann man zunächst Energie und Bahndrehimpuls des Körpers berechnen:

$$E \;=\; \frac{v^2}{2} - \frac{\mu}{r}, \quad \mu = G(m + M) \quad (\triangleright \text{Glg. 2.4})$$

$$\mathbf{h} \;=\; \mathbf{r} \times \mathbf{v} \quad (\triangleright \text{Glg. 2.8})$$

Aus diesen Angaben lassen sich sofort die Formparameter der Umlaufbahn berechnen:

$$a \;=\; -\frac{\mu}{2E} \quad (\triangleright \text{Glg. 2.14})$$

$$e \;=\; \sqrt{1 - \frac{h^2}{\mu a}} \quad (\triangleright \text{Glg. 2.14})$$

2.9.2 Die Bahnlage-Elemente

Zur Bestimmung der Bahnlage-Elemente ist der Vektor der *Knotenlinie* $\mathbf{n}$ von grosser Bedeutung. Da die Knotenlinie sowohl in der $\mathbf{IJ}$- als auch in der $\mathbf{PQ}$-Ebene des Bahnsystems liegen muss, ergibt sie sich als Vektorprodukt von $\mathbf{K}$ (mit $\mathbf{K} \perp \mathbf{IJ}$) und Drehimpulsvektor $\mathbf{h}$ (mit $\mathbf{h} \perp \mathbf{PQ}$):

$$\mathbf{n} = \mathbf{K} \times \mathbf{h} \qquad\qquad (2.43)$$

Die Inklination ist der Winkel zwischen $\mathbf{h}$ und dem Einheitsvektor entlang $\mathbf{K}$ (da $0 \leq i \leq \pi$ gilt, muss beim Arkuskosinus keine Quadrantenbetrachtung angestellt werden):

$$\mathbf{h} \cdot \mathbf{K} \;=\; h \cdot 1 \cdot \cos i \quad (\triangleright \text{Glg. B.21})$$

$$\Rightarrow \quad i = \arccos \frac{\mathbf{h} \cdot \mathbf{K}}{h} = \arccos \frac{h_k}{h}$$

Die Länge des aufsteigenden Knotens kann als Winkel zwischen Knotenvektor $\mathbf{n}$ und Einheitsvektor entlang $\mathbf{I}$ bestimmt werden:

$$\mathbf{n} \cdot \mathbf{I} \;=\; n \cdot 1 \cdot \cos \Omega \quad (\triangleright \text{Glg. B.21})$$

$$\Rightarrow \quad \Omega = \begin{cases} 0, & n = 0 \\ \arccos \frac{\mathbf{n} \cdot \mathbf{I}}{n} = \begin{cases} \arccos \frac{n_i}{n} & n_i \geq 0 \\ 2\pi - \arccos \frac{n_i}{n} & n_i < 0 \end{cases} \end{cases}$$

Ist die Inklination Null, d. h. liegt die Bahn vollständig innerhalb der Bezugsebene, dann dann existiert auch keine Knotenlinie, und es ist $\mathbf{n} = 0$. In diesem Falle gilt per definitionem $\Omega = 0$.

Das Argument der Periapsis ist der Winkel zwischen dem Runge-Lenz-Vektor $\mathbf{B}$ ($\triangleright$ Absch. 2.5) und der Knotenlinie:

$$\mathbf{B} \cdot \mathbf{n} \;=\; Bn \cos \omega \quad (\triangleright \text{Glg. B.21})$$

$$\Rightarrow \quad \omega = \begin{cases} 0 & e = 0 \vee B = 0 \\ \arccos \frac{\mathbf{B} \cdot \mathbf{n}}{Bn} & B_k \geq 0, n \neq 0 \\ 2\pi - \arccos \frac{\mathbf{B} \cdot \mathbf{n}}{Bn} & B_k < 0, n \neq 0 \end{cases}$$

Ist die Inklination Null, dann ist auch $\mathbf{n} = 0$. In diesem Falle wird der Winkel vom Frühlingspunkt statt der Knotenlinie gemessen, es ist dann

$$\omega = \begin{cases} 0 & e = 0 \vee B = 0 \\ \arccos \frac{\mathbf{B} \cdot \mathbf{I}}{B} & B_k \geq 0 \\ 2\pi - \arccos \frac{\mathbf{B} \cdot \mathbf{I}}{B} & B_k < 0 \end{cases}$$

Die erste Fallunterscheidung gilt für kreisförmige Bahnen ($e = 0$), die keine eindeutige Periapsis und daher keinen Runge-Lenz-Vektor $\mathbf{B}$ besitzen.

2.9.3 Das Element des Zeitbezugs

Schliesslich muss noch ein Zusammenhang zwischen $\mathbf{r}$ und M oder E zum Zeitpunkt T gefunden werden. Die wahre Anomalie $\nu(t)$ ist der Winkel zwischen dem Ortsvektor $\mathbf{r}$ und dem Runge-Lenz-Vektor $\mathbf{B}$. $\nu(t)$ ist kleiner als π, wenn $\mathbf{r} \cdot \mathbf{v} > 0$, d. h. wenn es eine Geschwindigkeitskomponente in Richtung des Ortsvektors gibt oder anders ausgedrückt, wenn das Objekt sich noch vom Zentralkörper entfernt, sich also auf der Strecke zwischen Periapsis und Apoapsis bewegt:

$$\mathbf{r} \cdot \mathbf{B} = rB \cos \nu(t)$$

$$\Rightarrow \quad \nu(t) = \begin{cases} 0 & e = 0 \vee B = 0 \\ \arccos \frac{\mathbf{r} \cdot \mathbf{B}}{rB} & \mathbf{r} \cdot \mathbf{v} \geq 0 \\ 2\pi - \arccos \frac{\mathbf{r} \cdot \mathbf{B}}{rB} & \mathbf{r} \cdot \mathbf{v} < 0 \end{cases}$$

Die erste Fallunterscheidung gilt für kreisförmige Bahnen ($e = 0$), die keine eindeutige Periapsis und daher keinen Runge-Lenz-Vektor $\mathbf{B}$ besitzen.

Aus der wahren können exzentrische und mittlere Anomalie bestimmt werden, die im selben Quadranten wie die wahre Anomalie liegen:

$$\cos E(t) = \frac{e + \cos \nu(t)}{1 + e \cos \nu(t)} \qquad (\triangleright \text{Glg. } 2.38)$$

$$\Rightarrow \quad E(t) = \begin{cases} \arccos \frac{e + \cos \nu(t)}{1 + e \cos \nu(t)} & 0 \leq \nu(t) \leq \pi \\ 2\pi - \arccos \frac{e + \cos \nu(t)}{1 + e \cos \nu(t)} & \pi < \nu(t) \leq 2\pi \end{cases}$$

und damit schliesslich die mittlere Anomalie M zum Zeitpunkt T

$$M = E(T) - e \sin E(T)$$

2.10 Bestimmung von r und v aus drei Ortsvektoren

Das hier vorgestellte *Verfahren von Gibbs* erlaubt es, die Bahnelemente aus drei koplanaren Ortsvektoren $\mathbf{r}_1$ bis $\mathbf{r}_3$ zu bestimmen. Genauer gesagt liefert es zu den Ortsvektoren die zugehörigen Geschwindigkeitsvektoren, sodass mit dem Verfahren aus $\triangleright$ Absch. 2.9 die Elemente bestimmt werden können.

Aus der perifokalen Bahngleichung $\triangleright$ Glg. 1.31 und dem Exzentrizitätsvektor $\mathbf{e}$ ($\triangleright$ Absch. 2.5) wird zunächst eine wichtige Hilfsidentität abgeleitet:

$$r(\nu) = \frac{a(1 - e^2)}{1 + e \cos \nu} = \frac{p}{1 + e \cos \nu} \quad \Leftrightarrow \quad p = r(1 + e \cos \nu) = r + re \cos \nu$$

$$\Rightarrow \quad p - r = \mathbf{r} \cdot \mathbf{e} \tag{2.44}$$

Da nach Voraussetzung alle drei Ortsvektoren in einer Ebene liegen (koplanar sind), folgt die Existenz dreier Koeffizienten, mit denen einer der drei Ortsvektoren durch die beiden anderen ausgedrückt werden kann:

$$\exists C_{i, i=1\ldots 3} : C_1 \mathbf{r}_1 + C_2 \mathbf{r}_2 + C_3 \mathbf{r}_3 = 0 \tag{2.45}$$

Um die Koeffizienten C_i zu bestimmen, kreuzt man in ▸ Glg. 2.45 von links mit $\mathbf{r}_1$ und $\mathbf{r}_3$ ein und erhält Ausdrücke in C_2 für C_1 und C_3:

$$\sum_i C_i(\mathbf{r}_1 \times \mathbf{r}_i) = 0 \quad \Rightarrow \quad C_3(\mathbf{r}_3 \times \mathbf{r}_1) = C_2(\mathbf{r}_1 \times \mathbf{r}_2) \quad (\text{▸ Glg. B.38, ▸ Glg. B.23})$$

$$\sum_i C_i(\mathbf{r}_3 \times \mathbf{r}_i) = 0 \quad \Rightarrow \quad C_1(\mathbf{r}_3 \times \mathbf{r}_1) = C_2(\mathbf{r}_2 \times \mathbf{r}_3) \tag{2.46}$$

Wir gehen wieder von ▸ Glg. 2.45 aus und multiplizieren mit $\mathbf{e}$ und $\mathbf{r}_3 \times \mathbf{r}_1$:

$$\sum_i C_i \mathbf{r}_i \cdot \mathbf{e} = \sum_i C_i(p - r_i) = 0$$

$$0 = \sum_i C_i(p - r_i)(\mathbf{r}_3 \times \mathbf{r}_1) \tag{2.47}$$

$$= C_2(p - r_1)(\mathbf{r}_2 \times \mathbf{r}_3) +$$
$$C_2(p - r_2)(\mathbf{r}_3 \times \mathbf{r}_1) +$$
$$C_2(p - r_3)(\mathbf{r}_1 \times \mathbf{r}_2) \quad (\text{▸ Glg. 2.46})$$

$$p(\mathbf{r}_2 \times \mathbf{r}_3 + \mathbf{r}_3 \times \mathbf{r}_1 + \mathbf{r}_1 \times \mathbf{r}_2) = r_1(\mathbf{r}_2 \times \mathbf{r}_3) + r_2(\mathbf{r}_3 \times \mathbf{r}_1) + r_3(\mathbf{r}_1 \times \mathbf{r}_2)$$

$$p\mathbf{D} = \mathbf{N} \tag{2.48}$$

Da alle $\mathbf{r}_i$ koplanar sind und in der Bahnebene liegen, stehen die Kreuzprodukte senkrecht auf der Bahnebene, somit auch die Summe $\mathbf{D}$ der Kreuzprodukte. Darüberhinaus weisen die Kreuzprodukte in die gleiche Richtung wie $\mathbf{h}$, da die Vektoren $\mathbf{r}_i$ und die genäherten Geschwindigkeitsvektoren $\mathbf{v}_i \approx \mathbf{r}_{i+1} - \mathbf{r}_i$ sowie ihre Kreuzprodukte $\mathbf{r}_i \times \mathbf{v}_i$ ein Rechtssystem bilden. Das Kreuzprodukt und damit auch $\mathbf{D}$ besitzt somit die Richtung von $\mathbf{h}$. Gleiches gilt für $\mathbf{N}$, d. h. der Winkel zwischen $\mathbf{D}$ und $\mathbf{N}$ ist Null.

Daraus folgt, dass $\mathbf{D}$ und $\mathbf{N}$ auch in die Richtung des Basisvektors $\mathbf{W}$ des PQW-Systems weisen, und somit erhalten wir $\mathbf{W}$ mit

$$\mathbf{W} = \frac{\mathbf{N}}{N} \tag{2.49}$$

Weiter gilt dann $\mathbf{D} \cdot \mathbf{N} = DN \cos 0° = DN$. Diese Identität dient bei der Rechnung zur Kontrolle, wie genau die beobachteten Ortsvektoren tatsächlich in einer Ebene liegen: es muss gelten $\mathbf{D} \cdot \mathbf{N} = DN$. Ausserdem wird $\mathbf{D} \cdot \mathbf{N} > 0$ vom Gibbs-Verfahren gefordert. Dann ist nach Multiplikation mit $\mathbf{D}$

$$p\mathbf{D} = \mathbf{N} \quad (\text{▸ Glg. 2.48})$$
$$p\mathbf{D} \cdot \mathbf{D} = \mathbf{N} \cdot \mathbf{D}$$
$$pD^2 = ND$$
$$p = \frac{N}{D} \tag{2.50}$$

Eine weitere Komponente des perifokalen Basissystems kann aus dem Exzentrizitätsvektor $\mathbf{e}$ erhalten werden:

$$\mathbf{P} = \frac{\mathbf{e}}{e} \quad (\text{▸ Glg. 2.26, ▸ Glg. 2.27, ▸ Absch. 2.5}) \tag{2.51}$$

Da die Komponenten $\mathbf{P}$, $\mathbf{Q}$ und $\mathbf{W}$ jeweils orthogonal zueinander sind, kann die noch fehlende Komponente $\mathbf{Q}$ aus dem Kreuzprodukt gewonnen werden:

$$\mathbf{Q} = \mathbf{W} \times \mathbf{P} = \frac{1}{Ne}(\mathbf{N} \times \mathbf{e}) \tag{2.52}$$

also mit ▶ Glg. 2.48

$$Ne\mathbf{Q} = r_1(\mathbf{r}_2 \times \mathbf{r}_3) \times \mathbf{e} + r_2(\mathbf{r}_3 \times \mathbf{r}_1) \times \mathbf{e} + r_3(\mathbf{r}_1 \times \mathbf{r}_2) \times \mathbf{e}$$
$$= r_1(\mathbf{r}_2 \cdot \mathbf{e})\mathbf{r}_3 - r_1(\mathbf{r}_3 \cdot \mathbf{e})\mathbf{r}_2 + r_2(\mathbf{r}_3 \cdot \mathbf{e})\mathbf{r}_1 -$$
$$r_2(\mathbf{r}_1 \cdot \mathbf{e})\mathbf{r}_3 + r_3(\mathbf{r}_1 \cdot \mathbf{e})\mathbf{r}_2 - r_3(\mathbf{r}_2 \cdot \mathbf{e})\mathbf{r}_1 \quad (\blacktriangleright \text{Glg. B.29})$$

und mit $\mathbf{e} \cdot \mathbf{r} = p - r$ (▶ Glg. 2.44) und Sortieren der Terme

$$= p\left((r_2 - r_3)\mathbf{r}_1 + (r_3 - r_1)\mathbf{r}_2 + (r_1 - r_2)\mathbf{r}_3\right)$$
$$= p\mathbf{U} = \frac{N}{D}\mathbf{U} \quad (\blacktriangleright \text{Glg. 2.50})$$
$$\mathbf{Q} = \frac{1}{eD}\mathbf{U} \tag{2.53}$$

Um $\mathbf{Q}$ zu bestimmen, müssen wir nun noch e berechnen. $\mathbf{Q}$ und $\mathbf{U}$ zeigen in dieselbe Richtung, und da $\mathbf{Q}$ ein Einheitsvektor ist ($Q = 1$), gilt nach Multiplikation von ▶ Glg. 2.53 mit $\mathbf{Q}$:

$$\underbrace{\mathbf{Q} \cdot \mathbf{Q}}_{=Q^2=1} = \frac{1}{eD} \underbrace{\mathbf{U}\mathbf{Q}}_{=UQ\cos 0° = U \cdot 1 \cdot 1}$$
$$1 = \frac{1}{eD}U$$
$$e = \frac{U}{D} \tag{2.54}$$

und damit für die PQW-Basisvektoren

$$\mathbf{W} = \frac{\mathbf{N}}{N}, \quad \mathbf{Q} = \frac{\mathbf{U}}{U}, \quad \mathbf{P} = \mathbf{Q} \times \mathbf{W} \tag{2.55}$$

Da nun die Basisvektoren des perifokalen PQW-Systems in einer kartesischen Darstellung bekannt sind, kann mit ▶ Glg. 1.32 aus ihnen der gesuchte Geschwindigkeitsvektor für einen der gegebenen Ortsvektoren berechnet werden. Die dazu benötigte wahre Anomalie ν ist der Winkel zwischen dem Ortsvektor und dem Exzentrizitätsvektor ($\mathbf{r} \cdot \mathbf{e} = re\cos\nu$). Anstelle ν auszurechnen und dabei eine Quadrantenunterscheidung bei der Arkusfunktion durchzuführen, kann man $\cos\nu$ nutzen und über $sin^2\nu + cos^2\nu = 1$ direkt den benötigten Sinus von ν bestimmen und damit den Geschwindigkeitsvektor erhalten.

Man kann jedoch $\mathbf{v}$ direkt aus den Vektoren $\mathbf{D}$, $\mathbf{N}$ und $\mathbf{U}$ herleiten. Aus

$$\dot{\mathbf{r}} \times \mathbf{h} = \mu\frac{\mathbf{r}}{r} + \mathbf{B} \quad (\blacktriangleright \text{Glg. 2.10})$$
$$= \mu\left(\frac{\mathbf{r}}{r} + \mathbf{e}\right) \quad (\blacktriangleright \text{Glg. 2.26})$$

folgt durch Einkreuzen von links mit **h** und ▹ Glg. B.28

$$\mathbf{h} \times (\dot{\mathbf{r}} \times \mathbf{h}) = \mu\left(\frac{\mathbf{h} \times \mathbf{r}}{r} + \mathbf{h} \times \mathbf{e}\right)$$

$$\underbrace{(\mathbf{h} \cdot \mathbf{h})\mathbf{v}}_{= h^2\mathbf{v}(\triangleright\,\text{Glg. B.21})} - \underbrace{(\mathbf{h} \cdot \mathbf{v})\mathbf{h}}_{\substack{= (\mathbf{r} \times \mathbf{v}) \cdot \mathbf{v} \\ = (\mathbf{v} \times \mathbf{v}) \cdot \mathbf{r} \\ = 0(\triangleright\,\text{Glg. B.27})}} = \mu\left(\frac{h\mathbf{W} \times \mathbf{r}}{r} + eh\mathbf{W} \times \mathbf{P}\right) \quad (\mathbf{h} = h\mathbf{W}, \triangleright\text{Glg. 2.51})$$

$$h^2\mathbf{v} = h\mu\left(\frac{\mathbf{W} \times \mathbf{r}}{r} + e\mathbf{Q}\right)$$

$$\mathbf{v} = \frac{\mu}{h}\left(\frac{\mathbf{W} \times \mathbf{r}}{r} + e\mathbf{Q}\right)$$

Mit $\mathbf{Q} = \frac{\mathbf{U}}{U}$ (▹ Glg. 2.55), $\mathbf{W} = \frac{\mathbf{N}}{N} = \frac{p\mathbf{D}}{N} = \frac{N\mathbf{D}}{DN} = \frac{\mathbf{D}}{D}$ (▹ Glg. 2.48, ▹ Glg. 2.50), $e = \frac{U}{D}$ (▹ Glg. 2.54), $h = \sqrt{\mu p} = \sqrt{\mu\frac{N}{D}}$ (▹ Glg. 2.12) folgt

$$\mathbf{v} = \sqrt{\frac{D\mu}{N}}\left(\frac{1}{D}\frac{\mathbf{D} \times \mathbf{r}}{r} + \frac{U}{D}\frac{\mathbf{U}}{U}\right)$$

$$= \sqrt{\frac{\mu}{DN}}\left(\frac{\mathbf{D} \times \mathbf{r}}{r} + \mathbf{U}\right) \tag{2.56}$$

Man hat nun also ein **r** und das dazugehörende **v**, um die Bahnelemente mit dem Verfahren aus ▹ Absch. 2.9 zu bestimmen.

3   Anwendungsbeispiele

Dieses Kapitel beendet die Einführung in die Astrodynamik mit der Vorstellung verschiedener Anwendungsbeispiele, die auf Computerunterstützung zurückgreifen. Es wird dabei angenommen, dass die in den letzten Kapiteln behandelten Verfahren und Gleichungen in Form von Java-Klassen verfügbar sind. Selbstverständlich wird der Leser den Wunsch verspüren, die Algorithmen selber zu implementieren, neben der praktischen Beobachtung sicher ein Hauptspass und auch für Theoretiker und tagaktive Beobachter zu empfehlen. Für den raschen Einstieg liegt dem Buch eine Java-Klassenbibliothek zugrunde, die als Eclipse-Workspace zusammen mit den vollständigen Beispielprogrammen heruntergeladen werden kann:

```
http://www.2k-software.de/download/Astrodynamik_1.0.zip
```

Die Klassenbibliothek (Package `de.kksoftware.astro.lib`) stellt eine Reihe von Java-Klassen zur Verfügung, die in ▸ Abb. 3.1 dargestellt sind. Sie lassen sich in einige Bereiche aufteilen:

- Astronomische Klassen (▸ Abb. 3.2), die im wesentlichen die im Buch vorgestellten Algorithmen implementieren, vor allem `CelestialBody`, die einen Himmelskörper mit Masse und Bahndaten zu einem bestimmten Zeitpunkt beschreibt. Für die Planeten des Sonnensystems gibt es `CelestialBody` mit vordefinierten Parametersätzen.

  Die Toolbox `Util` enthält eine Reihe von Methoden, um Koordinaten in astronomischen Bezugssystemen ineinander umzurechnen. Weitere Methoden erlauben die Berechnung von Bahndaten aus Beobachtungsdaten.

  Bahndaten selber werden durch `OrbitalElement` dargestellt und sind automatisch Bestandteil eines `CelestialBody`.

- Mathematische Klassen (▸ Abb. 3.3) wie `Vec3d` und `Mat3d`, die einfache dreidimensionale Vektor- und Matrixalgebra implementieren. Sie dienen zur Speicherung von kartesischen Raumkoordinaten (Positionen von `CelestialBody`) oder liefern Rotationsmatrizen zur Umrechnung von Koordinaten.

- Eine Reihe von Hilfsklassen (▸ Abb. 3.4 und ▸ Abb. 3.5) wie `Date`, `Time`, `DateTime`, `Angle`, `PairRhoAzEl` oder `PairRRaDec` dienen zur Aufnahme von Datums- und Zeitangaben, Winkeln und polaren Raumkoordinaten in verschiedenen Bezugssystemen. Sie enthalten Konstruktoren, die vielfältige Arten von Eingangsdaten erlauben, und eine Reihe von Umrechnungsfunktionen.

  Mit dem `Formatter` können alle Objekte in astronomisch üblicher Formatierung ausgegeben bzw. in formatierte Zeichenketten umgewandelt werden.

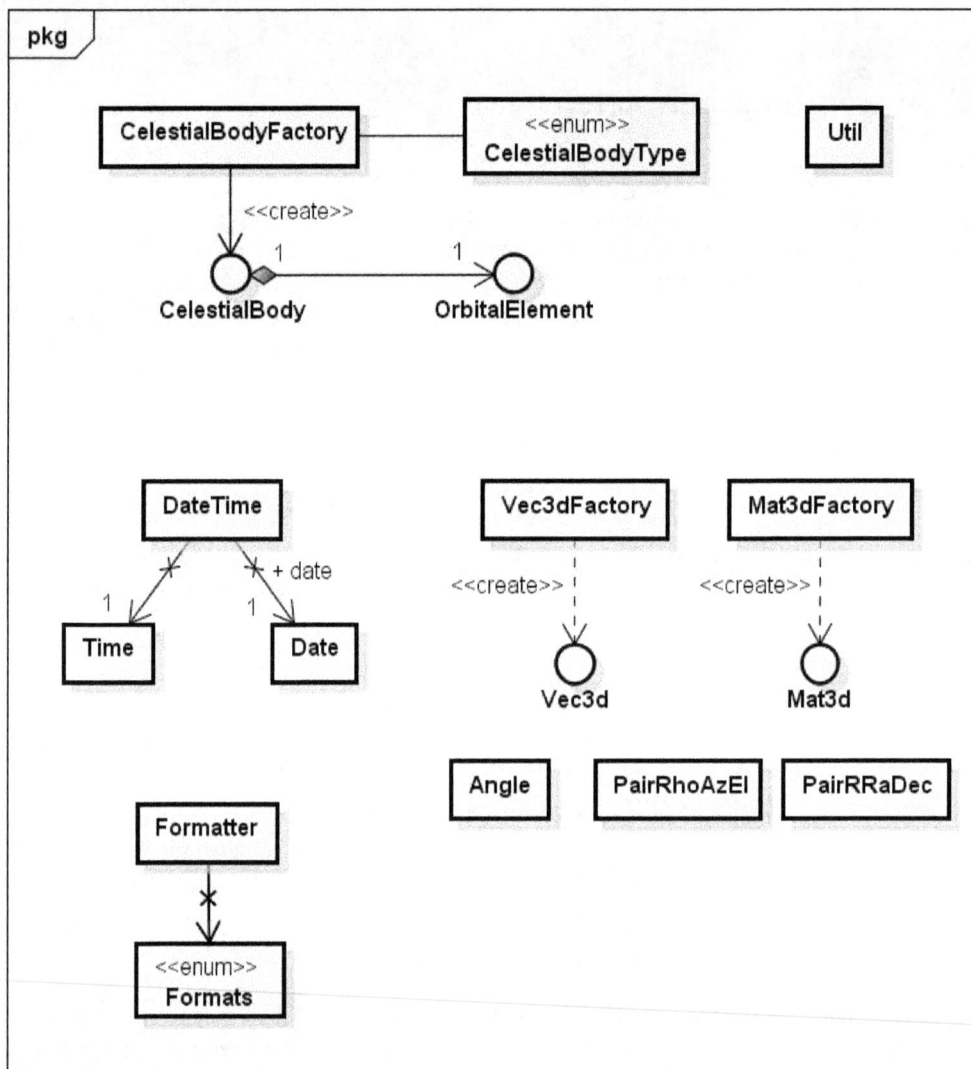

Abbildung 3.1 Die Java-Klassen der astronomischen Klassenbibliothek im Überblick. CelestialBody modelliert als zentrale Klasse einen Himmelskörper mit bestimmten Bahnelementen (OrbitalElement). Vec3d, PairRRaDec und PairRhoAzEl speichern Raumkoordinaten kartesisch als (x, y, z) oder polar als (r, α, δ) bzw. (ρ, Az, El) in verschiedenen Bezugssystemen. Die anderen Klassen modellieren weitere benötigte Objekte. Util enthält zahlreiche Konvertierungsmethoden und Algorithmen.

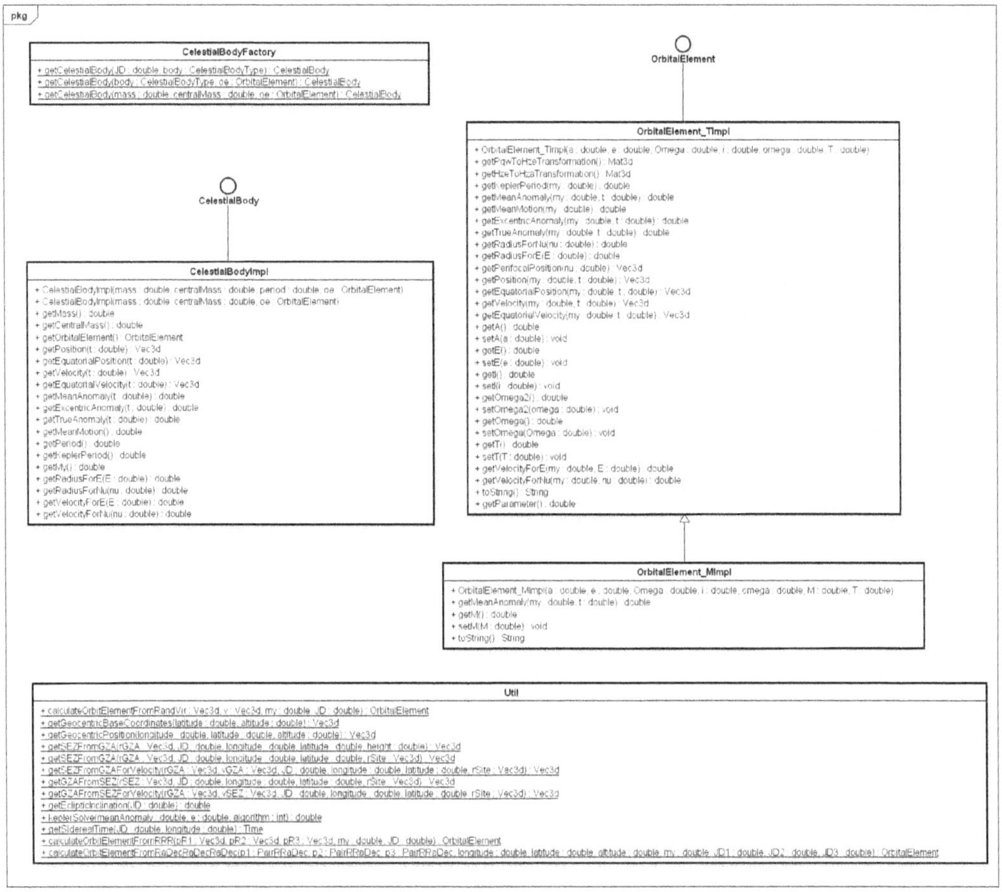

Abbildung 3.2 Die astronomischen Klassen der Bibliothek. Die zentrale Klasse CelestialBody wird über die CelestialBodyFactory erzeugt und enthält Bahnelemente (der Klasse OrbitalElement), die in zwei Implementierungen vorliegen: OrbitalElement_TImpl basiert auf der Zeit des Periapsisdurchgangs T, OrbitalElement_MImpl basiert auf der mittleren Anomalie $M(T)$ zum Zeitpunkt T.

pkg

Vec3dFactory

+ getVector() : Vec3d
+ getVector(x1 : double, x2 : double, x3 : double) : Vec3d
+ fromAzEl(p : PairRhoAzEl) : Vec3d
+ fromAzEl(rho : double, azimutN : double, elevation : double) : Vec3d
+ fromAzElForVelocity(p : PairRhoAzEl, dotP : PairRhoAzEl) : Vec3d
+ fromAzElForVelocity(rho : double, azimutN : double, elevation : double, dotRho : double, dotAzimutN : double, dotElevation : double) : Vec3d
+ fromRaDec(r : PairRRaDec) : Vec3d
+ fromRaDec(rho : double, rightAscension : double, declination : double) : Vec3d

○
Vec3d

Vec3dImpl

+ Vec3dImpl()
+ Vec3dImpl(x1 : double, x2 : double, x3 : double)
+ add(vec : Vec3d) : Vec3d
+ add(vec : Vec3d, factor : double) : Vec3d
+ sub(vec : Vec3d) : Vec3d
+ normalize() : Vec3d
+ norm() : double
+ scalarMultiply(factor : double) : Vec3d
+ dotMultiply(vector : Vec3d) : double
+ crossMultiply(vector : Vec3d) : Vec3d
+ matrixMultiply(matrix : Mat3d) : Vec3d
+ getX(idx : int) : double
+ getAngle(vector : Vec3d, condition : boolean) : double
+ clone() : Vec3d
+ clone(factor : double) : Vec3d
+ toString() : String
+ getDeclination() : double
+ getElevation() : double
+ getRightAscension() : double
+ getAzimutN() : double

Mat3dFactory

+ getMatrix() : Mat3d
+ getUnityMatrix() : Mat3d
+ getMatrix(val : double[][]) : Mat3d
+ getRotationX1(radian : double) : Mat3d
+ getRotationX2(radian : double) : Mat3d
+ getRotationX3(radian : double) : Mat3d
+ getSezIjk(theta : double, L : double) : Mat3d
+ getIjkSez(theta : double, L : double) : Mat3d

○
Mat3d

Mat3dImpl

+ Mat3dImpl()
+ Mat3dImpl(val : double[][])
+ matrixMultiply(matrix : Mat3d) : Mat3d
+ transpose() : Mat3d
+ getXY(idx1 : int, idx2 : int) : double
+ getDeterminant() : double

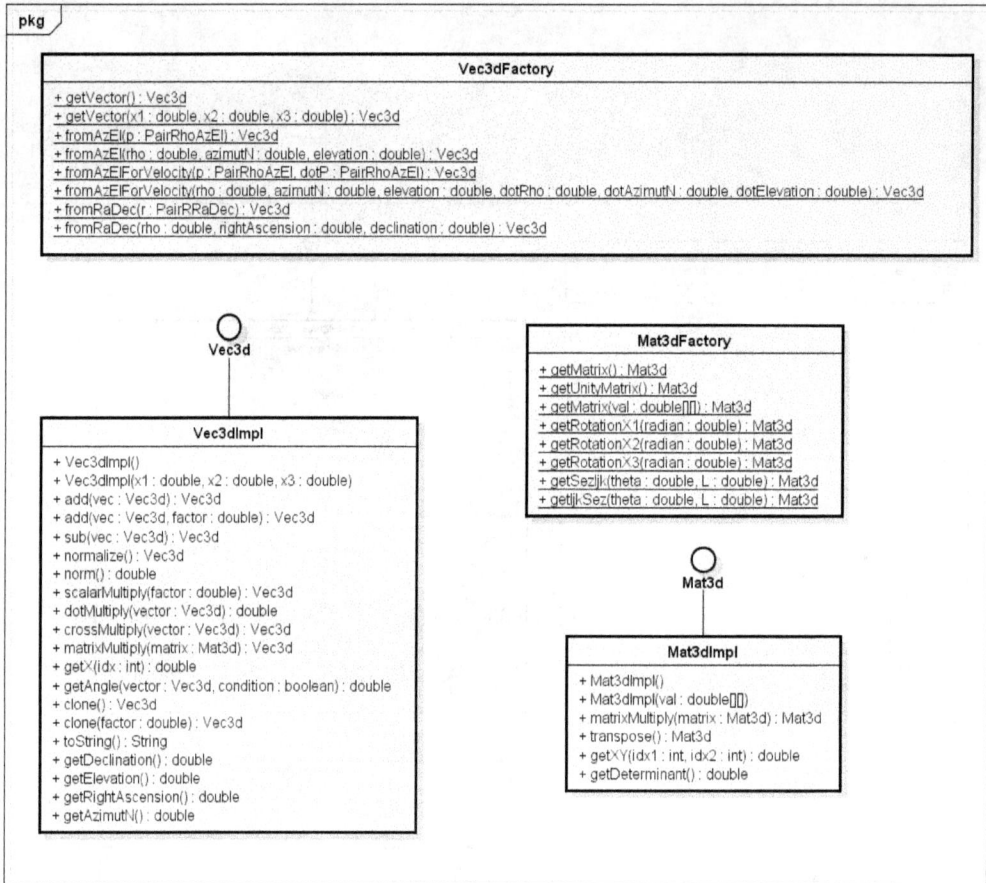

Abbildung 3.3 Die mathematischen Klassen der Bibliothek. Vec3d kann zur Speicherung von kartesischen Raumkoordinaten (x, y, z) dienen.

Das Framework kennt die Planeten des Sonnensystems mit ihren keplerschen Bahndaten in Form von CelestialBody. Die Bahnelemente a, e, Ω, i, $\bar{\omega} = \Omega + \omega$, $L = M + \bar{\omega}$ (mittlere Länge) der Planeten für die Epoche $T = $ J2000 sind aus [13] entnommen und werden gemäß [13] mit zeitabhängigen Korrekturen auf andere Zeitpunkte umgerechnet. Zeitangaben zur Berechnung der Bahnelemente und Planetenpositionen sind in JD(UT), dem Julianischen Datum mit Universalzeit, anzugeben. Für manche Anwendungen, die terrestrische Beobachtungen und Zeitintervalle im Stundenbereich betrachten, ist es notwendig, UT auf die zugrundeliegende Zeitzone umzurechnen. Dies geschieht im Buch für einige Berechnungsbeispiele zu Sonnenuhren, die in der UT+1h Zeitzone (MEZ) lokalisiert sind. Die zugrundeliegenden Einheiten für Entfernung und Zeit resp. Geschwindigkeit sind AU (Astronomische Einheit) und d (Tag) sowie AU/d, wenn CelestialBody einen Planeten des Sonnensystems repräsentiert. Massen werden durch Vielfache der Sonnenmasse $M_\odot$ dargestellt.

Die Darstellung der Bahnelemente kann über zwei Klassen erfolgen:

pkg

DateTime

+ DateTime(date : Date, time : Time)
+ DateTime(dateTime : DateTime)
+ fromMJD(MJD : double) : DateTime
+ fromJD(JD : double) : DateTime
+ DateTime(day : int, month : int, year : int, hour : int, minute : int, second : double)
+ getJDLastMidnight(JD : double) : double
+ getMJDFromJD(JD : double) : double
+ getJDFromMJD(MJD : double) : double
+ getMJDFromDateTime(dateTime : DateTime) : double
+ getMJDFromDate(date : Date) : double
+ getMJD() : double
+ getJD() : double
+ getDateTimeFromJD(JD : double) : DateTime
+ toString() : String

Time

+ Time(hour : int, minute : int, second : double)
+ fromFractionDay(fractionDay : double) : Time
+ fromFractionDay(fractionDay : double, normalize : boolean) : Time
+ fromFractionHour(fractionHours : double) : Time
+ fromFractionHour(fractionHours : double, normalize : boolean) : Time
+ fromFractionHour(fractionHours : double, timeZone : double) : Time
+ fromRadian(rad : double) : Time
+ fromRadian(rad : double, normalize : boolean) : Time
+ fromDegree(deg : double) : Time
+ fromDegree(deg : double, normalize : boolean) : Time
+ UT2ZoneTime(t : double, timeZone : double) : double
+ ZoneTime2UT(t : double, timeZone : double) : double
+ UT2LocalTime(t : double, timeZone : double, longitude : double) : double
+ LocalTime2UT(t : double, timeZone : double, longitude : double) : double
+ getFractionalHour() : double
+ getFractionalDay() : double
+ getRadian() : double
+ getDegree() : double
+ normalize() : void
+ toString() : String

Date

+ Date(day : int, month : int, year : int)
+ toString() : String

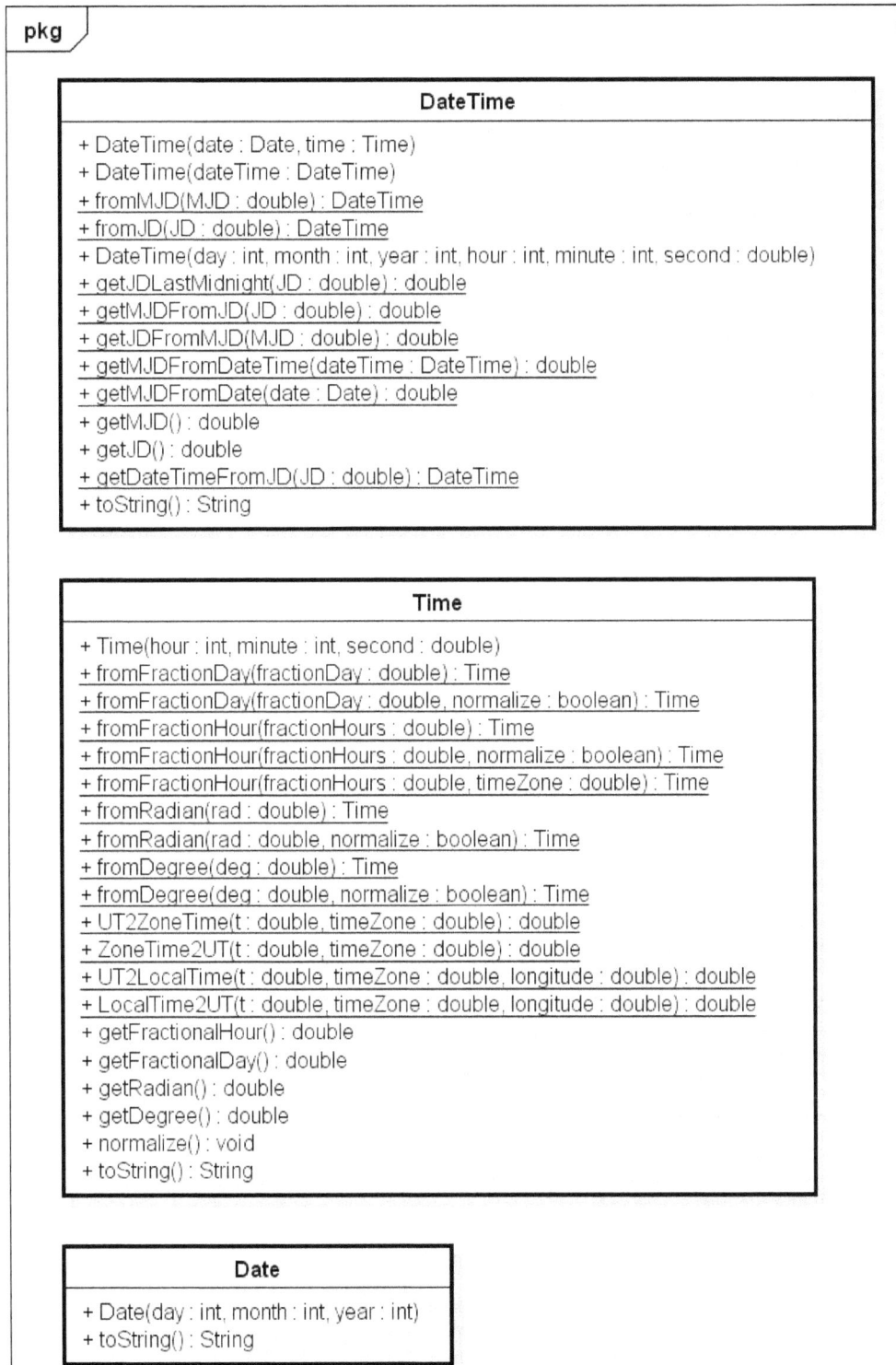

Abbildung 3.4 Die Hilfsklassen der Bibliothek, die mit Zeit und Datum zu tun haben. Date, Time und DateTime stellen Datums- und Zeitobjekte dar.

pkg

PairRRaDec

+ PairRRaDec(r : double, rightAscension : double, declination : double)
+ PairRRaDec(rightAscension : double, declination : double)
+ fromVector(vector : Vec3d) : PairRRaDec

PairRhoAzEl

+ PairRhoAzEl(rho : double, azimut : double, elevation : double)
+ PairRhoAzEl(azimut : double, elevation : double)
+ fromVector(vector : Vec3d) : PairRhoAzEl
+ fromVectorForVelocity(p : PairRhoAzEl, velocity : Vec3d) : PairRhoAzEl
+ fromVectorForVelocity(radius : Vec3d, velocity : Vec3d) : PairRhoAzEl
+ fromRadec(alpha : double, delta : double, latitude : double, theta : double) : PairRhoAzEl

Angle

+ Angle(radian : double)
+ Angle(degree : int, minute : int, second : double)
+ fromDegree(degree : double) : Angle
+ fromTime(time : Time) : Angle
+ getDegree() : double
+ getTime() : Time
+ toString() : String
+ normalizeAngle(angle : double) : double
+ normalizeLongitude(angle : double) : double

Formatter

+ format(o : Object) : String
+ format(fmt : Formats, o : Object) : String
+ formatAngle(rad : double) : String
+ formatAngle(fmt : Formats, rad : double) : String
+ setAngleFormat(angleFormat : Formats) : void
+ setDateFormat(dateFormat : Formats) : void
+ setDateTimeFormat(dateTimeFormat : Formats) : void
+ setTimeFormat(timeFormat : Formats) : void

<<enum>>
Formats

- Formats(format : String)

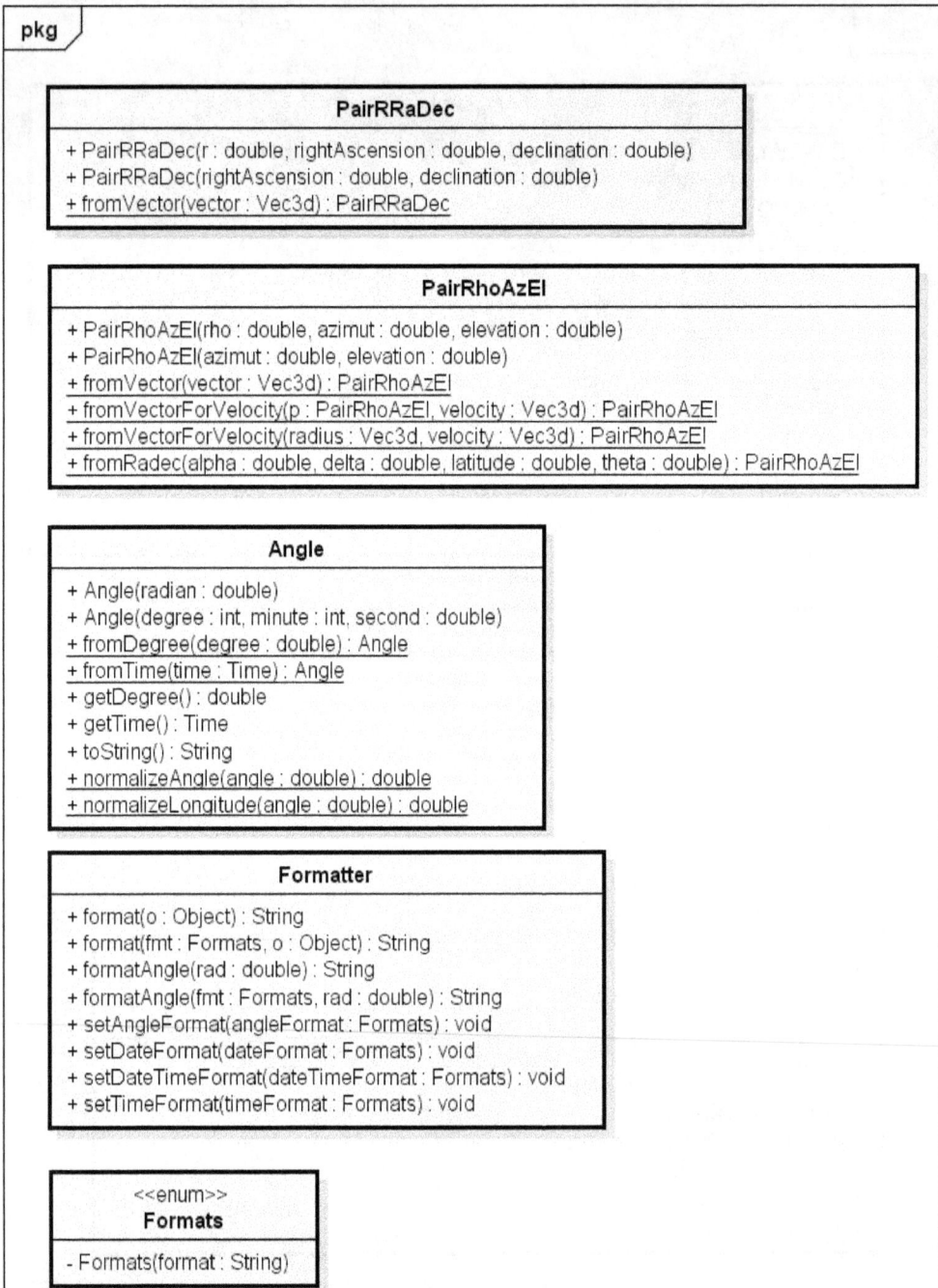

Abbildung 3.5   Die Hilfsklassen der Bibliothek zur Speicherung von Raumkoordinaten und Winkeln bzw. zur formatierten Ausgabe von allen Objekten. PairRRaDec und PairRhoAzEl speichern die Positionen von Himmelskörpern als polare Koordinaten (r, α, δ) bzw. (ρ, Az, El) in verschiedenen Bezugssystemen, Angle stellt Winkel dar, ein Formatter erlaubt die formatierte Ausgabe von geometrischen, Zeit- und Datumsobjekten in üblichen Repräsentationen.

- `OrbitalElement_MImpl`, die Bahnelemente basieren auf der mittleren Anomalie $M(T)$ zum Zeitpunkt T. Die Berechnung der mittleren Anomalie erfolgt mit der mittleren Bewegung n (Glg. 2.34, Glg. 2.35)

$$M(t) = n(t - T) + M(T) = \sqrt{\frac{\mu}{a^3}} \cdot (t - T) + M(T)$$

- `OrbitalElement_TImpl`, die Bahnelemente basieren auf der Zeit des Periapsisdurchgangs T (mit $M(T) = 0$). Die Berechnung der mittleren Anomalie erfolgt dann mit der mittleren Bewegung n (Glg. 2.34, Glg. 2.35)

$$M(t) = n(t - T) = \sqrt{\frac{\mu}{a^3}} \cdot (t - T)$$

Ein `CelestialBody` wird über die zugehörige Factory erzeugt und kann anschliessend seine Position zu beliebigen Zeitpunkten in verschiedenen Koordinatensystemen liefern, Abb. 3.6. Häufig findet danach eine Weiterverarbeitung der Koordinaten über Methoden der `Util`-Klasse statt. Die Planeten des Sonnensystems werden mit vorgegebenen Bahnelementen über die Factorymethode `getCelestialBody(epoche, CelestialBodyType)` erzeugt, wobei die vorhandenen Parametersätze auf die gegebene Epoche umgerechnet werden. `CelestialBody` kann auch andere Körper repräsentieren, wenn die Massen des Zentralkörpers und des Satelliten als Vielfache der Sonnenmasse $M_\odot$ sowie die Bahnelemente gegeben werden. Hierfür steht die Factorymethode `getCelestialBody(massSatellite, massCentralBody, oe)` zur Verfügung.

Es sei an dieser Stelle betont, dass das Ziel der Klassenbibliothek nicht ist, ein für die astronomische Forschung geeignetes Framework auf dem neuesten Stand der wissenschaftlichen Rechentechnik zu sein, sondern der Illustration der Algorithmen und als Spielwiese dienen soll. Für höhere Ansprüche sei auf Programmsysteme und Bibliotheken der verschiedenen wissenschaftlichen Organisationen verwiesen, z. B. [14] [18]. Die eigenen Ergebnisse für Bewegungen im Sonnensystem lassen sich hervorragend mit den Daten überprüfen, die in [12] bereitgestellt werden. Das System benutzt dabei keine keplerschen Näherungen, sondern numerisch integrierte Daten unter Berücksichtigung zahlreicher Störungen.

3.1 Übersicht der Programme

Die folgenden Beispiele werden mit Hilfe von Computerprogrammen durchgerechnet, die zunächst kurz vorgestellt werden sollen:

- `ExampleEarthPosition` Bestimmt die Position der Erde im Verlauf eines Jahres in Bezug zur Sonne.

- `ExampleSunPosition` Bestimmt die Position der Sonne zu verschiedenen Zeiten in Berlin, um letztlich die Bedeckung eines Gartens durch den Schatten des Nachbarhauses zu berechnen.

- `AppShadowCalculator` Die Applikation zur Berechnung von Gebäudeschatten des Gartenbeispiels, mit graphischer Ausgabe in MetaPost für das LaTeX-Textsatzsystem.

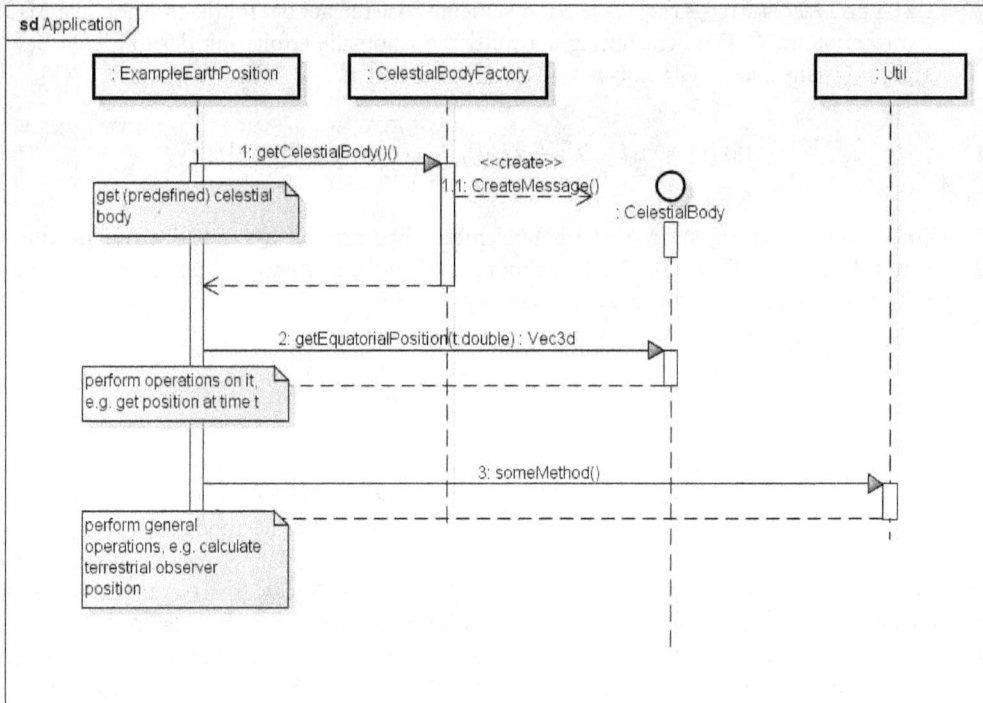

Abbildung 3.6 Typische Erzeugung eines `CelestialBody` über die zugehörige Factory und anschliessende Verwendung (Abfrage einer Position).

- `ExampleZeitgleichung` Bestimmt die Zeitgleichung für einen gegebenen Standort.

- `ExampleCalcHorizSunClock` berechnet das Ziffernblatt einer horizontalen Sonnenuhr mit und ohne Korrektur zur Zonenzeit in Karlsruhe.

- `MakeSunClock` führt das Gärtnerbeispiel fort und berechnet das Ziffernblatt einer horizontalen Sonnenuhr mit analemmatischen Stundenlinien und senkrechtem Schattenwerfer in Berlin. Die Ausgabe erfolgt graphisch im Format MetaPost für das LATEX-Textsatzsystem.

- `ExampleMarsEphemeris` Berechnet die Ephemeriden für Mars für einen Berliner Beobachter für einen beliebigen Zeitraum.

- `ExampleZodiacSign` Berechnet die Position der Sonne in den Jahren Null und 2009, um die Verschiebung der Sternbilder gegen die Tierkreiszeichen zu demonstrieren.

- `ExampleEarthSatellite` ist zweigeteilt:

  - Teil A berechnet anhand gegebener Bahnelemente drei Orts- und Geschwindigkeitsvektoren sowie Azimut und Elevation für einen Beobachter in Berlin

  - Teil B rechnet anhand der Orts- und Geschwindigkeitsvektoren sowie der Winkelbeobachtungen auf die Orbitalelemente des Erdsatelliten zurück.

Alle Programme finden Sie als Download im Package de.kksoftware.astro.apps.examples bzw. de.kksoftware.astro.apps.shadow.

3.2 Beispiel: Erdposition im Jahresverlauf

Als einführendes Beispiel soll die Position der Erde im Verlauf des Jahres 2009 berechnet werden, Listing 3.1. An diesem Beispiel können wir das grundlegende Arbeiten mit dem Astro-Framework kennenlernen. Die groben Zusammenhänge innerhalb des Programms sind in ▸ Abb. 3.8 wiedergegeben.

Ein Formatter dient dazu, bei der Druckausgabe Winkel, Datums- und Zeitangaben einheitlich zu formatieren. Wichtiger ist die Variable JD, die das Julianische Datum mit Jahr, Monat, Tag, Stunde, Minute und Sekunde (UT) enthält, für das wir die Bahnelemente der Erde erhalten wollen. Das Astroframework enthält für die Planeten des Sonnensystems die Bahnelemente zusammen mit langfristigen Störungen, die durch diese Zeitangabe hinzugerechnet werden können. Die Bahnelemente sowie alle Hilfsmethoden zur Positionsberechnung sind in Objekten des Typs CelestialBody gekapselt. Ein solches Objekt, welches die Erde repräsentiert, wird zu Programmbeginn mit Hilfe der Factory erzeugt (Methodenaufruf 1 in ▸ Abb. 3.8).

Was wir tun müssen, ist lediglich eine Schleife über die Monate des Jahres laufen zu lassen und aus dem CelestialBody für jeden dieser Zeitpunkte mit getPosition() die heliozentrisch-ekliptikale Position und mit getEquatorialPosition() die heliozentrisch-äquatoriale Position anfordern (Methodenaufrufe 2 und 3). Die Zeitpunkte sind als Julianisches Datum kodiert. Von beiden Koordinaten lassen wir die i-, j- und k-Komponenten sowie die Entfernung der Erde von der Sonne ausgeben. Alle Entfernungen sind in astronomischen Einheiten AU ausgedrückt. Wir erhalten folgende Ausgabe (graphisch in ▸ Abb. 3.7):

```
Date (UT)      ie/AU     je/AU     ke/AU     dist./AU     ia/AU     ja/AU     ka/AU     dist./AU
 1. 1.2009:   -0,1805    0,9666   -0,0000    0,9833      -0,1805    0,8868    0,3844    0,9833
 1. 2.2009:   -0,6611    0,7306   -0,0000    0,9853      -0,6611    0,6703    0,2906    0,9853
 1. 3.2009:   -0,9335    0,3320   -0,0000    0,9908      -0,9335    0,3046    0,1320    0,9908
 1. 4.2009:   -0,9799   -0,1957    0,0000    0,9992      -0,9799   -0,1795   -0,0778    0,9992
 1. 5.2009:   -0,7644   -0,6565    0,0000    1,0076      -0,7644   -0,6023   -0,2611    1,0076
 1. 6.2009:   -0,3377   -0,9562    0,0000    1,0140      -0,3377   -0,8773   -0,3803    1,0140
 1. 7.2009:    0,1627   -1,0036    0,0000    1,0167       0,1627   -0,9208   -0,3992    1,0167
 1. 8.2009:    0,6360   -0,7911    0,0000    1,0150       0,6360   -0,7258   -0,3146    1,0150
 1. 9.2009:    0,9397   -0,3681    0,0000    1,0092       0,9397   -0,3378   -0,1464    1,0092
 1.10.2009:    0,9918    0,1370   -0,0000    1,0012       0,9918    0,1257    0,0545    1,0012
 1.11.2009:    0,7755    0,6194   -0,0000    0,9925       0,7755    0,5683    0,2464    0,9925
 1.12.2009:    0,3559    0,9196   -0,0000    0,9861       0,3559    0,8437    0,3658    0,9861
```

Erwartungsgemäß sind die Entfernungen Erde-Sonne in beiden Koordinatensystemen (ekliptikal und äquatorial) identisch, außerdem sehen wir, daß im Winter die Erde näher an der Sonne steht als im Sommer. Die ekliptikalen Komponenten erkennen wir daran, daß die k-Komponente immer Null ist, da in diesem Koordinatensystem die Erdbahn vollständig in der **IJ**-Ebene liegt. Die k-Komponente der äquatorialen Koordinaten ist Null, wenn die Erde den Frühlings- resp. Herbstpunkt erreicht (April und Oktober).

Listing 3.1 Erdposition im Jahresverlauf / Java (Programm ExampleEarthPosition.java).

```
1  package de.kksoftware.astro.apps.examples;
2
3  import de.kksoftware.astro.lib.CelestialBody;
4  import de.kksoftware.astro.lib.CelestialBodyFactory;
5  import de.kksoftware.astro.lib.CelestialBodyType;
```

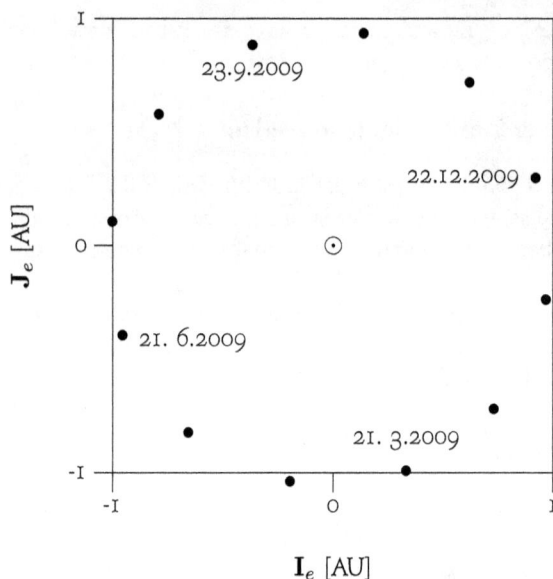

Abbildung 3.7 Ekliptikale Bahn der Erde im Verlauf eines Jahres (im Beispiel 2009). Aufgetragen sind ekliptikale i- und j-Koordinaten (ie und je), alle Längenangaben in astronomischen
Einheiten AU. Im Zentrum (dem Brennpunkt) steht die Sonne.

```
6   import de.kksoftware.astro.lib.DateTime;
7   import de.kksoftware.astro.lib.Formats;
8   import de.kksoftware.astro.lib.Formatter;
9   import de.kksoftware.astro.lib.Vec3d;
10
11  public class ExampleEarthPosition {
12
13      /**
14       * This program calculates the heliocentric-ecliptical position of
             the earth during one year.
15       */
16      @SuppressWarnings( "boxing" )
17      public static void main( String[] args ) {
18          Formatter f = new Formatter();
19          f.setDateTimeFormat( Formats.DATETIME_DATE_SHORT );
20
21          // date of interest
22          double JD = new DateTime( 1, 1, 2009, 0, 0, 0 ).getJD();
23
24          // the participating bodies (target body is sun, viewed from
                earth)
25          CelestialBody earth = CelestialBodyFactory.getCelestialBody( JD,
26                  CelestialBodyType.EARTH );
27
28          // create result table
```

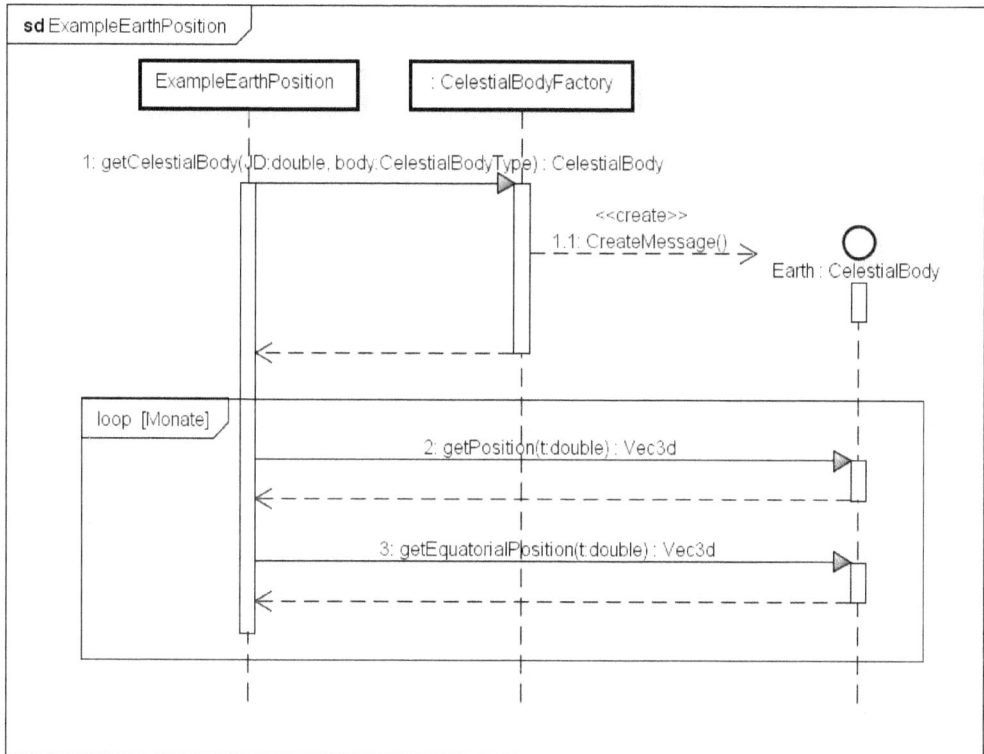

Abbildung 3.8 Struktur des Programms ExampleEarthPosition. Es wird ein Himmelskörper vom Typ EARTH erzeugt und seine heliozentrisch-ekliptikale sowie heliozentrisch-äquatorial Position in jedem Monat eines Jahres berechnet.

```
29      System.out.println( String.format( "%-10s    %-8s %-8s %-8s %-8s
            %-8s %-8s %-8s %-8s",
30          "Date (UT)", "ie/AU", "je/AU", "ke/AU", "dist./AU", "ia/
                AU", "ja/AU", "ka/AU",
31          "dist./AU" ) );
32      for( int month = 1; month <= 12; month++ ) {
33          // dates of interest
34          double JDmonth = new DateTime( 1, month, 2009, 0, 0, 0 ).
                getJD();
35          // get heliocentric-ecliptical position of earth
36          Vec3d rHZEEarth = earth.getPosition( JDmonth );
37          Vec3d rHZAEarth = earth.getEquatorialPosition( JDmonth );
38          System.out.println( String.format(
39              "%10s: %8.4f %8.4f %8.4f %8.4f    %8.4f %8.4f %8.4f
                    %8.4f",
40              f.format( DateTime.fromJD( JDmonth ) ),
41              rHZEEarth.getX( 1 ), rHZEEarth.getX( 2 ), rHZEEarth.
                    getX( 3 ),
```

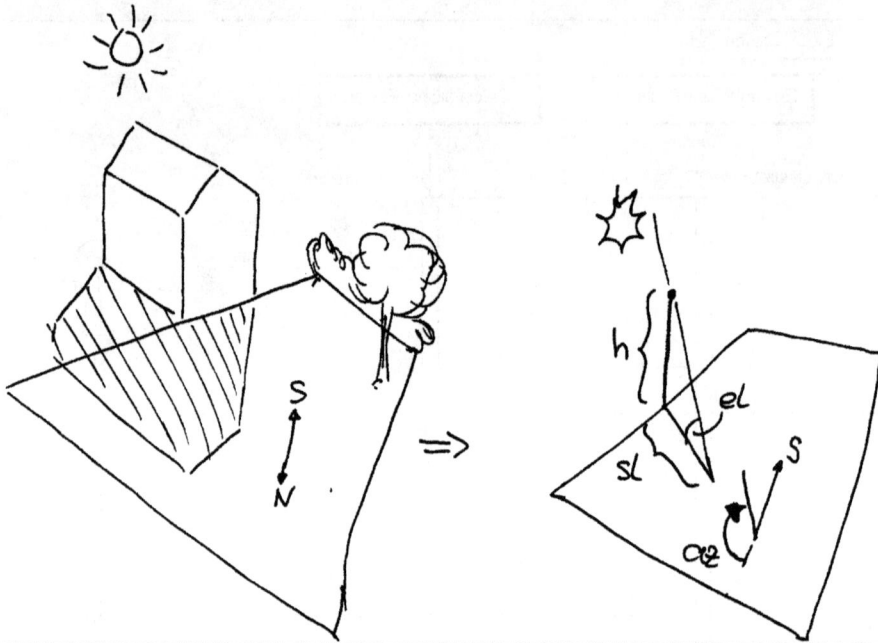

Abbildung 3.9 Das in Aussicht genommene Gartengrundstück mit Nachbarhaus. Rechts die Abstraktion des Problems.

```
42                    rHZEEarth.norm(),
43                    rHZAEarth.getX( 1 ), rHZAEarth.getX( 2 ), rHZAEarth.
                        getX( 3 ), rHZAEarth.norm()
44                    ) );
45            }
46        }
47  }
```

3.3 Beispiel: Gärtner und Sonnenstand

Für das erste „richtige" Beispiel sei angenommen, dass ein begeisterter Gärtner in Berlin wissen will, ob auf einem in Aussicht genommenen Grundstück genügend Sonne vorhanden sein wird, um erfolgreich Obst anzubauen, oder ob ein danebenstehendes Gebäude seinen finsteren Schatten auf das Grundstück werfen wird (▶ Abb. 3.9).

Was der Gärtner bestimmen muss, ist die Position der Sonne zu bestimmten Zeiten, bezogen auf den Standort des Gartens. Der Zusatz „bezogen auf den Standort des Gartens" weist darauf hin, dass wir topozentrische Koordinaten zur Beschreibung der Sonnenposition verwenden müssen. Kennt der Gärtner die Sonnenkoordinaten zu den einzelnen Zeitpunkten, kann er den Schattenwurf des Gebäudes durch einfache trigonometrische Betrachtungen berechnen.

Die topozentrischen Koordinaten der Sonne kann man aus ihren geozentrischen Koordinaten berechnen, und diese wiederum stellen nichts anderes als die Umkehrung der heliozentrischen Koordinaten der Erde dar. Diese können aus den Bahnelementen der Erde mit Hilfe der Keplerschen Näherung berechnet werden, was wir als einführendes Beispiel ▸ Absch. 3.2 bereits getan haben.

Das Rezept zur Gewinnung der Sonnenkoordinaten ist somit:

▸ Berechne die heliozentrisch-äquatorialen Koordinaten der Erde

▸ Multipliziere den gewonnenen Ortsvektor der Erde mit -1, um den Ortsvektor der Sonne im geozentrisch-äquatorialen Bezugssystem zu erhalten.

▸ Rechne den geozentrischen Ortsvektor der Sonne in ein topozentrisches Bezugssystem um.

▸ Verwende den topozentrischen Ortsvektor direkt oder bestimme Azimut und Sonnenhöhe aus ihm.

Das Programm zur Umsetzung dieses Rezeptes ist in Listing 3.2 gezeigt, seine grobe Struktur in ▸ Abb. 3.10. Zunächst wird mit dem Methodenaufruf 1 ein Vektor berechnet, der dem Beobachterstandort entspricht. Mit Aufruf 2 wird erneut über die Factory ein CelestialBody vom Typ EARTH erzeugt. In einer Schleife über die Stunden des Tages wird zunächst die heliozentrisch-äquatoriale Position der Erde berechnet (Methodenaufruf 3), durch Multiplikation mit (-1) daraus die geozentrisch-äquatoriale Position der Sonne bestimmt und mit Methodenaufruf 4 die kartesischen SEZ-Koordinaten der Sonne, bezogen auf den Beobachterstandort, berechnet. Um die Sonnenposition anschaulich zu machen, werden ihre SEZ-Koordinaten mit den Aufrufen 5 und 6 in Azimut- und Elevationswinkel Az und El umgerechnet. Das Programm liefert die in ▸ Tab. 3.1 gezeigte Ausgabe für die vollen Stunden eines Junitages in Berlin in UT, die Uhrzeit muss daher in die lokale Zonen- und Sommerzeit umgerechnet werden.

Listing 3.2 Sonnenposition und Schattenwurf in Berlin / Java (Programm ExampleSunPosition.java).

```
1   package de.kksoftware.astro.apps.examples;
2
3   import de.kksoftware.astro.lib.Angle;
4   import de.kksoftware.astro.lib.CelestialBody;
5   import de.kksoftware.astro.lib.CelestialBodyFactory;
6   import de.kksoftware.astro.lib.CelestialBodyType;
7   import de.kksoftware.astro.lib.DateTime;
8   import de.kksoftware.astro.lib.Formats;
9   import de.kksoftware.astro.lib.Formatter;
10  import de.kksoftware.astro.lib.Time;
11  import de.kksoftware.astro.lib.Util;
12  import de.kksoftware.astro.lib.Vec3d;
13
14  public class ExampleSunPosition {
15
16      /**
17       * This program calculates the topocentric position of the sun
                during one day for an observer in
18       * Berlin. It also calculates the length and orientation of the
                shadow of a vetical tree or rod.
19       */
20      public static void main( String[] args ) {
```

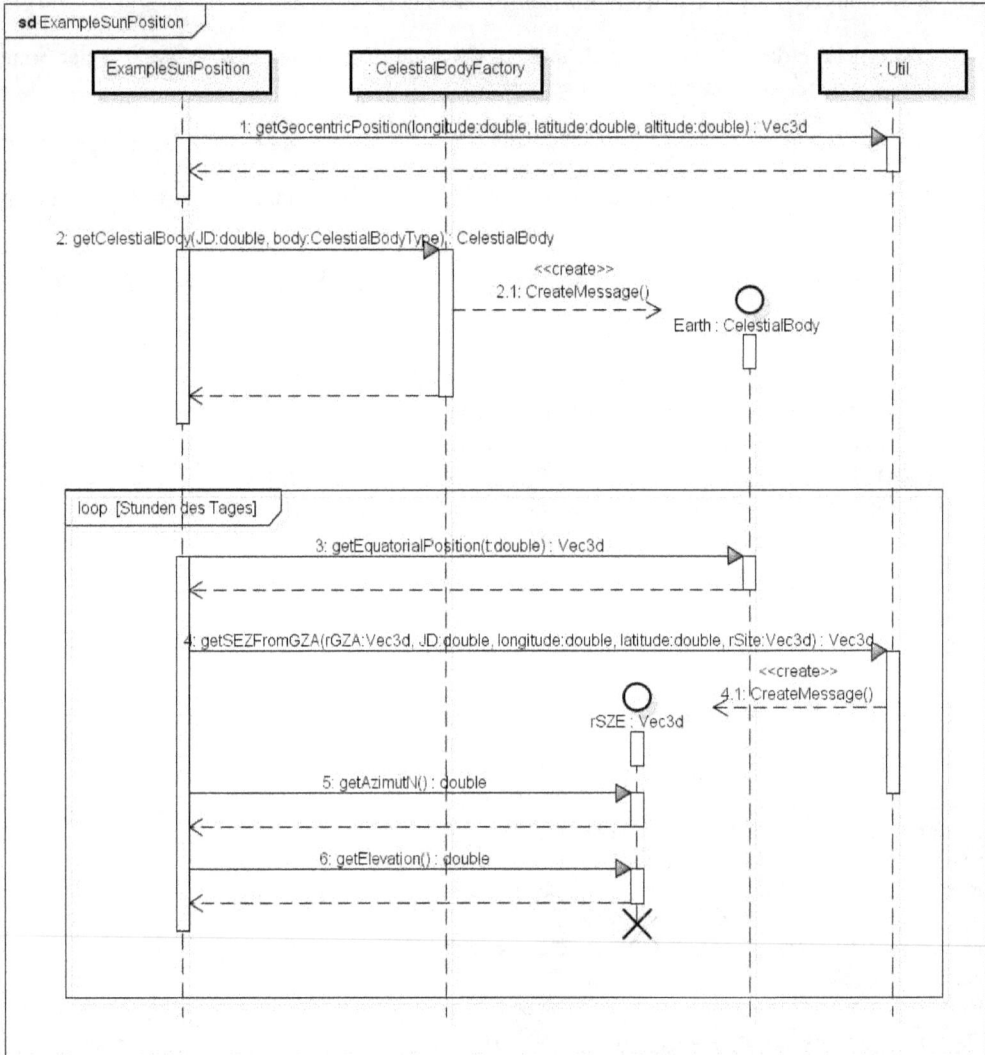

sd ExampleSunPosition

ExampleSunPosition   : CelestialBodyFactory   : Util

1: getGeocentricPosition(longitude:double, latitude:double, altitude:double) : Vec3d

2: getCelestialBody(JD:double, body:CelestialBodyType) : CelestialBody

<<create>>
2.1: CreateMessage()

Earth : CelestialBody

loop [Stunden des Tages]

3: getEquatorialPosition(t:double) : Vec3d

4: getSEZFromGZA(rGZA:Vec3d, JD:double, longitude:double, latitude:double, rSite:Vec3d) : Vec3d

<<create>>
4.1: CreateMessage()

rSZE : Vec3d

5: getAzimutN() : double

6: getElevation() : double

Abbildung 3.10   Struktur des Programms ExampleSunPosition. Es wird ein Himmelskörper vom Typ EARTH erzeugt und dessen Position stündlich im Verlauf eines Tages berechnet. Aus dieser heliozentrisch-äquatorialen Position können die topozentrischen Polarkoordinaten (Azimut, Elevation) bestimmt werden.

Tabelle 3.1 Die Position der Sonne an einem Junitag in Berlin, angegeben als Azimut und Elevation. Ebenfalls angegeben ist der Schattenwurf eines 2 m hohen Stabes.

Date (UT)		Theta	Azimut	Elevation	Shadow length	deltaS	deltaE
21. 6.2009	0h 00'	282.655°	0h 49'	-13° 11'			
21. 6.2009	0h 59'	297.696°	1h 43'	-10° 12'			
21. 6.2009	2h 00'	312.737°	2h 35'	-5° 18'			
21. 6.2009	3h 00'	327.779°	3h 24'	1° 08'	49,91	31,32	-38,86
21. 6.2009	3h 59'	342.820°	4h 10'	8° 46'	6,47	2,98	-5,75
21. 6.2009	5h 00'	357.861°	4h 55'	17° 14'	3,22	0,90	-3,09
21. 6.2009	6h 00'	12.902°	5h 40'	26° 11'	2,03	0,18	-2,02
21. 6.2009	6h 59'	27.943°	6h 28'	35° 18'	1,41	-0,17	-1,40
21. 6.2009	8h 00'	42.984°	7h 23'	44° 09'	1,03	-0,37	-0,96
21. 6.2009	9h 00'	58.025°	8h 30'	52° 06'	0,78	-0,48	-0,62
21. 6.2009	9h 59'	73.066°	9h 57'	58° 10'	0,62	-0,53	-0,32
21. 6.2009	11h 00'	88.107°	11h 45'	60° 52'	0,56	-0,56	-0,04
21. 6.2009	12h 00'	103.148°	13h 35'	59° 16'	0,59	-0,54	0,24
21. 6.2009	12h 59'	118.189°	15h 08'	53° 57'	0,73	-0,50	0,53
21. 6.2009	14h 00'	133.230°	16h 20'	46° 22'	0,95	-0,40	0,86
21. 6.2009	15h 00'	148.271°	17h 18'	37° 41'	1,29	-0,24	1,27
21. 6.2009	15h 59'	163.312°	18h 07'	28° 36'	1,83	0,06	1,83
21. 6.2009	17h 00'	178.354°	18h 53'	19° 34'	2,81	0,65	2,74
21. 6.2009	18h 00'	193.395°	19h 37'	10° 57'	5,17	2,14	4,71
21. 6.2009	18h 59'	208.436°	20h 23'	3° 03'	18,67	10,91	15,14
21. 6.2009	20h 00'	223.477°	21h 10'	-3° 44'			
21. 6.2009	21h 00'	238.518°	22h 01'	-9° 04'			
21. 6.2009	21h 59'	253.559°	22h 56'	-12° 36'			
21. 6.2009	23h 00'	268.600°	23h 52'	-14° 01'			
22. 6.2009	0h 00'	283.641°	0h 48'	-13° 12'			

```
21        Formatter f = new Formatter();
22
23        // observer location: Berlin
24        double longitude = new Angle( -13, 19, 59.9 ).value;
25        double latitude = new Angle( 52, 31, 0.1 ).value;
26        double altitude = 250.0;
27        Vec3d rSite = Util.getGeocentricPosition( longitude, latitude,
             altitude );
28
29        calculateForDay( f, new DateTime( 21, 3, 2009, 0, 0, 0 ).getJD()
             , longitude, latitude,
30            rSite );
31        calculateForDay( f, new DateTime( 21, 6, 2009, 0, 0, 0 ).getJD()
             , longitude, latitude,
32            rSite );
33        calculateForDay( f, new DateTime( 21, 9, 2009, 0, 0, 0 ).getJD()
             , longitude, latitude,
34            rSite );
35        calculateForDay( f, new DateTime( 21, 12, 2009, 0, 0, 0 ).getJD
             (), longitude, latitude,
36            rSite );
37    }
38
39    @SuppressWarnings( "boxing" )
40    private static void calculateForDay( Formatter f, double JDfrom,
```

```
          double longitude,
41            double latitude, Vec3d rSite )
42    {
43        // the participating bodies (target body is sun, viewed from
              earth)
44        CelestialBody earth = CelestialBodyFactory.getCelestialBody(
              JDfrom,
45            CelestialBodyType.EARTH );
46        // create result table
47        System.out.println( String.format( "%-18s  %-8s  %-8s%-9s  %7s
              %6s %6s",
48                "Date (UT)", "Theta", "Azimut", "Elevation", "Shadow", "
                  deltaS", "deltaE" ) );
49        System.out.println( String.format( "%-18s  %-8s  %-8s%-9s  %7s
              %6s %6s",
50                "", "", "", "", "length", "", "" ) );
51        for( double hour = 0; hour <= 24; hour += 1.0 ) {
52            // get equatorial position of earth
53            double day = JDfrom + hour / 24.0;
54            Vec3d rHZAEarth = earth.getEquatorialPosition( day );
55            // geocentric equatorial sun position = negative
                  heliocentric equatorial earth position
56            Vec3d rGZA = rHZAEarth.clone().scalarMultiply( -1.0 );
57            // convert GZA to SEZ distance vector and get topocentric
                  horicontal coordinates
58            Vec3d rSZE = Util.getSEZFromGZA( rGZA, day, longitude,
                  latitude, rSite );
59            double azimut = rSZE.getAzimutN();
60            double elevation = rSZE.getElevation();
61            // we are also interested in local sidereal time
62            double theta = Util.getSiderealTime( day, longitude ).
                  getRadian();
63            System.out.print( String.format( "%18s  %8s %8s %8s",
64                    f.format( DateTime.fromJD( day ) ),
65                    f.formatAngle( Formats.ANGLE_DEG_FRAC, theta ),
66                    f.format( Time.fromRadian( azimut ) ), f.formatAngle
                        ( elevation )
67                    ) );
68            if( elevation > 0. ) {
69                // calculate shadow of a point with given height h
70                double h = 1.0; // 1 m
71                double shadowLength = h / Math.tan( elevation );
72                double deltaS = shadowLength * Math.cos( azimut );
73                double deltaE = -shadowLength * Math.sin( azimut );
74                System.out.print( String.format( "    %5.2f    %5.2f
                      %6.2f",
75                        shadowLength, deltaS, deltaE ) );
76            }
77            System.out.println();
78        }
```

Tabelle 3.2 Die Position der Sonne im Dezember in Berlin, angegeben als Azimut und Elevation. Im Vergleich zum Juni (Tab. 3.1) steht die Sonne viel niedriger, die Elevation ist kleiner.
Entsprechend ist auch der Schattenwurf des 2 m hohen Stabes erheblich länger.

```
Date (UT)             Theta      Azimut   Elevation   Shadow   deltaS deltaE
                                                       length
...
21.12.2009  6h 00'  193.275°    7h 40'  -10° 24'
21.12.2009  6h 59'  208.316°    8h 26'   -2° 35'
21.12.2009  8h 00'  223.357°    9h 14'    4° 07'      13,86   -10,38  -9,17
21.12.2009  9h 00'  238.398°   10h 05'    9° 22'       6,06    -5,32  -2,91
21.12.2009  9h 59'  253.439°   10h 59'   12° 45'       4,41    -4,26  -1,15
21.12.2009 11h 00'  268.481°   11h 56'   14° 02'       4,00    -4,00  -0,07
21.12.2009 12h 00'  283.522°   12h 52'   13° 04'       4,30    -4,19   0,98
21.12.2009 12h 59'  298.563°   13h 47'    9° 57'       5,69    -5,08   2,57
21.12.2009 14h 00'  313.604°   14h 38'    4° 57'      11,52    -8,86   7,36
21.12.2009 15h 00'  328.645°   15h 27'   -1° 34'
...
```

```
79          System.out.println( "\n\n" );
80      }
81
82  }
```

Der Tagebogen der Sonne Die erste Information, die der Gärtner aus diesen Berechnungen
erhalten kann, betrifft den *Tagebogen* der Sonne, d. h. wann steht die Sonne wo am Himmel, und
wie lange dauert der Tag an seinem Standort? Wir fragen also nach den Zeiten des Sonnenauf-
gangs und Sonnenuntergangs ([17] liefert professionell berechnete Tabellen dieser Daten für einen
beliebigen Standort).

Aus der Programmausgabe kann man zunächst ersehen, dass am 21. Juni in Berlin die Sonne
um etwa 3^h UT (4^h MEZ, 5^h MESZ) früh im Osten (Azimut $\approx 3^h$) über dem Horizont erscheint
und nach 19^h UT (20^h MEZ, 21^h MESZ) im Westen (Azimut $\approx 21^h$) untergeht, da nur in
diesem Zeitraum die Höhe über dem Horizont $El > 0°$ ist. Der Höchststand ist gegen 11^h
UT (12^h MEZ, 13^h MESZ) erreicht (El ist maximal), wobei die Sonne im Süden steht (Azimut
ist knapp $\approx 12^h$). Bei diesen Betrachtungen ist nicht berücksichtigt, dass die wahre Sonne je
nach Differenz der geographischen Länge des Beobachterstandortes vom Zentralmeridian der
Zeitzone (meist ganze 15°-Schritte) um bis zu $\pm 7,5° \cdot 4^m$/Grad $= 30^m$ von der hier angezeigten
UT/MEZ/MESZ abweichen kann. Diese Thematik wird uns besonders bei der Korrektur von
Sonnenuhren beschäftigen, Absch. 3.5. Im Falle von Berlin beträgt die Abweichung $(15° -
13\frac{1}{3}°) \cdot 4^m \approx 9^m$.

Berechnungen für andere Tage des Jahres, z. B. für den 21.12.2009 im Winter zeigen, dass die
Tageslänge erheblich kürzer resp. der Sonnenstand erheblich niedriger ist als im Juni, Tab. 3.2.
Diese Unterschiede und deren theoretischen Hintergründe werden in Absch. 1.4.2 näher erläutert.

Das Schattenproblem Die Richtung des Schattenwurfs kann nun aus dem berechneten Azimutwinkel Az und die Schattenlänge aus der berechneten Sonnenhöhe über dem Horizont El
bestimmt werden (Abb. 3.11). Wenn h die Höhe des Stabes ist, ergibt sich für die Schattenlänge

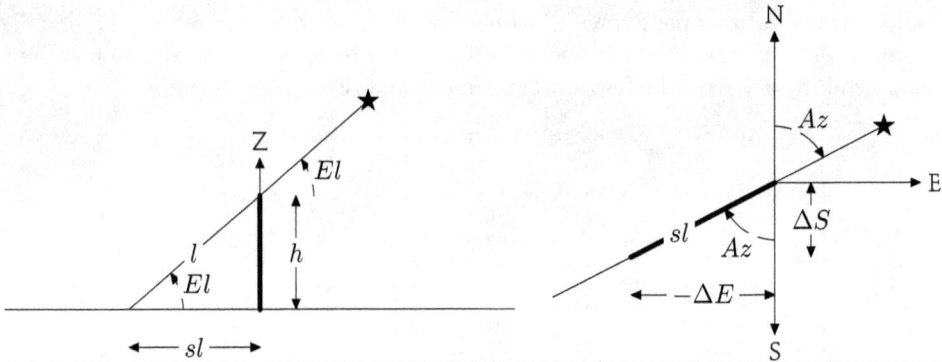

Abbildung 3.11 Ableitung der Schattenlänge sl aus Azimut Az und Elevation El der Sonne im topozentrischen SEZ-System. Das Azimut ist der Winkel, um den die Sonne gegenüber der Nordrichtung (negative **S**-Achse) gedreht ist, die Elevation ist ihre Höhe über dem topozentrischen Horizont (der **SE**-Ebene). Links: Schnitt durch die Azimut-Ebene zur Berechnung von sl. Der senkrechte Stab ist längs der **Z**-Achse gedacht. Rechts: Aufsicht auf die horizontale **SE**-Ebene, der Stab in der Mitte längst der **Z**-Achse ist direkt von oben gesehen und nur als Punkt sichtbar. Sein Schatten erstreckt sich nach links unten zu positiven S- und negativen E-Werten. $-\Delta E$ ist die Entfernung der Schattenspitze zur Nord-Süd-Richtung (**S**-Achse) längs der **E**-Achse gemessen. ΔS ist ihre Entfernung zur Ost-West- oder **E**-Achse parallel zur **S**-Achse gemessen.

sl

$$\sin El = \frac{h}{l}, \quad \cos El = \frac{sl}{l}$$

$$\Rightarrow \quad \tan El = \frac{\sin El}{\cos El} = \frac{h}{sl} \quad sl = \frac{h}{\tan El}$$

und für die Verschiebungen der Schattenspitze relativ zum Stab:

$$\cos Az = \frac{\Delta S}{sl}, \quad \sin Az = \frac{-\Delta E}{sl}$$

$$\Rightarrow \quad \Delta S = sl \cdot \cos Az = \frac{h \cdot \cos Az}{\tan El}$$

$$\Delta E = -sl \cdot \sin Az = \frac{-h \cdot \sin Az}{\tan El}$$

Aus der Programmausgabe kann ersehen werden, daß der Schatten eines 1 m hohen Stabes erwartungsgemäß am kürzesten ist (56 cm), wenn die Sonne im Zenit steht oder ihre Elevation maximal ist (Mittagszeit). Da die Sonne vormittags im Osten steht, ist die Verschiebung des Schattens entlang der topozentrischen E-Achse ΔE bis zu ihrer Zenitposition negativ, d. h. der Schatten weist nach Westen. Nach Mittag dagegen steht die Sonne im Westen des Stabes, der Schatten fällt nach Osten entlang der positiven E-Achse und ΔE ist entsprechend positiv.

Analog fällt der Schatten entlang der positiven S-Achse $\Delta S > 0$, wenn das Azimut der Sonne 6^{h} noch nicht überschritten hat. Liegt das Azimut zwischen $6\text{-}18^{\text{h}}$, d. h. steht die Sonne im Süden, fällt der Schatten nach Norden auf die negative S-Achse, entsprechend ist in diesem Zeitraum ΔS negativ.

Mit diesen Verschiebungsdaten ausgestattet, kann der Gärtner für einige wichtige Punkte des Hauses deren Schattenpunkt berechnen und in einen Grundriss eintragen [1]. Abb. 3.12 zeigt den so ermittelten Schattenverlauf im Laufe eines Frühsommertages. Wie man sieht, ist zumindest im Sommer die Beschattung des Grundstückes durch das Nachbargebäude erträglich gering.

3.4 Beispiel: Berechnung der Zeitgleichung

Das Programm `ExampleZeitgleichung` (Listing 3.3) zeigt eine Möglichkeit, die Werte der Zeitgleichung aus den Positionen von Sonne und Erde zu berechnen. Es geht von der Definition der Zeitgleichung ► Glg. 1.1 aus und bestimmt für den Beobachterstandort die Differenz

$$
\begin{aligned}
\text{Zeitgleichung} &= \text{Mittagszeit in wahrer Ortszeit} - \text{Mittagszeit in mittlerer Ortszeit} \\
&= 12^{\text{h}} - \big(\text{Zeit der maximalen Elevation in UT} + \text{Zeitzonenoffset} - \\
&\quad \text{westl. Längendifferenz zur Zeitzone } tz_{\text{korr}}\big) \\
&= 12^{\text{h}} - \left(\text{Zeit der maximalen Elevation in UT} + \frac{\text{öst. Länge (negativ)}}{15}\right)
\end{aligned}
$$

da per definitionem der Mittag stets um 12^{h} WOZ stattfindet. Wir müssen nun zur Ermittlung der tatsächlichen Sonnenkulmination für einen Zeitraum um Mittag herum die Sonnenhöhen in UT berechnen und feststellen, zu welchem Zeitpunkt `middayTime` die berechnete Elevation maximal ist. `middayTime` ist der Zeitpunkt des Mittags in UT, den wir über die Längenkorrektur `tzCorrection` noch in die mittlere Ortszeit umrechnen müssen.

Diese Längenkorrektur berechnet sich aus $tz_{\text{korr}} = tz \cdot 15° + \lambda_E$, wenn $\lambda_E < 0$ für östliche Breiten ist. Sie entspricht der Längendifferenz in Grad zwischen dem Zentrum der Zeitzone tz und dem Beobachterstandort und ist positiv, wenn der Beobachter westlich des Zonenzentrums aufgestellt ist. Beispiel: für Karlsruhe mit $\lambda_E = -8°24^{\text{m}}$ in der MEZ-Zone (UT+1h) ist $tz_{\text{korr}} = 6°36^{\text{m}} > 0$, da Karlsruhe westlich des Zeitzonenzentrums liegt. Dies bedeutet, daß die wahre Sonne später im Mittag steht als im Zonenzentrum, nämlich um genau $tz_{\text{korr}}/15° \cdot 1^{\text{h}} = 26^{\text{m}}$.

(In der Praxis wird die Zeitgleichung entweder direkt mit Hilfe geometrischer Überlegungen aus mittleren und wahren Anomalien von Sonne und Erde und der Keplergleichung abgeleitet oder durch je nach Anwendung einfache Näherungsformeln beschrieben, z. B. in [21].)

Wenn wir die Elevation für den ganzen Tag berechnen, können wir nebenbei noch eine Tabelle von Sonnenaufgangs- und Sonnenuntergangszeiten erstellen. Dies sind die Momente, in denen die Elevation von negativen zu positionen Werten wechselt oder umgekehrt. (Je nach geforderter Genauigkeit müssen wir vorher die Frage klären, inwieweit z. B. noch der tatsächliche Durchmesser der Sonnenscheibe, ihre scheinbare Abplattung am Horizont und die Lichtbrechung durch atmosphärische Störungen berücksichtigt werden müssen. Eine genaue Tabelle kann mit [17] berechnet werden. Weiterhin nehmen wir an, daß wir die Auf- und Untergänge gegen einen perfekt ebenen Horizont ohne Berge und Bebauung beobachten können.)

Das Programm ist in Listing 3.3 gezeigt und liefert für das Jahr 2014 und den Beobachterstandort Karlsruhe folgende Ausgabe:

```
Observer distance from timezone center:  6° 35' or 00:26:23,000 h
True midday at observer location: 12:33:36 WOZ
```

---

[1] Die Abbildung wurde mit einer speziell auf diese Aufgabe ausgerichteten Programmversion erstellt, die eine graphische Ausgabe erzeugt und als `AppShadowCalculator` ebenfalls als Download verfügbar ist.

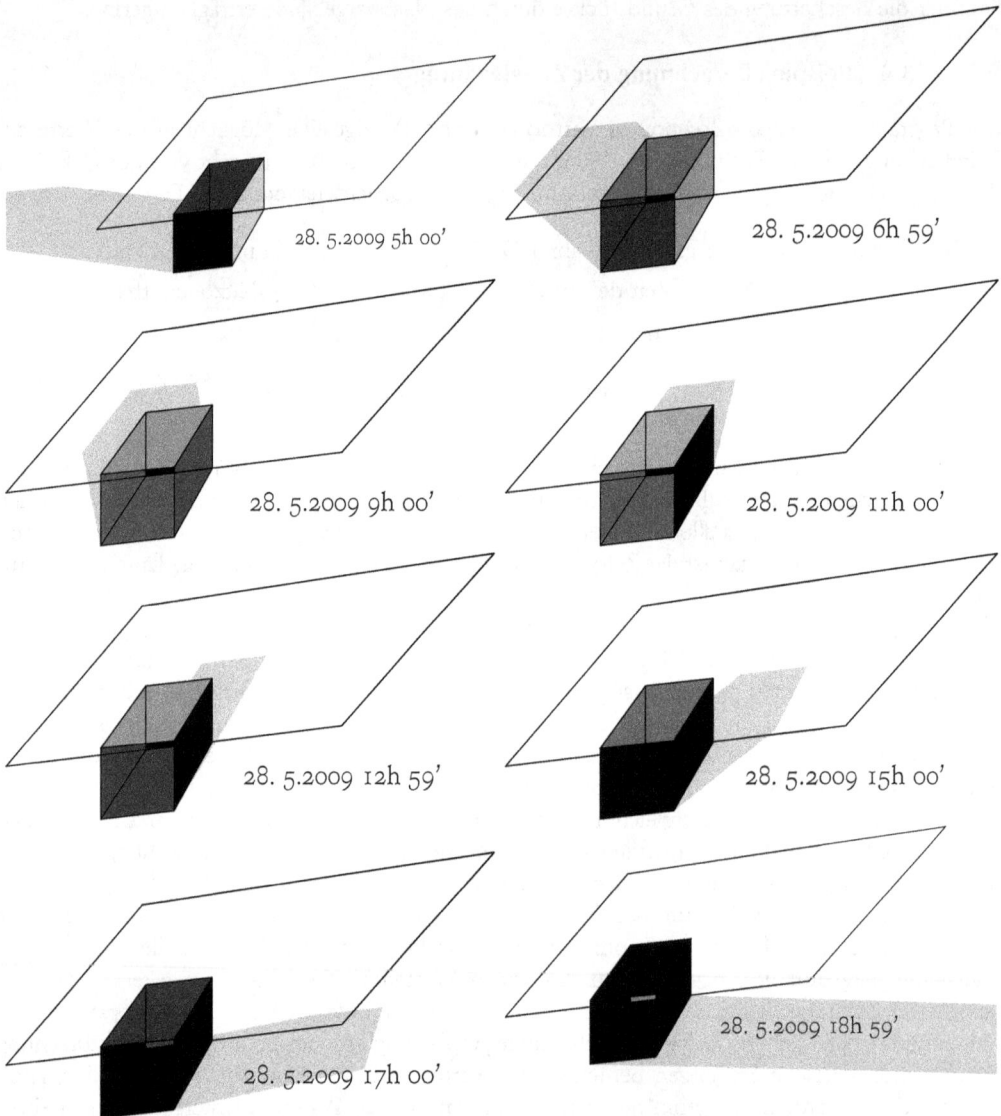

Abbildung 3.12 Automatisierte Schattenrechnung für das Grundstück mit Haus zu verschiedenen Zeitpunkten (UT). Jeder Eckpunkt des Hauses kann als schattenwerfender Stab betrachtet werden. Die Verbindung aller berechneten Schattenendpunkte liefert die Schattenfläche des Hauses.

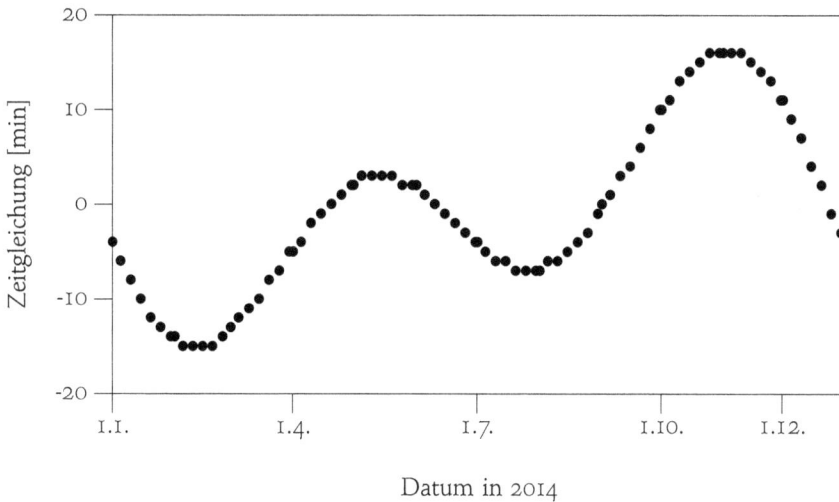

Datum in 2014

Abbildung 3.13 Der Verlauf der mit dem Programm ExampleZeitgleichung berechneten Zeitgleichung für das Jahr 2014 und den Beobachterstandort Karlsruhe. Auf der Abszisse ist das Datum aufgetragen, die Ordinate zeigt die Zeitgleichung in Minuten. Deutlich sind die beiden überlagerten Sinusschwingungen der Zeitgleichung zu erkennen, die Anlaß zu je einem Haupt- und Nebenmaximum resp. -minimum geben.

```
Date              sunrise    sunset     midday     MOZ-WOZ   day length  max elevation
UT                zone time  zone time  zone time  [h]       [h]         zone time
 1. 1.2014:       8:26:59  - 16:33:00   12:30:00   - 0:02:37   8.10      12:29:00
 5. 1.2014:       8:25:59  - 16:37:00   12:31:30   - 0:04:37   8.18      12:31:00
10. 1.2014:       8:23:59  - 16:43:00   12:33:30   - 0:06:37   8.32      12:33:00
15. 1.2014:       8:20:59  - 16:50:00   12:35:30   - 0:08:37   8.48      12:35:00
20. 1.2014:       8:16:59  - 16:58:00   12:37:30   - 0:10:37   8.68      12:37:00
25. 1.2014:       8:11:59  - 17:06:00   12:39:00   - 0:11:37   8.90      12:38:00
30. 1.2014:       8:05:59  - 17:14:00   12:40:00   - 0:12:37   9.13      12:39:00
 1. 2.2014:       8:02:59  - 17:17:00   12:40:00   - 0:12:37   9.23      12:39:00
 5. 2.2014:       7:56:59  - 17:24:00   12:40:30   - 0:13:37   9.45      12:40:00
10. 2.2014:       7:48:59  - 17:32:00   12:40:30   - 0:13:37   9.72      12:40:00
15. 2.2014:       7:40:59  - 17:41:00   12:41:00   - 0:13:37  10.00      12:40:00
20. 2.2014:       7:31:59  - 17:49:00   12:40:30   - 0:13:37  10.28      12:40:00
25. 2.2014:       7:21:59  - 17:57:00   12:39:30   - 0:12:37  10.58      12:39:00
 1. 3.2014:       7:13:59  - 18:04:00   12:39:00   - 0:11:37  10.83      12:38:00
...
```

Der Verlauf der Zeitgleichung ist in Abb. 3.13 gegen das Datum aufgetragen und zeigt den typischen Verlauf aus zwei überlagerten sinusartischen Schwingungen mit zwei Maxima und Minima. Abb. 3.14 zeigt den berechneten Verlauf von Sonnenaufgangszeit, Sonnenuntergangszeit und Mittagszeit für den Beobachterstandort.

Listing 3.3 Sonnenposition und Zeitgleichung in Karlsruhe / Java (Programm ExampleZeitglei-chung.java).

```
1  package de.kksoftware.astro.apps.examples;
2
3  import java.util.Locale;
4
5  import de.kksoftware.astro.lib.Angle;
```

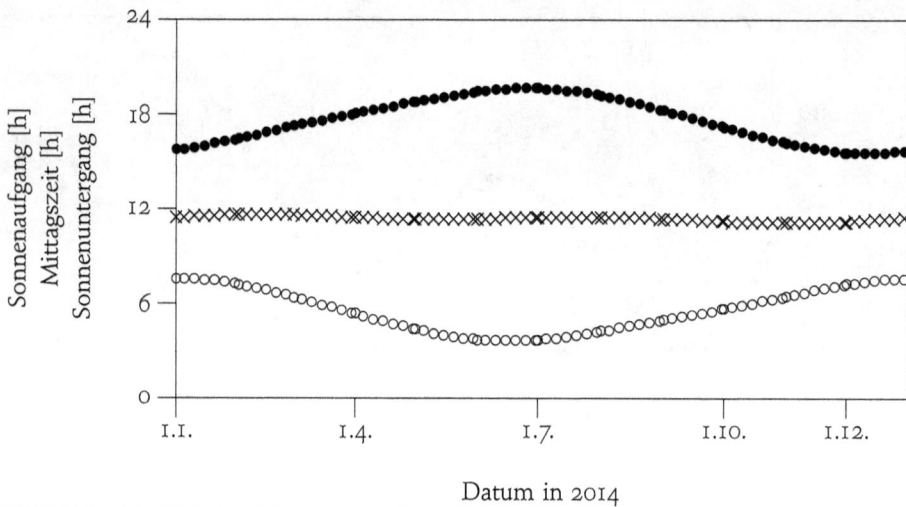

Der Verlauf der mit dem Programm ExampleZeitgleichung berechneten Sonnenaufgangs-, Mittags- und Sonnenuntergangszeiten für das Jahr 2014 und den Beobachterstandort Karlsruhe.

Abbildung 3.14 Der Verlauf der mit dem Programm ExampleZeitgleichung berechneten Sonnenaufgangs-, Mittags- und Sonnenuntergangszeiten für das Jahr 2014 und den Beobachterstandort Karlsruhe. Auf der Abszisse ist das Datum aufgetragen, die Ordinate zeigt die Zeitpunkte in Stunden.

```
6    import de.kksoftware.astro.lib.CelestialBody;
7    import de.kksoftware.astro.lib.CelestialBodyFactory;
8    import de.kksoftware.astro.lib.CelestialBodyType;
9    import de.kksoftware.astro.lib.DateTime;
10   import de.kksoftware.astro.lib.Formats;
11   import de.kksoftware.astro.lib.Formatter;
12   import de.kksoftware.astro.lib.Time;
13   import de.kksoftware.astro.lib.Util;
14   import de.kksoftware.astro.lib.Vec3d;
15
16   public class ExampleZeitgleichung {
17
18       /**
19        * This program calculates the daily topocentric position of the sun
               for selected days for an
20        * observer in Karlsruhe to determine sunrise and sunset, day lenght
               and midday (MOZ). These
21        * data can be used to calculate difference to true midday=time
               equation (WOZ).
22        */
23       public static void main( String[] args ) {
24           Formatter f = new Formatter();
25           f.setDateTimeFormat( Formats.DATETIME_DATE_SHORT );
26           f.setTimeFormat( Formats.TIME_SHORT );
27
28           // observer location: Karlsruhe
```

```
29    double longitude = new Angle( -8, 24, 15 ).value;
30    double latitude = new Angle( 49, 0, 34 ).value;
31    double altitude = 140.0;
32    double timeZone = 1.0; // longitude belongs to UT+1h
33
34    // calculate true midday due to longitude:
35    // longitude of rSite is (15*timeZone+longitude) degree
36    // west to center of time zone (at 15*timeZone deg longitude)
37    double westFromZoneCenter = +timeZone * 15 + new Angle(
          longitude ).getDegree(); // [degree]
38    double trueMidday = Time.UT2LocalTime( 12., timeZone, longitude
          ); // time [hours]
39    Vec3d rSite = Util.getGeocentricPosition( longitude, latitude,
          altitude );
40
41    System.out.println( "Observer distance from timezone center: " +
42            f.formatAngle( westFromZoneCenter * Angle.deg2rad ) + "
                  or " +
43            ( westFromZoneCenter < 0 ? "-" : " " ) +
44            Time.fromFractionHour( westFromZoneCenter / 15 ) + " h"
                  );
45    System.out.println( "True midday at observer location: " +
46            f.format( Time.fromFractionHour( trueMidday ) ) + " WOZ"
                  );
47    System.out.println();
48
49    int[] daysInMonth = new int[] { 0, 31, 28, 31, 30, 31, 30, 31,
          31, 30, 31, 30, 31 };
50    int[] days = new int[] { 1, 5, 10, 15, 20, 25, 30 };
51    System.out.println( String.format( Locale.ENGLISH,
52            "%-10s  %-8s  %-8s  %-8s  %-8s  %-10s %8s",
53            "Date", "sunrise", "sunset", "midday", "MOZ-WOZ", "day
                  length",
54            "max elevation" ) );
55    System.out.println( String.format( Locale.ENGLISH,
56            "%-10s  %-8s %-8s %-8s %-8s  %-10s %8s",
57            "UT", "zone time", "zone time", "zone time", "[h]", "[h
                  ]", "zone time" ) );
58    for( int month = 1; month <= 12; month++ ) {
59        for( int i = 0; i < days.length; i++ ) {
60            int day = days[ i ];
61            if( day <= daysInMonth[ month ] ) {
62                calculateForDay( f, new DateTime( day, month, 2014,
                      0, 0, 0 ).getJD(),
63                    longitude, latitude, rSite, timeZone );
64            }
65        }
66    }
67    System.out.println();
68 }
```

```
69
70   @SuppressWarnings( "boxing" )
71   private static double calculateForDay( Formatter f, double JDfrom,
         double longitude,
72           double latitude, Vec3d rSite, double timeZone )
73   {
74       // the participating bodies (target body is sun, viewed from
             earth)
75       CelestialBody earth = CelestialBodyFactory.getCelestialBody(
           JDfrom,
76               CelestialBodyType.EARTH );
77       // create result table
78       double sunrise = 0.0;
79       double sunset = 0.0;
80       double middayTime = 0.0;
81       double maxElevation = 0.0;
82       double previousElevation = 0;
83       for( double hour = 0; hour <= 24; hour += ( 1. / 60. ) ) {
84           // get equatorial position of earth
85           double day = JDfrom + hour / 24.0;
86           Vec3d rHZAEarth = earth.getEquatorialPosition( day );
87           // geocentric equatorial sun position = negative
                 heliocentric equatorial earth position
88           Vec3d rGZA = rHZAEarth.clone().scalarMultiply( -1.0 );
89           // convert GZA to SEZ distance vector and get topocentric
                 horicontal coordinates
90           Vec3d rSZE = Util.getSEZFromGZA( rGZA, day, longitude,
                 latitude, rSite );
91           double elevation = rSZE.getElevation();
92           // sunrise: previous elevation<0, current elevation >= 0
93           if( previousElevation < 0 && elevation >= 0 ) {
94               sunrise = hour;
95           }
96           // sunset: previous elevation>0, current elevation <= 0
97           if( previousElevation > 0 && elevation <= 0 ) {
98               sunset = hour;
99               break;
100          }
101          previousElevation = elevation;
102          if( elevation > maxElevation ) {
103              maxElevation = elevation;
104              middayTime = hour;
105          }
106      }
107      // midday in mean time is half between sunrise and sunset
108      double meanMidday = ( Time.UT2ZoneTime( sunrise, timeZone ) +
109              Time.UT2ZoneTime( sunset, timeZone ) ) / 2.;
110      double timeEquation = 12 - ( Time.UT2LocalTime( middayTime,
             timeZone, longitude ) );
111      System.out.println( String.format( Locale.ENGLISH,
```

```
112              "%10s:    %8s - %8s    %8s    %8s    %5.2f       %8s",
113              f.format( DateTime.fromJD( JDfrom ) ),
114              f.format( Time.fromFractionHour( sunrise, timeZone ) ),
115              f.format( Time.fromFractionHour( sunset, timeZone ) ),
116              f.format( Time.fromFractionHour( meanMidday ) ),
117              ( timeEquation < 0 ? "-" : " " )
118                    + f.format( Time.fromFractionHour( timeEquation
                             ) ),
119              sunset - sunrise,
120              f.format( Time.fromFractionHour( middayTime, timeZone )
                    )
121              ) );
122       // System.out.println( String.format( "%7.2f", middayTime +
             timeZone ) );
123       return middayTime;
124    }
125 }
```

3.5 Sonnenuhren

Der schattenwerfende Stab aus dem letzten Abschnitt leitet nahtlos zu einem weiteren Beispiel über, da er nichts anderes als der Schattenwerfer einer sehr einfachen Sonnenuhr ist, während der Schatten des Stabes den Zeiger der Uhr bildet.

Sonnenuhren gehören zu den unmittelbarsten und wichtigsten Beispielen für die Anwendung astrodynamischer Gesetzmässigkeiten, die lange Zeit die Zeitmessung geregelt haben und eng mit dem Kalenderwesen verknüpft sind, das für alle landwirtschaftlichen Belange grundlegende Bedeutung hatte.

Wir wollen zwei einfache Beispiele von Sonnenuhren betrachten, für die wir streng genommen keine astrodynamischen Formeln und Algorithmen benötigen, da die Zifferblätter dieser Sonnenuhren durch einfache geometrische Betrachtungen bestimmt werden können. (Wie immer heißt „einfach" natürlich nur: einfach, sobald man die durchaus komplexen Zusammenhänge verstanden hat.) Den Abschluss der Betrachtungen über Sonnenuhren wird dann eine datumskorrigierte Sonnenuhr bilden, die tatsächlich umfangreiche Berechnungen erfordert. Da Sonnenuhren nicht unser Kernthema sind, werden wir dabei viele Details aussparen und auf Literatur zu diesem faszinierenden Thema verweisen, z. B. [19] [20].

In der Kunde von den Sonnenuhren (der *Gnomonik*) wird der schattenwerfende Stab als *Gnomon* bezeichnet. In einigen Fällen dient nicht der Schatten des ganzen Gnomons zur Ablesung des Zeitpunkts, sondern der Schatten eines einzelnen Punktes auf ihm, der als *Nodus* oder Auge bezeichnet wird. Beim Nodus handelt es sich häufig um die Spitze des Gnomons, eine Verdickung oder Markierung auf dem Gnomon oder um ein kleines Loch. Trägt man für die Stunden des Tages den Ort des Gnomonschattens (Stundenlinien) oder des Nodusschatten (Stundenpunkte) auf, erhält man das Zifferblatt der Sonnenuhr. Im Laufe eines Tages und eines Jahres zeichnen diese Schattenorte typische Figuren auf dem Zifferblatt nach. Die Menge der vom Gnomon oder Nodus geworfenen Schatten wird als *Lineatur* bezeichnet und nach einem bestimmten System ausgewählt (z. B. die Schatten zu jeder vollen Stunde an einem bestimmten Datum).

Durch die grosse Entfernung der Sonne von der Erde kann man den geozentrischen Ortsvektor der Sonne, den wir für verschiedene Zeitpunkte und Datumswerte berechnen können, gleichzeitig als *Richtungsvektor* der quasi parallel einfallenden Sonnenstrahlen betrachten und und daraus die Lineatur der Sonnenuhr herleiten. In einfachen Fällen können wir allerdings den Azimutwinkel der Sonne aufgrund geometrischer Betrachtungen ohne Berechnung ermitteln.

Sonnenuhren basieren auf Vorgängen im Sonnensystem, die prinzipbedingt zu Abweichungen von der bürgerlichen Uhrzeit führen, wie sie gängige Uhren anzeigen und die auf der sorgfältig normalisierten mittleren Sonnenzeit mit Zeitzonenteilung beruht (▸Absch. 1.1):

- *Mittlere* vs. *wahre* Ortszeit. Die ersten beiden Beispiele, die äquatoriale und horizontale Sonnenuhr, sind für die gleichmäßig umlaufende *mittlere* Sonne berechnet und besitzen Lineaturen für die mittlere Ortszeit (MOZ), der Schatten wird aber von der *wahren* Sonne geworfen und stellt die wahre Ortszeit (WOZ) dar. Die Abweichung WOZ − MOZ wird durch die Zeitgleichung ▸Glg. 1.1 beschrieben und führt zu einer Abweichung dieser Sonnenuhren von $\pm 16^m$ im Verlauf eines Jahres.

  Abhilfe kann nur geschaffen werden, wenn die Lineatur der Sonnenuhren für verschiedene Datumswerte berechnet und damit die Zeitgleichung berücksichtigt wird, was wir im dritten Beispiel, der horizontalen Sonnenuhr mit Analemma, demonstrieren.

- *Sommerzeit* vs. *Normalzeit*. Sonnenuhren kennen das willkürliche Konstrukt der Sommerzeit nicht, im Sommer muss daher die Verschiebung der Sonnenuhrenzeit zur bürgerlichen Zeit um eine Stunde berücksichtigt werden.

- *Ortszeit* vs. *Zonenzeit*. Die Lineaturen äquatorialer und horizontaler Sonnenuhren sind für (mittlere oder wahre) *Ortszeiten* (MOZ oder WOZ) berechnet und hängen damit nicht nur von der geographischen Breite ϕ, sondern auch von der Länge λ_E ab. Die bürgerliche Zeit ist dagegen eine *Zonenzeit* und ändert sich diskontinuierlich mit der Länge des Ortes im Abstand von normalerweise einer Stunde oder 15° Längengraden. (Es existieren Ausnahmen wie z. B. Neufundland, Iran oder Indien, deren Zeitzonen um eine halbe Stunde oder andere Werte abweichen oder die geographisch anders orientiert sind.) Für Mitteleuropa ist dies die MEZ (mitteleuropäische Zeit) oder UT+1h.

  Die Ortszeit kann daher allein aufgrund der geographischen Lage der Sonnenuhr um bis zu $15°/2 = 0,5^h$ von der Zonenzeit abweichen. Eine Korrektur dieser Differenz erfolgt wie in ▸Absch. 1.1.8 beschrieben.

3.5.1 Beispiel: Äquatoriale (Polstab-)Sonnenuhr

Die äquatoriale Sonnenuhr ist die Sonnenuhr mit der einfachsten Lineatur. Da sie gleichzeitig sehr dekorativ ist, finden wir sie häufig auf Freiflächen, in Gärten oder Parks. Ihre Lineatur beruht auf der mittleren Sonne, die die Erde und ein äquatorial gelagertes Ziffernblatt in der Äquatorialebene einmal pro 24 Stunden mit einer Winkelgeschwindigkeit von 15°/h durchläuft. Die Stundenlinien besitzen damit einen Winkelabstand von 15° oder $1/24$ eines Vollkreises. Die (wahre) Sonne kulminiert um 12^h genau im Süden, sodaß zusätzlich die Lage der 12^h-Stundenlinie festgelegt ist. Die Differenz aufgrund der Zeitgleichung verbleibt dabei als systematischer Fehler. Die Bauanleitung ist folgende:

- Das Ziffernblatt in der Äquatorialebene aufstellen, also um den Winkel $90° - \phi$ gegen die Horizontalebene neigen (▸Abb. 3.15).

▫ Ein Gnomon im zentralen Punkt mit einem Winkel ϕ gegen die Horizontalebene und damit senkrecht zur Ebene des Ziffernblattes oder parallel zur Erdachse aufstellen. Da der Schattenwurf nur vom Azimutwinkel der Sonne, nicht von ihrer Höhe über dem Horizont (Elevation) abhängt, benötigen wir keinen Nodus, sondern können die Zeit irgendwo am Schatten des Gnomons ablesen.

▫ Das Ziffernblatt so drehen, dass das Gnomon zum Himmelsnordpol zeigt und damit parallel zur Erdachse verläuft.

▫ Auf dem Ziffernblatt einen Kreis um den Fußpunkt des Gnomons in 24 gleiche Teile zu je $15°$ teilen. Die Verbindungslinien des Fußpunktes mit den Kreisteilungen sind die Stundenlinien. 0^h ist „oben" oder an der Südkante des Ziffernblattes, 12^h „unten" oder an der Nord- oder Bodenkante, da per definitionem 12^h WOZ dann vorliegt, wenn die Sonne im Süden ihren Höchststand erreicht hat und ihren Schatten in Nordrichtung wirft. Die Stunden werden im Uhrzeigersinn aufgetragen, der Winkel σ der Stundenlinie für die Zeit t ist

$$\sigma = t\frac{15°}{h} \tag{3.1}$$

Für 0^h, 6^h, 12^h und 18^h erhalten wir die erwartungsgemäß die Winkel $0°$, $90°$, $180°$ und $270°$ zur Nordrichtung (Azimutwinkel).

Bei positiver Deklination der Sonne kann der Gnomonschatten auf dem Ziffernblatt abgelesen werden, bei negativer (vorwiegend im Winter) trifft der Schatten von unten auf das Ziffernblatt.

▸ Abb. 3.15 zeigt die korrekte Aufstellung des Ziffernblattes. Da die lokale Horizontebene am Standort einer Sonnenuhr der geographischen Breite ϕ um $90° - \phi$ gegen die Äquatorebene geneigt ist, muß auch das Ziffernblatt um $90° - \phi$ gegen die Horizontebene geneigt aufgestellt werden, um parallel zum Äquator zu sein. Das Gnomon steht senkrecht auf dem Ziffernblatt und ist um ϕ gegen die Horizontalebene geneigt. Sowohl Gnomon als auch Ziffernblatt müssen nach Norden geneigt sein. ▸ Abb. 3.16(b) zeigt einen Schattenwerfer/Ständer mit einem schrägen Schlitz, in den das Ziffernblatt eingesteckt werden kann. Es besitzt dann automatisch die korrekte Neigung, wenn der Schattenwerfer eben aufgestellt wird. Zur Berechnung des Schattenwerfers werden die geographische Breite ϕ des Aufstellungsortes, die gewünschte Breite des Ziffernblattes b sowie die Definitionen von Sinus und Cosinus, ▸ Glg. B.11 und ▸ Glg. B.12, benötigt.

Zeit(zonen)korrekturen

Der Schatten der nach diesem Prinzip aufgebauten Sonnenuhr zeigt wahre Ortszeit WOZ an und weist damit die bereits erwähnte Abweichung zur Lineatur der mittleren Ortszeit auf, die nur durch Addition der datumsabhängigen Zeitgleichung korrigiert werden kann.

Zusätzlich hängt die Ortszeit von der geographischen Länge ab. Bei äquatorialen Sonnenuhren korrigieren wir diesen Einfluss, indem wir das Ziffernblatt gegen den Uhrzeigersinn um einen Winkel $tz_{korr} = tz \cdot 15° + \lambda_E$ drehen, ▸ Abb. 3.16(d), wobei tz die Zeitdifferenz der Zeitzone zu UT angibt (für MEZ +1h). ▸ Glg. 3.1 wird damit zu

$$\sigma = t\frac{15°}{h} - (tz \cdot 15° + \lambda_E) = t\frac{15°}{h} - tz_{korr} \tag{3.2}$$

Die Bestimmung des Winkels tz_{korr} ist in ▸ Absch. 1.1.8 beschrieben. Auf diesem korrigierten Ziffernblatt können wir die mittlere Zonenzeit ablesen, im Beispiel MEZ.

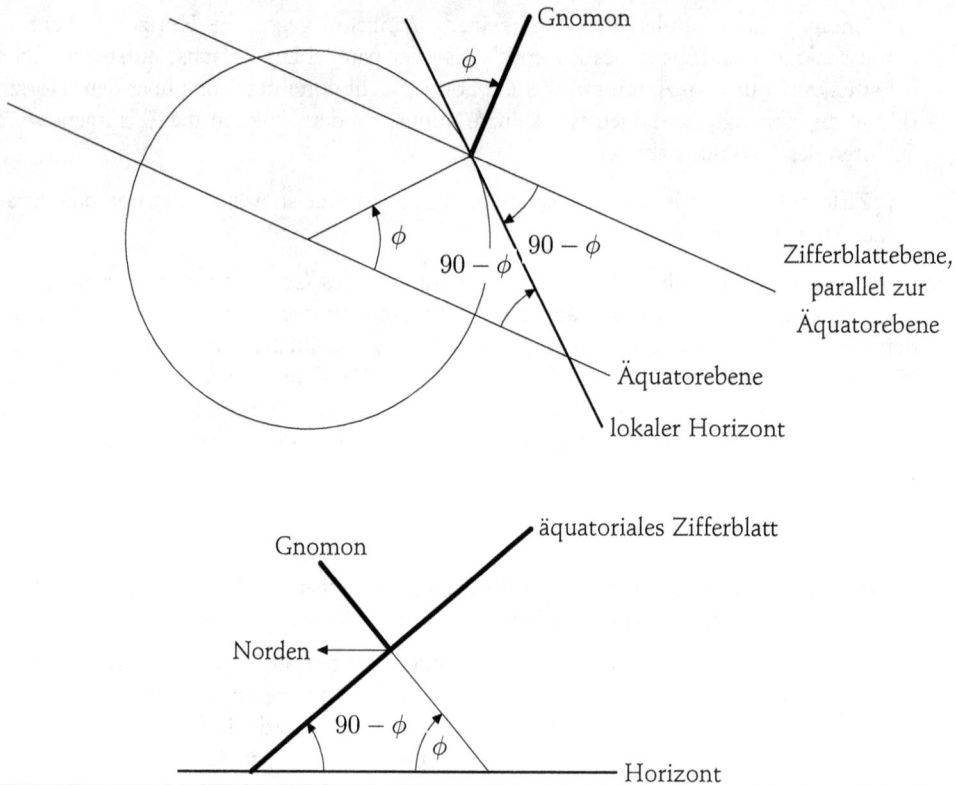

Abbildung 3.15 Grundlagen der äquatorialen Sonnenuhr mit Gnomon für einen Punkt **R** mit der geographischen Breite ϕ. Oben: die Orientierung der Sonnenuhr auf dem Erdball. Unten: geometrische Verhältnisse am Standort der Sonnenuhr. Das Zifferblatt mit Vollkreis muss parallel zum Äquator oder senkrecht zur Erdachse ausgerichtet sein. Die lokale Horizontebene in **R** ist um $90° - \phi$ gegen die Äquatorebene geneigt, sodaß auch das Ziffernblatt um $90° - \phi$ gegen die Horizontebene geneigt aufgestellt werden muß, um äquatorparallel zu sein. Damit ist das Gnomon um ϕ gegen die Horizontalebene geneigt.

Programmatische Berechnung

Listing 3.4 auf ▶ S. 103 führt für einen gegebenen Beobachterstandort, hier Karlsruhe, die vorgestellten Lineatur-Berechnungen aus und druckt die Winkel à la ▶ Tab. 3.3.

3.5.2 Beispiel: Horizontale (Polstab-)Sonnenuhr

Während wir äquatoriale Sonnenuhren auf Rasenflächen und in Gärten finden, ist der zweite einfache Typ Sonnenuhren als vertikale Polstabsonnenuhr an Haus- und Turmmauern oder als horizontale Polstabsonnenuhr auf ebenen Flächen ausgeführt. Solche Horizontal- oder Vertikalsonnenuhren sind einfacher zu bauen als die äquatorialen, aber komplizierter zu berechnen. Wir betrachten den Fall von Horizontalsonnenuhren genauer (für vertikale Sonnenuhren muß ϕ gegen $90° - \phi$ getauscht werden, da die Vertikalebenen um $90°$ gegenüber den Horizontalebenen

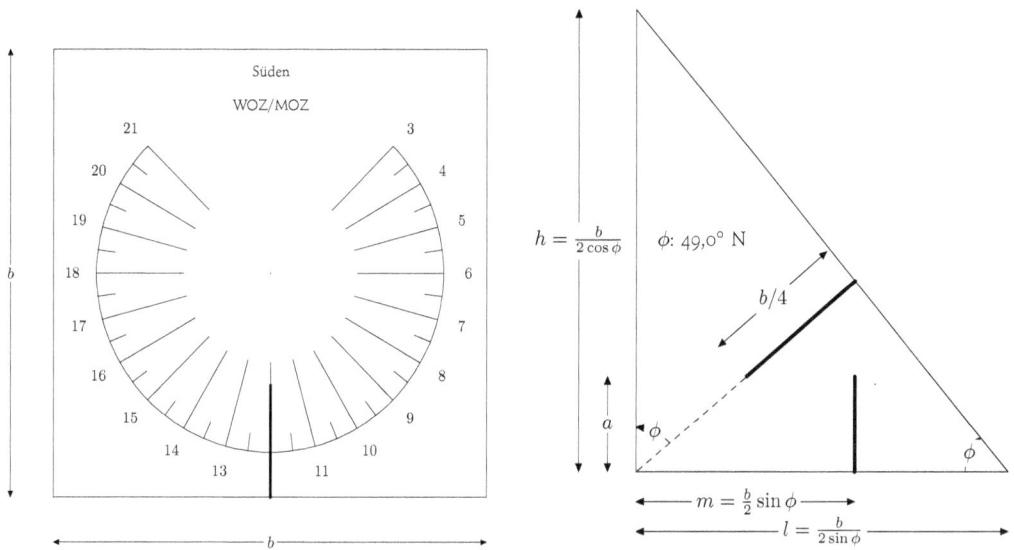

(a) Ziffernblatt, Winkel σ aus Tab. 3.3. Der angedeutete vertikale Schlitz bei 12^{h} dient zur Befestigung am Schattenwerfer. Das Ziffernblatt ist b Einheiten breit.

(b) Schattenwerfer mit schrägem Schlitz zur Aufnahme des Ziffernblattes, der für die äquatoriale Ausrichtung sorgt. Der Schlitz ist $b/4$ Einheiten lang, sodaß das Ziffernblatt zur Hälfte eingesteckt werden kann. Der vertikale Schlitz dient zum Einstecken einer Querstrebe der Länge a.

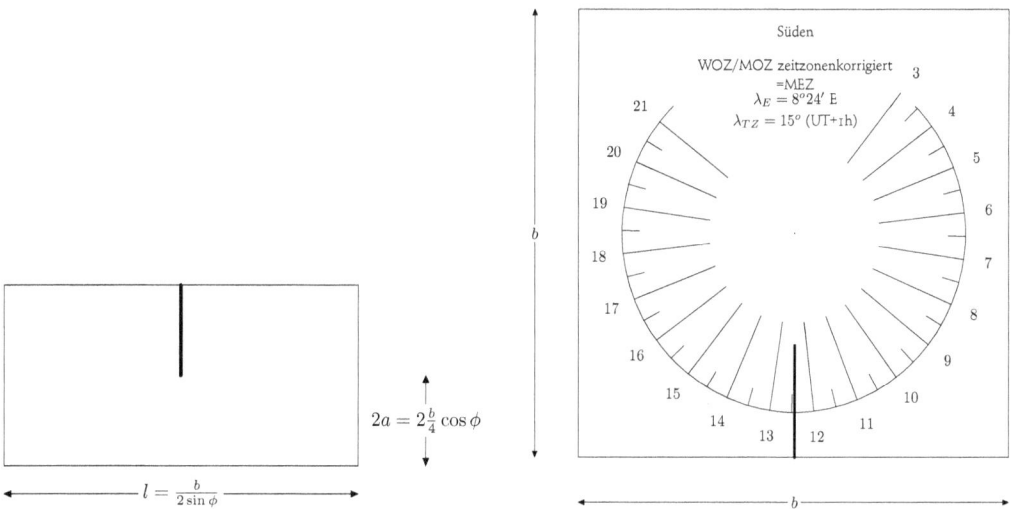

(c) Ständer oder Querstrebe mit Schlitz der Breite a zur Aufnahme des Schattenwerfers.

(d) Ziffernblatt mit Korrektur der Ortszeit zur Ablesung der Zonenzeit, hier MEZ (Drehung um tz_{korr} gegen den Uhrzeigersinn), Winkel σ_λ aus Tab. 3.3. Es erlaubt das Ablesen der mittleren Zonenzeit.

Abbildung 3.16 Bausatz für eine einfache äquatoriale Sonnenuhr mit polarem Schattenwerfer zum Zusammenstecken, Aufstellung auf 49° nördlicher Breite und $8°24^{\mathrm{m}}$ östlicher Länge. Der Schattenwerfer dient gleichzeitig zur Justierung des Ziffernblattes in der Äquatorialebene. Er wird durch die Querstrebe seitlich abgestützt. In den Diagrammen werden die Winkel und Strecken von Abb. 3.15 wiederaufgenommen.

gedreht sind). Weitere Details sind in [19] [20] zu finden.

Bei den Horizontalsonnenuhren liegt das Ziffernblatt horizontal, während das Gnomon ebenfalls um ϕ gegen die Horizontalebene nach Norden geneigt ist. Die Schwierigkeit bei diesem Sonnenuhrtyp liegt darin, dass trotz gleichmässigem Sonnenumlauf die geworfenen Schatten nicht mehr unter gleichmässigen Winkeln auf das Ziffernblatt fallen, da es gegenüber der Äquatorialebene nun verkippt ist. Die Bauanleitung ist folgende:

- Das Ziffernblatt in der Horizontalebene (waagerecht) aufstellen.

- Ein Gnomon im (beliebig gewählten) Fußpunkt O mit einem Winkel ϕ gegen die Horizontal-/Ziffernblattebene oder parallel zur Erdachse aufstellen. Auch hier benötigen wir keinen Nodus, sondern können die Zeit irgendwo am Schatten des Gnomons ablesen.

- Das Ziffernblatt so drehen, dass das Gnomon zum Himmelsnordpol zeigt und damit parallel zur Erdachse verläuft.

- Die Stundenlinien auf dem Ziffernblatt mit Hilfe der nachfolgenden geometrischen oder mathematischen Methode konstruieren.

Geometrische Konstruktion

Die Winkel der horizontalen Stundenlinien können durch eine geometrische Konstruktion aus den Stundenlinien der äquatorialen Sonnenuhr abgeleitet werden, ▶ Abb. 3.17. Denken wir uns das Ziffernblatt einer Äquatorialsonnenuhr mit seinem unteren Ende mit der nördlichen Kante des Horizontalziffernblattes verbunden. Verlängern wir die Stundenlinien des Äquatorialziffernblattes bis zu dieser Verbindungslinie und ziehen von den Schnittpunkten Linien zum Fußpunkt des Gnomons, erhalten wir in der Horizontalebene die Stundenlinien des Horizontalziffernblattes.

Die strenge geometrische Konstruktion zeigt ▶ Abb. 3.18. Das Horizontalziffernblatt sei ein Rechteck, das mit seiner längeren Seite nach Norden orientiert ist. Es wird zunächst der Fußpunkt des Gnomons O auf dem Ziffernblatt markiert. Die Linie von O nach Norden entspricht der 12^h-Stundenlinie, die Linien von O nach Osten und Westen den 18^h- und 6^h-Stundenlinien.

Es wird nun ein rechtwinkliges Hilfsdreieck gezeichnet, indem von O eine Linie unter dem Winkel ϕ gegenüber der 12^h-Stundenlinie gezogen wird. Vom Schnittpunkt der 12^h-Stundenlinie mit der Oberkante des Ziffernblattes wird nun ein Lot auf die Hilfslinie gefällt, die die Hilfslinie im Punkt S rechtwinklig schneidet. Die Strecke $\overline{OS}$ entspricht genau dem Radius r eines äquatorialen Ziffernblattes, ▶ Abb. 3.18(b).

r wird nun benutzt, um längs der 6^h-, 12^h- und 18^h-Stundenlinie im Abstand r drei äquatoriale Hilfsziffernblätter zu erstellen, deren Mittelpunkte bei E_1, E_2 und E_3 liegen. Von jedem dieser Hilfsziffernblätter wird eine Schar von Linien zum Horizontalziffernblatt gezogen, die jeweils um $15°$ gegeneinander geneigt sind, ▶ Abb. 3.18(a).

Die Schnittpunkte dieser Kurvenscharen mit den Rändern des Horizontalziffernblattes markieren die Endpunkte der Stundenlinien des Horizontalziffernblattes. Durch Verbinden aller Schnittpunkte mit O wird das Horizontalziffernblatt vervollständigt, ▶ Abb. 3.18(c).

Mathematische Konstruktion

Mathematisch können wir die Winkel der horizontalen Stundenwinkel wie folgt herleiten. Der Radius des Äquatorialziffernblattes sei r, der Abstand des Fußpunktes des Gnomons zur Verbindungskante beider Ziffernblätter, also der Durchmesser des Horizontalziffernblattes, sei R. Es gilt

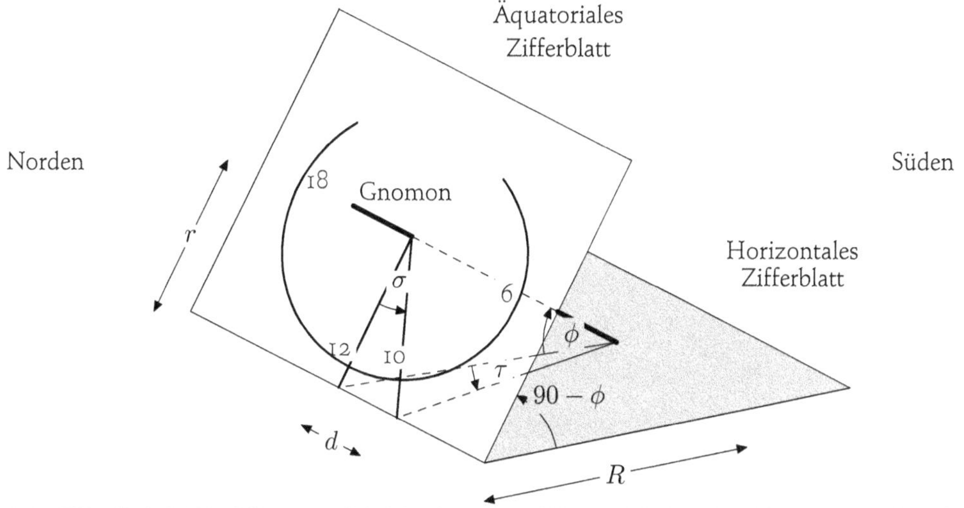

Abbildung 3.17 Ableitung der Lineatur einer Horizontalsonnenuhr aus den Stundenlinien einer Äquatorialsonnenuhr. r und R sind die Radien der Zifferblätter beider Uhren. ϕ ist der Neigungswinkel des Gnomons gegen die Horizontalebene. σ ist der Winkel zwischen den Stundenlinien für 12^{h} und t auf dem Äquatorialzifferblatt, τ der entsprechende Winkel auf dem Horizontalzifferblatt. $d = r \tan \tau = R \tan \sigma$ ist der Abstand zwischen den Schnittpunkten beider äquatorialen Stundenlinien mit dem unteren Rand des Äquatorialzifferblattes.

dann für diese Radien die Beziehung

$$\sin \phi = \frac{r}{R} \quad (\text{▶ Abb. } 3.17) \tag{3.3}$$

Bezeichnen wir mit σ den Winkel zwischen der Stundenlinie zum Zeitpunkt t und der 12^{h}-Stundenlinie auf dem Äquatorialzifferblatt, und mit τ den entsprechenden Winkel auf dem Horizontalzifferblatt, gilt

$$\tan \tau = \frac{d}{R} \qquad \tan \sigma = \frac{d}{r}$$
$$R \tan \tau = r \tan \sigma$$
$$\tan \tau = \frac{r}{R} \tan \sigma = \sin \phi \tan \sigma \quad (\text{▶ Glg. } 3.3)$$
$$= \sin \phi \tan \left((t - 12^{\mathrm{h}}) \frac{15°}{\mathrm{h}} \right) \tag{3.4}$$

Die resultierenden Winkel für wichtige Stundenlinien einer auf $49°$ N positionierten Sonnenuhr sind in ▶ Tab. 3.3 zusammengefasst. Ein Programm zur Berechnung der Werte für beliebige Standorte ist als `ExampleCalcHorizSunClock` in der Astronomiebibliothek enthalten.

Zeit(zonen)korrektur

Auch die Schatten der Horizontalsonnenuhren zeigen wahre Ortszeit WOZ an und weisen eine Abweichung zur Lineatur der mittleren Ortszeit auf, die nur durch Addition der datumsabhängi-

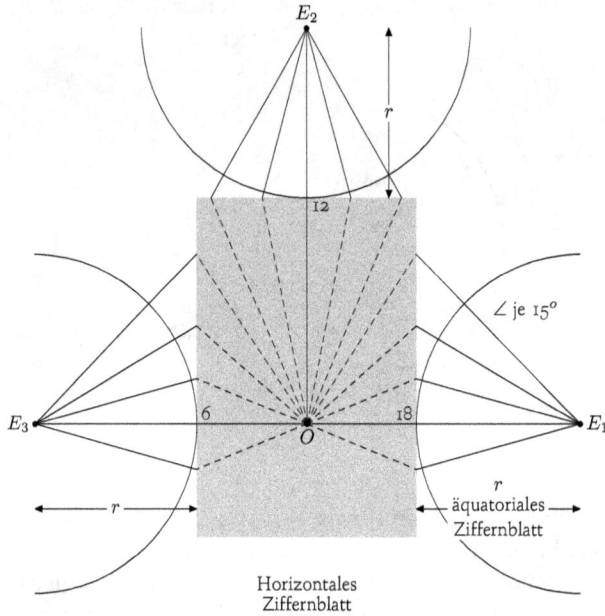

(a) Konstruktion der Mittelpunkte dreier äquatorialer Zifferblätter.

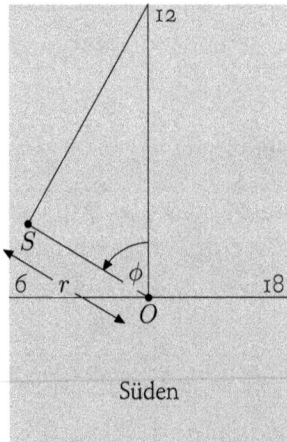

(b) Ermittlung des Radius $r = R \sin \phi$ des korrespondierenden äquatorialen Zifferblattes. O ist der Fußpunkt des Gnomons. Der Schnittpunkt S der um ϕ geneigten Linie mit dem Lot im 12^{h}-Punkt liegt nicht notwendigerweise auf dem Rand des Zifferblattes. Die $6,12,18^{\text{h}}$-Stundenlinien können bereits ohne Konstruktion eingezeichnet werden.

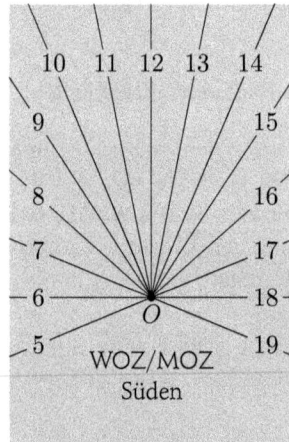

(c) Die resultierenden horizontalen Stundenlinien, Winkel τ aus ▸Tab. 3.3. Wir erkennen die ungleichmässige Winkelverteilung der Stundenlinien: um 12^{h} herum liegen die Linien enger zusammen als am Morgen oder Abend.

Abbildung 3.18 Geometrische Konstruktion der Lineatur einer Horizontalsonnenuhr mit Hilfe äquatorialer Stundenlinien.

Tabelle 3.3 Winkel der Hauptstundenlinien von Äquatorial- (σ) und Horizontalsonnenuhren (τ) gegen die Nordrichtung für eine Beobachtungsposition auf $49°$ geographischer Breite. σ_λ sind die Winkel einer Äquatorialsonnenuhr auf $\lambda = 8°$ östlicher Breite, korrigiert für die Zonenzeit UT+1h (MEZ). τ_λ sind die Winkel einer Horizontalsonnenuhr auf $\lambda = 8°$ östlicher Breite, korrigiert für die Zonenzeit UT+1h (MEZ). Die Berechnung erfolgt mit Glg. 3.1 (σ), Glg. 3.2 (σ_λ), Glg. 3.4 (τ) sowie Glg. 3.5 (τ_λ) oder über Listing 3.4.

Uhrzeit	σ	σ_λ	τ	τ_λ	Uhrzeit	σ	σ_λ	τ	τ_λ
5^h	$75°$	$68°$	$-110°$	$-118°$	19^h	$285°$	$278°$	$110°$	$102°$
6^h	$90°$	$83°$	$-90°$	$-99°$	18^h	$270°$	$263°$	$90°$	$81°$
7^h	$105°$	$98°$	$-70°$	$-79°$	17^h	$255°$	$248°$	$70°$	$62°$
8^h	$120°$	$113°$	$-52°$	$-60°$	16^h	$240°$	$233°$	$52°$	$45°$
9^h	$135°$	$128°$	$-37°$	$-43°$	15^h	$225°$	$218°$	$37°$	$31°$
10^h	$150°$	$143°$	$-23°$	$-29°$	14^h	$210°$	$203°$	$23°$	$18°$
11^h	$165°$	$158°$	$-11°$	$-16°$	13^h	$195°$	$188°$	$11°$	$6°$
12^h	$180°$	$173°$	$0°$	$-5°$					

gen Zeitgleichung korrigiert werden kann.

Wollen wir die Ablesung der mittleren Zonenzeit erlauben, müssen wir wiederum die Längenabweichung vom Zentrum der Zeitzone korrigieren. Im Gegensatz zur Äquatorialsonnenuhr können wir nicht einfach das Ziffernblatt um die Längendifferenz drehen. Stattdessen müssen wir bei der Konstruktion alle äquatorialen Hilfsziffernblätter gegen den Uhrzeigersinn um einen Winkel $tz_\text{korr} = tz \cdot 15° + \lambda_E$ drehen, wenn $\lambda_E < 0$ für östliche Breiten, sodaß Glg. 3.4 sich zu

$$\tan\tau = \sin\phi \tan\left((t - 12^h)\frac{15°}{h} - tz_\text{korr}\right) \tag{3.5}$$

verändert. Die Bestimmung von tz_korr ist in Absch. 1.1.8 beschrieben.

Auf diesem Ziffernblatt können wir die mittlere Zonenzeit ablesen, im Beispiel MEZ. Die korrigierten Lineaturen sind nicht mehr symmetrisch, und die 12^h-Stundenlinie verläuft nicht mehr exakt in Nord-Süd-Richtung, Abb. 3.19. Das Beispiel ExampleCalcHorizSunClock berechnet neben den Winkeln für die mittlere Ortszeit auch standortkorrigierte Winkelwerte.

Programmatische Berechnung

Listing 3.4 führt für einen gegebenen Beobachterstandort (Beispiel Karlsruhe) die in Absch. 3.5.1 und Absch. 3.5.2 vorgestellten Lineatur-Berechnungen aus und druckt die entsprechenden Winkel à la Tab. 3.3.

Listing 3.4 Winkel der Lineatur einer äquatorialen bzw. horizontalen Sonnenuhr/ Java (Programm ExampleCalcHorizSunClock.java).

```
1  package de.kksoftware.astro.apps.examples;
2
3  import de.kksoftware.astro.lib.Angle;
4  import de.kksoftware.astro.lib.Formats;
5  import de.kksoftware.astro.lib.Formatter;
6  import de.kksoftware.astro.lib.Time;
```

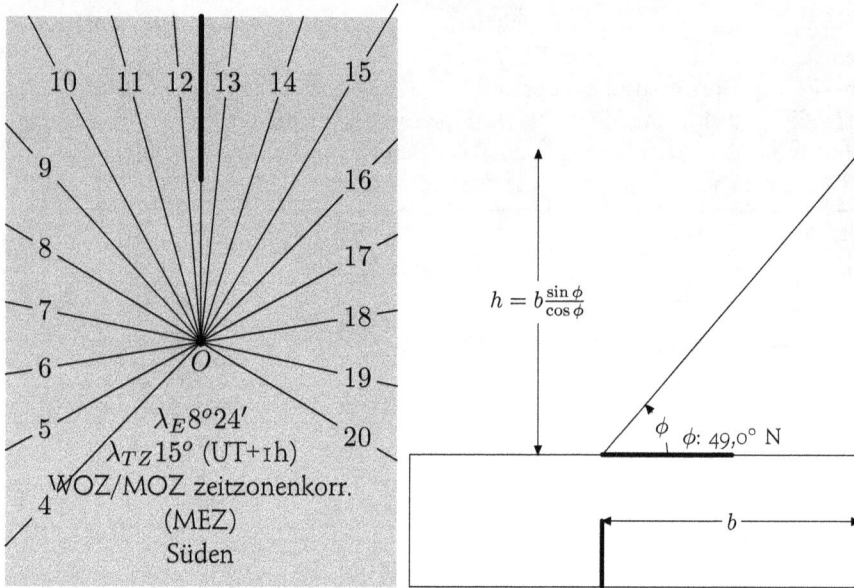

(a) Das ortskorrigierte horizontale Ziffernblatt (b) Schattenwerfer für die Polrichtung, der entlang der mit asymmetrischen Stundenlinien, Winkel τ_λ Nord-Süd-Richtung nach Norden geneigt durch den aus ►Tab. 3.3. Der vertikale Strich in der Mitte Zentralpunkt der Stundenlinien aufgestellt wird, mit gibt die Nord-Süd-Richtung zur Aufstellung des Teil des Ständers. Gnomons vor.

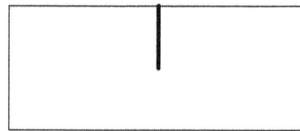

(c) Querstrebe/Ständer für die Horizontalsonnenuhr.

Abbildung 3.19 Bausatz für eine Horizontalsonnenuhr mit Korrektur des Standorts $\phi = 49°, \lambda_E = -8°$ zur Anzeige der mittleren Zonenzeit, hier MEZ (UT+1h).

```
7
8   public class ExampleCalcHorizSunClock {
9
10      @SuppressWarnings( "boxing" )
11      public static void main( String[] args ) {
12          Formatter f = new Formatter();
13          f.setDateTimeFormat( Formats.DATETIME_DATE_SHORT );
14          f.setTimeFormat( Formats.TIME_SHORT );
15
16          double longitude = new Angle( -8, 24, 15 ).value; // Karlsruhe
17          double latitude = new Angle( 49, 0, 34 ).value;
18          double timeZone = 1.0; // longitude belongs to UT+1h
19
20          // calculate true midday due to longitude:
```

```
21        // longitude of rSite is (15*timeZone+longitude) degree
22        // west to center of time zone (at 15*timeZone deg longitude)
23        double westFromZoneCenter = timeZone * 15 + new Angle( longitude
              ).getDegree(); // [degree]
24        double trueMidday = Time.UT2LocalTime( 12., timeZone, longitude
              ); // time [hours]
25        System.out.println( "Observer distance from timezone center: " +
26              f.formatAngle( westFromZoneCenter * Angle.deg2rad ) + "
                  or " +
27              ( westFromZoneCenter < 0 ? "-" : " " ) +
28              Time.fromFractionHour( westFromZoneCenter / 15 ) + " h"
                  );
29        System.out.println( "True midday at observer location: " +
30              f.format( Time.fromFractionHour( trueMidday ) ) + " WOZ"
                  );
31        System.out.println();
32
33        System.out.println( "Time     Hourly angle          Angle
              against N-S" );
34        System.out
35              .println( "WOZ      (sigma)(sigma_lambda)  (tau) MOZ
                  (tau_lambda) longitude corrected zone time" );
36        for( int h = 3; h <= 21; h++ ) {
37            double sigma = h * 15.;
38            double sigma_lambda = h * 15. - westFromZoneCenter;
39            double tau1 = Math.sin( latitude )
40                  * Math.tan( ( h - 12. ) * 15. * Angle.deg2rad );
41            double tau = Math.atan( tau1 );
42            tau = fixQuadrant( tau1, tau, h );
43            double tau2 = Math.sin( latitude )
44                  * Math.tan( ( ( h - 12. ) * 15. - westFromZoneCenter
                      )
45                      * Angle.deg2rad );
46            double tau_lambda = Math.atan( tau2 );
47            tau_lambda = fixQuadrant( tau2, tau_lambda, h );
48            System.out
49                  .println( String.format( "%2d h:  %4d°  %4d°
                          %9s     %9s", h,
50                      (int)sigma, (int)sigma_lambda, f.formatAngle
                          ( tau ),
51                      f.formatAngle( tau_lambda ) ) );
52        }
53    }
54
55    /*
56     * Calculate angle according to quadrant
57     */
58    private static double fixQuadrant( double tau2, double tau_lambda,
          int h ) {
59        if( tau2 > 0 && h < 12. ) {
```

```
60              tau_lambda = tau_lambda - 180.0 * Angle.deg2rad;
61          }
62          else if( tau2 < 0 && h > 12. ) {
63              tau_lambda = tau_lambda + 180.0 * Angle.deg2rad;
64          }
65          return tau_lambda;
66      }
67 }
```

3.5.3 Horizontalsonnenuhr mit Analemma/Datumskorrektur

Als letztes Beispiel wollen wir die Lineatur einer horizontalen Sonnenuhr herleiten, die die unterschiedlichen Sonnenhöhen im Laufe eines Jahres berücksichtigt. Wir berechnen für die gewünschten Datumswerte und Zeitpunkte in UT oder Zonenzeit die tatsächlichen Sonnen- und Schattenpositionen und erhalten eine Lineatur, die direkt diese Zeitpunkte widerspiegelt und die Zeitgleichung berücksichtigt. Die Stundenlinien sind längliche Schleifen, die die Position der Stundenpunkte im Jahresverlauf angeben, ▷ Abb. 3.20(c). Das Programm MakeSunClock aus dem Astronomieframework wurde benutzt, um die graphischen Befehle in der Sprache metapost zur Erzeugung der Abbildung zu erzeugen, kann aber leicht auf andere Graphiksysteme portiert werden.

Das Ablesen erfolgt nicht durch den Schattenstrich des Gnomons, sondern durch den Punktschatten eines Nodus, der zu jedem Datum einen anderen Punkt der Schleifen beschattet und damit der wechselnden Deklination zwischen Sommer- und Wintersonne Rechnung trägt. Der Schattenwerfer muss nicht polar orientiert sein, da es nur auf den Nodus ankommt.

Zur Vereinfachung der Ableitung setzen wir ein horizontales Ziffernblatt voraus und definieren folgende Vektoren:

- $\mathbf{N}$ ist die Normale im Nullpunkt auf das Ziffernblatt.

- $\mathbf{n}$ ist der Ortsvektor des Nodus der Uhr.

- $\mathbf{s}$ ist der Richtungsvektor vom Nodus zur Sonne, d. h. der geozentrisch-äquatoriale Ortsvektor der Sonne, da der Positionsunterschied von Erdzentrum und Nodus sehr klein ist im Vergleich zum Abstand Erde-Sonne.

Wir bezeichnen den Ortsvektor des Nodusschattens mit $\mathbf{r}_n$. $\mathbf{r}_n$ liegt auf der Verbindungsstrecke Sonne-Nodus, also irgendwo auf dem Vektor $\mathbf{s}$, verschoben um die Position des Nodus (ausgedrückt durch $\lambda\mathbf{s} + \mathbf{n}$). Gleichzeitig liegt $\mathbf{r}_n$ innerhalb der Ebene des Ziffernblatts und steht senkrecht auf der Normalen, ausgedrückt durch das verschwindende Skalarprodukt $\mathbf{r}_n \cdot \mathbf{N} = 0$. Somit kann λ und damit $\mathbf{r}_n$ wie folgt berechnet werden:

$$\mathbf{r}_n = \mathbf{n} + \lambda\mathbf{s} \quad | \cdot \mathbf{N}$$
$$\underbrace{\mathbf{r}_n \cdot \mathbf{N}}_{=0} = \mathbf{n} \cdot \mathbf{N} + \lambda\mathbf{s} \cdot \mathbf{N}$$
$$\lambda = -\frac{\mathbf{n} \cdot \mathbf{N}}{\mathbf{s} \cdot \mathbf{N}}$$

Für die folgende Betrachtung soll $\mathbf{s} \cdot \mathbf{N}$ grösser Null sein, d. h. die Sonnenstrahlen dürfen nicht parallel zum Ziffernblatt einfallen. Dann gilt für den Schatten des Nodus auf dem ebenen Ziffernblatt:

$$
\begin{aligned}
\mathbf{r}_n &= \mathbf{n} - \frac{\mathbf{n} \cdot \mathbf{N}}{\mathbf{s} \cdot \mathbf{N}} \mathbf{s} = \frac{(\mathbf{s} \cdot \mathbf{N})\mathbf{n} - (\mathbf{n} \cdot \mathbf{N})\mathbf{s}}{\mathbf{s} \cdot \mathbf{N}} \quad (\text{Glg. B.28}) \\
&= \frac{\mathbf{N} \times (\mathbf{n} \times \mathbf{s})}{\mathbf{s} \cdot \mathbf{N}}
\end{aligned} \tag{3.6}
$$

Der Ausdruck für $\mathbf{r}_n$ kann auf zwei Arten interpretiert werden:

- Als Funktion der Position des Nodus, was zu einigen anscheinend selbstverständlichen Folgerungen führt:

$$
\mathbf{r}_n = \mathbf{r}_n(\mathbf{n})
$$

Das heißt, die Position des Nodusschatten hängt von der Position des Nodus selber ab. Die Abbildung $NR : \mathbf{n} \to \mathbf{r}_n$ ist linear, wie man durch Einsetzen in Glg. 3.6 leicht sehen kann, d. h. es gilt

$$
\mathbf{r}_n(a\mathbf{n}) = a\mathbf{r}_n(\mathbf{n})
$$
$$
\mathbf{r}_n(\mathbf{n}_1 + \mathbf{n}_2) = \mathbf{r}_n(\mathbf{n}_1) + \mathbf{r}_n(\mathbf{n}_2)
$$

Das bedeutet nichts anderes, als das ein a-mal längeres Gnomon einen a-mal längeren Schatten wirft, und daß das Schattenbild eines kombinierten, aus mehreren Gnomonen zusammengesetzten Gnomons der Kombination der einzelnen Schattenbilder entspricht, oder daß bei einer Verschiebung des Nodus sein Schatten um den gleichen Betrag verschoben wird.

- Als Funktion des Sonnenstandes und damit der Zeit t:

$$
\mathbf{r}_n = \mathbf{r}_n(\mathbf{s}) = \mathbf{r}_n(\mathbf{s}(t))
$$

Die Abbildung $SR : \mathbf{s}(t) \to \mathbf{r}_n$ ist nicht linear, da $\mathbf{s}$ im Zähler und Nenner auftaucht. Wir benutzen die zu SR inverse Abbildung $SR^{-1} : \mathbf{r}_n \to \mathbf{s}(t)$, um aus einem geworfenen Schatten $\mathbf{r}_n$ auf die Position der Sonne $\mathbf{s}(t)$ und damit auf die Zeit t zu schliessen. Anstatt dazu die inverse Abbildung SR^{-1} zu berechnen, markieren wir einfach für bestimmte Zeiten oder Sonnenstände die Schattenpunkte und beziffern sie mit der Zeit.

Betrachten wir nun eine Sonnenuhr, die an einem bestimmten Ort der Erde aufgestellt ist und damit am besten in einem topozentrisch-horizontalen SEZ-Bezugssystem beschrieben wird. Das Ziffernblatt soll um den Nullpunkt herum horizontal ausgebreitet sein, und das Gnomon soll ein senkrechter Stab im Nullpunkt der Höhe h sein. Dann wird diese Uhr durch folgende SEZ-Vektoren beschrieben, wenn $\boldsymbol{\rho}_{\oplus}$ die heliozentrische Position der Erde ist:

$$
\begin{aligned}
\mathbf{N} &= (0, 0, 1) \\
\mathbf{n} &= (0, 0, h) \\
\mathbf{s} &= \boldsymbol{\rho}_{\oplus}
\end{aligned}
$$

Eingesetzt in ▸Glg. 3.6 erhält man für den Schatten des Nodus (der Gnomonspitze):

$$\mathbf{r}_n(t) = \frac{h}{\rho_Z} \begin{pmatrix} -\rho_S(t) \\ -\rho_E(t) \\ 0 \end{pmatrix} \tag{3.7}$$

Wird **s** für die vollen Stunden des Tages und für ausgewählte Tage im Jahr bestimmt (Sommeranfang, Winteranfang und einige Tage dazwischen), ▸Glg. 3.7 für diese Zeitpunkte ausgewertet und die Schattenpositionen $\mathbf{r}_n(t)$ auf das Ziffernblatt übertragen, erhält man eine Lineatur wie die in ▸Abb. 3.20(c) gezeigte.

Die beschriebene Uhr weist folgende Charakteristika auf:

▪ Die Uhr zeigt die Zeit an, die bei der Berechnung der Schattenpunkte zugrundegelegt wurde. Im Beispiel gehen wir von der Zonenzeit (MEZ) aus und rechnen diese in UT um, um mit dem Astroframework die Sonnen- und Erdpositionen zu berechnen. Da bei der Berechnung der topozentrischen Sonnenposition die geographische Länge des Standorts der Uhr eingeht, ist die Abweichung der Ortszeit von der Zeit der umliegenden Zeitzone bereits berücksichtigt.

▪ Die Berechnung des Schattenendpunkts gilt nur für den Nodus, d. h. wir dürfen nur den Schatten des Nodus zum Ablesen heranziehen, nicht irgendeinen Punkt des Gnomonschattens.

▪ Der Ort des Schattens des Nodus ist abhängig von Uhrzeit und Datum, $\mathbf{r}_n(t) = \mathbf{r}_n(t,d)$. Wir können je einen der beiden Parameter konstant halten und zwei Scharen von Schattenkurven konstruieren:

  ▪ Markieren wir die Positionen des Nodusschatten im Laufe eines Tages, halten also das Datum konstant, erhalten wir die bogenförmigen *Linien konstanter Deklination* oder *Datumslinien*, ▸Abb. 3.20(a). Wir sehen, daß die Datumslinien $\mathbf{r}_n(t, \text{Jänner})$, $\mathbf{r}_n(t, \text{April})$ usw. für Tage im Jänner, April, Juli und November erheblich voneinander abweichen, sodaß wir anhand des Nodusschattens nicht nur die Uhrzeit, sondern auch das Datum ablesen können.

  ▪ Markieren wir die Positionen des Nodusschattens stundenweise im Jahresverlauf, halten also die Zeit konstant, erhalten wir für jede Stunde $\mathbf{r}_n(8^{\text{h}}, d)$, $\mathbf{r}_n(9^{\text{h}}, d)$ usw. eine komplizierte Figur, die der Ziffer Acht ähnelt und *Stundenlinie* (Linien konstanten mittleren Stundenwinkels) oder *Analemma* genannt wird. ▸Abb. 3.20(b) stellt diese Kurven für die vollen Stunden dar. Die komplizierte Form geht auf die Exzentrizität der Erdbahn und die Neigung der Erdachse zurück, sodaß jeder Punkt des Analemmas einem bestimmten Datum im Jahresverlauf entspricht.

  Dieselbe Form kann auch am Himmel beobachtet werden, wenn wir im Laufe eines Jahres die Sonnenposition an verschiedenen Tagen zu ein und demselben Zeitpunkt markieren.

▪ Es gibt zwei ausgezeichnete Datumslinien: die beiden äußeren Datumslinien, die *Sonnwendlinien*, stellen den täglichen Schattenlauf zur Winter- resp. Sommersonnenwende im Dezember und Juli dar.

◦ Zwei weitere ausgezeichnete Datumslinien, die *Äquinoktiallinien*, fallen in eine einzige zusammen, die den täglichen Schattenlauf zur Frühling- resp. Herbst-Tagundnachtgleiche darstellen.

◦ Weitere mögliche Datumslinien sind Tierkreislinien, die den täglichen Schattenlauf für jedes Datum darstellen, an dem die Sonne in ein neues Tierkreiszeichen eintritt.

Die genannten Merkmale erreichen wir mit Listing 3.5, das eine Lineatur im graphischen MetaPost-Format des Textsatzsystems LATEX erzeugt. Nach Festlegung des Beobachterstandortes und des gewünschten Jahres berechnet das Programm ab Zeile 63 mit Hilfe von `plotDay()` die Datumslinien für eine Anzahl von Monaten, hier Jänner (1), April (4), Juli (7), Oktober(10) und November (11). Für den Ersten jedes Monats werden für die Stunden von 0^h bis 24^h die Schattenpositionen des Nodus berechnet. Wenn diese Positionen innerhalb bestimmter Grenzen vom Gnomonfuß entfernt liegen, die durch `maxDistance` gegeben sind, werden die Stundenpunkte gedruckt, die für jeden Monat auf einer hyperbelartigen Kurve liegen.

Anschliessend berechnet das Programm mit der Methode `plotAnalemma()` ab Zeile 74 noch die Stundenlinien von 8^h bis 17^h. Es durchläuft dazu für jede Stunde alle Tage im Jahr im Wochenabstand und berechnet die Schattenpositionen des Nodus. Liegen sie innerhalb der durch `maxDistance` gegebenen Entfernung vom Gnomonfuß, werden sie als Stundenpunkte gedruckt. Bei dieser Herangehensweise ergeben sich die keulenförmigen Stundenlinien.

In beiden Fällen werden die Datumswerte und Stunden in der Zonenzeit angegeben, sodaß sie für die Berechnung der Erdposition mit `Time.ZoneTime2UT()` zunächst in UT umgewandelt werden. Kern beider Methoden ist die Hilfsmethode `calculateShadow`, in der mit ⊳ Glg. 3.7 die Koordinaten des Nodusschattens zum gewünschten Zeitpunkt berechnet und als `Pair` zurückgegeben werden. Diese Koordinaten beziehen sich auf den Aufstellungsort des Nodus (auf dem Ziffernblatt mit einem Kreis umrandet) und können direkt zum Druck des Stundenpunktes benutzt werden.

Zeitzonenkorrektur

Bei dieser Sonnenuhr werden die Stundenpunkte (Schattenpunkte) anhand der Beobachterposition und der tatsächlichen Position der Sonne zu einem bestimmten Zeitpunkt berechnet. Geben wir diesen Zeitpunkt in der gewünschten Zonenzeit an, müssen wir unter Benutzung des Astroframeworks die Zonenzeit in UT umrechnen, da die zugrundeliegenden Orbitalelemente auf UT-Berechnungen basieren, und erhalten dann die Position des Stundenpunktes direkt für die gegebene Zonenzeit. Wir sehen dies deutlich an ⊳ Abb. 3.20(b): da die Lineatur für Berlin mit $\lambda_E = 13°19^m$ berechnet ist, tritt der wahre Mittag mit der Sonne im Süden um $15 - 13,33° \cdot 4\text{min/Grad} = 6^m43^s$ später ein, die Analemma-Keule für 12^h ist leicht nach links verschoben, und der Schatten der wahren Berliner 12^h-Sonne fällt auf einen Punkt zwischen 12^h und 13^h.

Listing 3.5 Horizontalsonnenuhr mit Analemma / Java (Programm MakeSunClock.java).

```
1  package de.kksoftware.astro.apps.examples;
2
3  import java.util.Locale;
4
5  import de.kksoftware.astro.lib.Angle;
6  import de.kksoftware.astro.lib.CelestialBody;
```

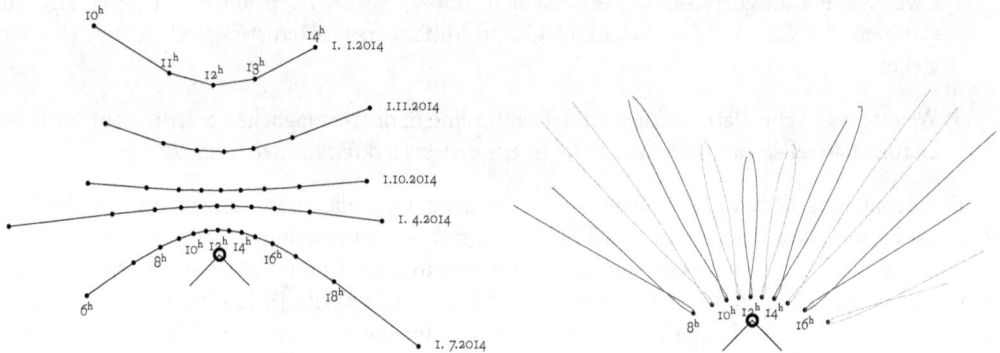

(a) Die Linien konstanter Deklination oder gleichen Datums (Datumslinien) für einen bestimmten geographischen Punkt. $r_N(t, d = const)$: die beiden äusseren Sonnwendlinien, die (entarteten) Äquinoktiallinien, weitere Datumslinien.

(b) Stundenlinien (Analemma) $r_N(t = const, d)$ für einen bestimmten geographischen Punkt im Jahresverlauf.

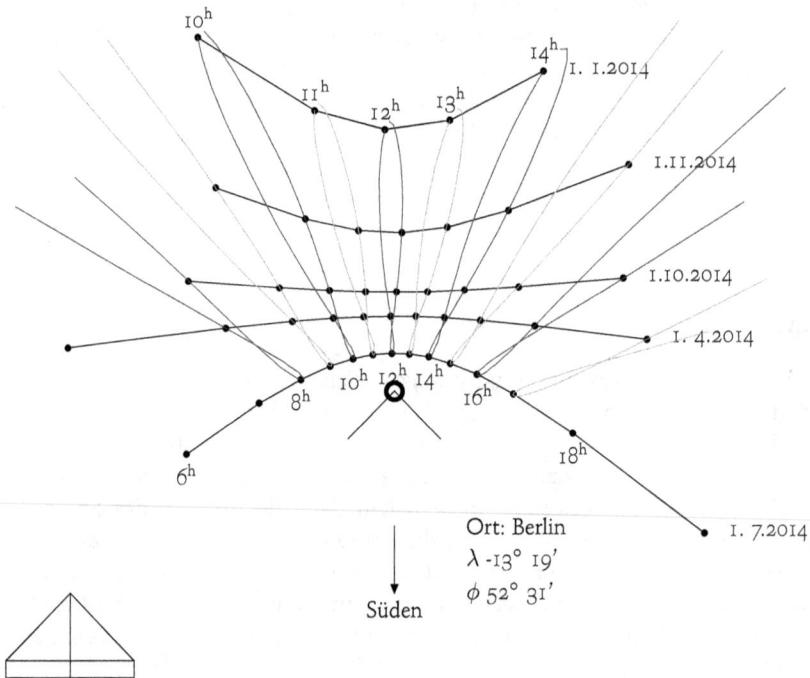

Ort: Berlin
λ -13° 19'
ϕ 52° 31'

Süden

(c) Das vollständige Ziffernblatt zur Anzeige der mittleren Sonnenzeit, das aus Datums- und Stundenlinien besteht. Das kleine Dreieck kann ausgeschnitten, zusammengefaltet und als schattenwerfendes Gnomon auf das Ziffernblatt geklebt werden. Die Spitze des Dreiecks dient als Nodus, die Größe des Dreiecks ist somit relevant für die Berechnung des Ziffernblattes.

Abbildung 3.20 Die Komponenten des Ziffernblattes einer Horizontalsonnenuhr mit Analemma zur datumsgenauen Anzeige der mittleren Zonenzeit.

```
 7  import de.kksoftware.astro.lib.CelestialBodyFactory;
 8  import de.kksoftware.astro.lib.CelestialBodyType;
 9  import de.kksoftware.astro.lib.DateTime;
10  import de.kksoftware.astro.lib.Formats;
11  import de.kksoftware.astro.lib.Formatter;
12  import de.kksoftware.astro.lib.Time;
13  import de.kksoftware.astro.lib.Util;
14  import de.kksoftware.astro.lib.Vec3d;
15
16  public class MakeSunClock {
17      private static int maxDistance = 6;
18
19      /**
20       * This program calculates the topocentric position of the sun
             during one day for an observer in
21       * Berlin. With this, a sun clock can be created with a vertically
             positioned gnomone.
22       */
23      public static void main( String[] args ) {
24          // observer location
25          double longitude = new Angle( -13, 19, 59.9 ).value;
26          double latitude = new Angle( 52, 31, 0.1 ).value;
27          double altitude = 250.0;
28          double timeZone = 1.0; // longitude belongs to UT+1h
29          String name = "Berlin";
30          // double longitude = new Angle( -8, 24, 15 ).value;
31          // double latitude = new Angle( 49, 0, 34 ).value;
32          // double altitude = 140.0;
33          // double timeZone = 1.0; // longitude belongs to UT+1h
34          // String name = "Karlsruhe";
35          // year of interest
36          int year = 2014;
37
38          //
39          // ------ end of user input --------
40          //
41          Formatter f = new Formatter();
42          Vec3d rSite = Util.getGeocentricPosition( longitude, latitude,
                 altitude );
43
44          // create normal sun clock
45          System.out.println( "beginfig(166)" );
46          System.out.println( "pair S; S :=(0u, -3u);" );
47          System.out.println( "draw fullcircle scaled 0.25u thickPen;" );
48          System.out.println( "drawarrow (S+(0,1u))--S;  label.bot(btex
                 Süden etex, S);" );
49          System.out.println( "draw O--(0,-1u) rotated 45;" );
50          System.out.println( "draw O--(0,-1u) rotated -45;" );
51          System.out.println( "label.rt(btex Ort: " + name + " etex, (1u
                 ,-2u));" );
```

```java
52      System.out.println( String.format( Locale.ENGLISH,
53              "label.rt(btex $\\lambda$ %s etex, (1u,-2.5u));",
54              f.formatAngle( longitude ) ) );
55      System.out.println( String.format( Locale.ENGLISH,
56              "label.rt(btex $\\phi$ %s etex, (1u,-3u));",
57              f.formatAngle( latitude ) ) );
58      System.out.println( "% Gnomon, height=1 unit" );
59      System.out.println( "draw (-5u,-3u)--(-6u,-4u)--(-4u,-4u)--cycle
            ;" );
60      System.out
61          .println( "draw (-6u,-4u)--(-6u,-4.25u)--(-4u,-4.25u)
                --(-4u,-4u); draw (-5u,-3u)--(-5u,-4.25u);" );
62      System.out.println( "pair pt;" );
63      plotDay( 1, new DateTime( 1, 1, year, 0, 0, 0 ).getJD(), true,
            0.3, longitude, latitude,
64          rSite, f, timeZone );
65      plotDay( 4, new DateTime( 1, 4, year, 0, 0, 0 ).getJD(), false,
            0, longitude, latitude,
66          rSite,
67          f, timeZone );
68      plotDay( 7, new DateTime( 1, 7, year, 0, 0, 0 ).getJD(), true,
            -0.3, longitude, latitude,
69          rSite, f, timeZone );
70      plotDay( 10, new DateTime( 1, 10, year, 0, 0, 0 ).getJD(), false
            , 0, longitude, latitude,
71          rSite, f, timeZone );
72      plotDay( 11, new DateTime( 1, 11, year, 0, 0, 0 ).getJD(), false
            , 0, longitude, latitude,
73          rSite, f, timeZone );
74      for( int hour = 8; hour <= 17; hour++ ) {
75          plotAnalemma( hour, year, longitude, latitude, rSite,
                timeZone );
76      }
77      System.out.println( "endfig;" );
78  }
79
80  /*
81   * Plots the position of shadow for a given time for several days in
          the year (the analemma
82   * curve).
83   */
84  @SuppressWarnings( "boxing" )
85  private static void plotAnalemma( int hour, int year, double
        longitude, double latitude,
86          Vec3d rSite, double timeZone )
87  {
88      double JDbase = new DateTime( 1, 1, year, 0, 0, 0 ).getJD();
89      CelestialBody earth = CelestialBodyFactory.getCelestialBody(
            JDbase,
90              CelestialBodyType.EARTH );
```

```
91          Pair[] p = new Pair[ 13 * 5 + 1 ];
92          int idx = 0;
93          boolean start = false;
94          for( int month = 1; month <= 12; month++ ) {
95              for( int day = 1; day <= 28; day += 7 ) {
96                  double JD = new DateTime( day, month, year, hour, 0, 0 )
                        .getJD();
97                  double UTday = Time.ZoneTime2UT( JD * 24, timeZone ) /
                        24;
98                  Pair pt = calculateShadow( 1.0 /* 1 m */, UTday,
                        longitude, latitude, rSite, earth,
99                          timeZone );
100                 if( pt != null && Math.abs( pt.x ) < maxDistance && Math
                        .abs( pt.y ) < maxDistance )
101                 {
102                     p[ idx++ ] = pt;
103                 }
104             }
105         }
106         System.out.println( "% analemma for " + hour + " h" );
107         System.out.print( "draw" );
108         idx = 0;
109         start = true;
110         for( int month = 1; month <= 12; month++ ) {
111             for( int day = 1; day <= 28; day += 7 ) {
112                 if( p[ idx ] != null ) {
113                     if( !start )
114                         System.out.print( "--" );
115                     System.out.print( String.format( Locale.ENGLISH,
                            "(%5.2fu,%5.2fu)", p[ idx ].x,
116                             p[ idx ].y ) );
117                     start = false;
118                 }
119                 idx++;
120             }
121         }
122         System.out.println( " withcolor " + ( hour % 2 == 0 ? .3 : .7 )
                + "white;" );
123     }
124
125     /*
126      * Plots the scale for one complete day, including figures, lines,
            dots.
127      */
128     @SuppressWarnings( "boxing" )
129     private static void plotDay( int month, double JDbase, boolean
            printHour, double delta,
130             double longitude,
131             double latitude, Vec3d rSite, Formatter f, double timeZone )
132     {
```

```
133    CelestialBody earth = CelestialBodyFactory.getCelestialBody(
          JDbase,
134          CelestialBodyType.EARTH );
135    Pair[] p = new Pair[ 24 ];
136    for( int hour = 0; hour < 24; hour += 1.0 ) {
137        double day = JDbase + hour / 24.0;
138        double UTday = Time.ZoneTime2UT( day * 24, timeZone ) / 24;
139        Pair pt = calculateShadow( 1.0 /* 1 m */, UTday, longitude,
              latitude, rSite, earth,
140              timeZone );
141        if( pt != null && Math.abs( pt.x ) < maxDistance && Math.abs
              ( pt.y ) < maxDistance ) {
142            p[ hour ] = pt;
143        }
144    }
145    System.out.println( "% date line for month " + month );
146    for( int hour = 0; hour < 24; hour += 1.0 ) {
147        if( p[ hour ] != null ) {
148            System.out.print( String.format( Locale.ENGLISH,
149                "pt := (%5.2fu,%5.2fu);  dotlabel(\"\", pt); ",
150                p[ hour ].x, p[ hour ].y ) );
151            if( printHour &&
152                ( delta > 0 || ( delta < 0 && hour % 2 == 0 ) )
                  )
153            {
154                System.out.println( String.format( Locale.ENGLISH,
155                    "label(btex %2d\\textsuperscript{h} etex,pt
                      +(0,%3.1fu));",
156                    hour, delta ) );
157            }
158            else {
159                System.out.println();
160            }
161        }
162    }
163    boolean start = true;
164    int lastHour = 0;
165    System.out.print( "draw" );
166    for( int hour = 0; hour < 24; hour += 1.0 ) {
167        if( p[ hour ] != null ) {
168            lastHour = hour;
169            if( !start )
170                System.out.print( "--" );
171            System.out.print( String.format( Locale.ENGLISH, "(%5.2
                  fu,%5.2fu)", p[ hour ].x,
172                p[ hour ].y ) );
173            start = false;
174        }
175    }
176    System.out.println( ";" );
```

```
177          System.out.println( String.format( Locale.ENGLISH,
178                   "label.rt(btex %s etex, (%5.2fu,%5.2fu));",
179                   f.format( Formats.DATETIME_DATE_SHORT, DateTime.fromJD(
                          JDbase ) ),
180                   p[ lastHour ].x + 0.25, p[ lastHour ].y ) );
181      }
182
183      /*
184       * Calculates the shadow of the gnomon for the given location and
             date, including time of day.
185       */
186      static Pair calculateShadow( double height, double UTday, double
             longitude,
187              double latitude, Vec3d rSite, CelestialBody earth, double
                 timeZone )
188      {
189          // get heliocentric-equatorial position of earth on specified
                 date
190          Vec3d rHZAEarth = earth.getEquatorialPosition( UTday );
191          // geocentric equatorial sun position = negative heliocentric
                 equatorial earth position
192          Vec3d rGZA = rHZAEarth.clone().scalarMultiply( -1.0 );
193          // convert GZA to SEZ distance vector and get topocentric
                 horicontal coordinates
194          Vec3d rSZE = Util.getSEZFromGZA( rGZA, UTday, longitude,
                 latitude, rSite );
195          Pair result = null;
196          if( rSZE.getX( 3 ) > 0. ) {
197              // calculate shadow of tip of gnomon with height ï¿½hï¿½
198              double k = height / rSZE.getX( 3 );
199              result = new Pair( -k * rSZE.getX( 1 ), -k * rSZE.getX( 2 )
                     );
200          }
201          return result;
202      }
203  }
204
205  class Pair {
206      public double s, e, x, y;
207      public boolean valid;
208
209      public Pair( double a, double b ) {
210          this.s = a;
211          this.e = b;
212          this.x = e;
213          this.y = -s;
214          valid = true;
215      }
216
217      public Pair() {
```

```
218        valid = false;
219    }
220 }
```

3.6   Beispiel: Ephemeridenrechnung

Nachdem sich der Berliner Gärtner entschlossen hat, den Garten zu übernehmen, verbringt er viele Tage in ihm und verweilt häufig bis in die Nacht, sodass er sich fragt, welche Sterne und Planeten er sehen kann, wenn er bis Mitternacht im Garten bleibt. Ihm kann geholfen werden, indem eine Ephemeride z. B. für den Planeten Mars berechnet wird.

Die Lösung dieses Problems besteht darin, die heliozentrisch-äquatorialen Positionen von Erde rHZAEarth und Mars rHZA zu berechnen und deren Differenz rGZA zu bilden. Die Differenz ist der gesuchte geozentrische Ortsvektor von Mars (▶ Abb. 3.21). Aus dem Ortsvektor kann sofort die Rektaszension und Deklination von Mars bestimmt werden. Diese Koordinaten sind unabhängig von der Erddrehung und dem Beobachterstandort. Für den Berliner Gärtner sind jedoch die topozentrischen Koordinaten besser geeignet, die sich unmittelbar auf seinen Standort beziehen. Teil A des Programms aus Listing 3.6 ab Zeile 42 berechnet zunächst monatsweise die Positionen von Erde und Mars und liefert folgende Ausgabe (▶ Abb. 3.21):

```
Part A: monthly positions of earth and mars (2009)
Date (UT)    ie/AU    je/AU    ke/AU      im/AU    jm/AU    km/AU      dist./AU
 1. 1.2009:  -0,1802   0,8869   0,3845    -0,0370  -1,3257  -0,6069    2,4287
 1. 2.2009:  -0,6608   0,6706   0,2907     0,4078  -1,2360  -0,5779    2,3518
 1. 3.2009:  -0,9334   0,3049   0,1322     0,7761  -1,0511  -0,5031    2,2726
 1. 4.2009:  -0,9800  -0,1792  -0,0777     1,1065  -0,7446  -0,3715    2,1816
 1. 5.2009:  -0,7646  -0,6021  -0,2610     1,3148  -0,3726  -0,2065    2,0927
 1. 6.2009:  -0,3380  -0,8772  -0,3802     1,3921   0,0505  -0,0146    1,9969
 1. 7.2009:   0,1624  -0,9208  -0,3992     1,3288   0,4557   0,1730    1,8928
 1. 8.2009:   0,6357  -0,7260  -0,3147     1,1335   0,8298   0,3498    1,7635
 1. 9.2009:   0,9396  -0,3380  -0,1465     0,8325   1,1271   0,4943    1,6028
 1.10.2009:   0,9918   0,1254   0,0543     0,4723   1,3228   0,5938    1,4124
 1.11.2009:   0,7757   0,5681   0,2463     0,0629   1,4213   0,6501    1,1829
 1.12.2009:   0,3562   0,8436   0,3657    -0,3384   1,4165   0,6588    0,9468
```

Die Struktur des Hauptteils des Programms aus Listing 3.6 (Teil B ab Zeile 63) ist in ▶ Abb. 3.22 gezeigt. Nach der Berechnung des Beobachterstandorts (Methodenaufruf 1) werden mit den Aufrufen 2 und 3 über die Factory zwei Objekte vom Typ CelestialBody erzeugt, je eines für die Repräsentation der Erde und des Mars.

In der Hauptschleife, die über die gewünschten Tage der Ephemeridentabelle läuft, wird zunächst die heliozentrisch-äquatoriale Position der Repräsentanten von Erde und Mars berechnet (Aufrufe 4 und 5) und nach Subtraktion die relative geozentrisch-äquatorial Position ermittelt (Aufruf 6, Erzeugung von rGZA). Aus diesem Abstandsvektor kann die Deklination und Rektaszension des Mars bezogen auf die Erde ermittelt werden (Aufrufe 7 und 8). Rechnen wir mit Hilfe der Util-Klasse diesen Abstandsvektor in topozentrische SEZ-Koordinaten mit dem Beobachterstandort als Topozentrum um (Aufruf 9), erhalten wir den topozentrischen SEZ-Vektor rSZE, aus dem wir schliesslich die topozentrischen Polarkoordinaten Azimut und Elevation erhalten (Aufrufe 10 und 11).

Der Programmhauptteil liefert die folgende Ausgabe:

```
Part B: 10-day positions of earth and mars (2009)
Date (UT)           R.Asc.  Decl.   Theta      Azimut   Elevation  v(earth)
26. 4.2009  0h 00'  0h 11'  0° 03'  227.459°   3h 25'  -25° 40'   29604,311 m/s
 6. 5.2009  0h 00'  0h 39'  3° 01'  237.316°   3h 29'  -21° 38'   29529,027 m/s
```

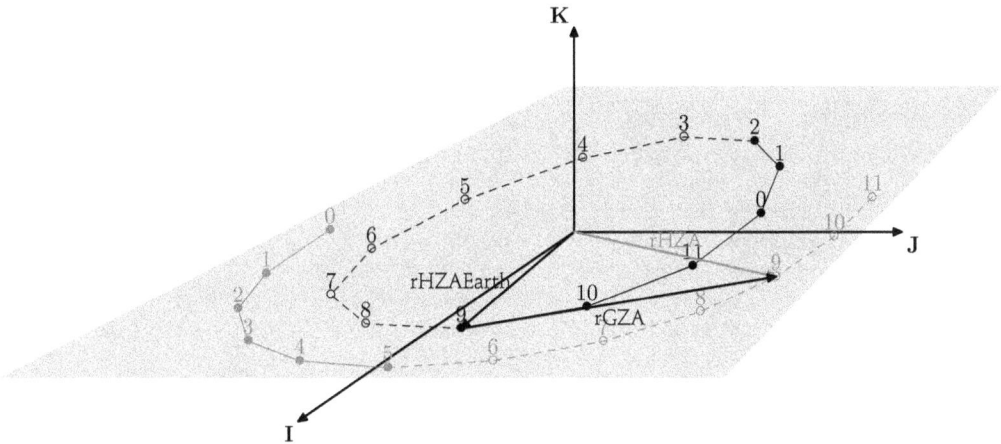

Abbildung 3.21 Heliozentrisch-äquatoriale Positionen von Erde (schwarz) und Mars (rot) im Verlauf des Jahres 2009, sowie exemplarische heliozentrische (rHZAEarth, rHZAMars) und geozentrische (rGZA) Ortsvektoren (Beispiel ExampleMarsEphemeris Teil A). Jede Position ist mit einer Zahl für den Monat bezeichnet (1=Jänner, 2=Feber usw.), ausgefüllte Punkte stellen Positionen oberhalb der Ekliptikalebene dar, hohle Kreise solche unterhalb dieser Ebene. Die graue Fläche stellt die Ekliptikalebene selber dar. Wir erkennen, daß Mars im Laufe eines Jahres nur etwa eine halbe Sonnenumrundung vollendet.

```
16. 5.2009  0h 00'   1h 07'   6° 01'   247.172°   3h 33'  -17° 39'   29461,619 m/s
26. 5.2009  0h 00'   1h 35'   8° 54'   257.029°   3h 37'  -13° 47'   29403,903 m/s
 5. 6.2009  0h 00'   2h 04'  11° 36'   266.885°   3h 41'  -10° 04'   29357,404 m/s
15. 6.2009  0h 00'   2h 32'  14° 06'   276.741°   3h 45'   -6° 34'   29323,332 m/s
25. 6.2009  0h 00'   3h 01'  16° 22'   286.598°   3h 49'   -3° 17'   29302,559 m/s
 5. 7.2009  0h 00'   3h 30'  18° 21'   296.454°   3h 53'    0° 16'   29295,626 m/s
15. 7.2009  0h 00'   3h 59'  20° 01'   306.311°   3h 58'    2° 27'   29302,692 m/s
25. 7.2009  0h 00'   4h 28'  21° 23'   316.167°   4h 02'    4° 56'   29323,594 m/s
```

Um den Mars zu sehen, muss der Gärtner jedesmal zu Mitternacht in nord-nordöstlicher Richtung suchen. Der Planet steigt jedoch erst ab Juli mitternächtlich über den Horizont.

Aus der Tabelle darf nicht gefolgert werden, dass die Horizonthöhe vor dem 5. Juli niemals grösser als Null wird. Zu einer anderen Tageszeit könnte dies durchaus geschehen. Für eine sichere diesbezügliche Aussage muss zusätzlich eine Tagesephemeride gerechnet werden, etwa für den 5. Juni (Teil C des Programms ab Zeile 92):

```
Part C: hourly positions of earth and mars (2009)
Date (UT)             R.Asc.   Decl.     Theta      Azimut    Elevation
 5. 6.2009   0h 00'   2h 04'  11° 36'   266.885°   3h 41'  -10° 04'
 5. 6.2009   2h 00'   2h 04'  11° 38'   296.967°   5h 18'    6° 43'
 5. 6.2009   4h 00'   2h 04'  11° 39'   327.049°   6h 55'   24° 52'
 5. 6.2009   6h 00'   2h 04'  11° 40'   357.131°   8h 53'   40° 51'
 5. 6.2009   8h 00'   2h 05'  11° 42'    27.214°  11h 35'   49° 03'
 5. 6.2009  10h 00'   2h 05'  11° 43'    57.296°  14h 26'   44° 11'
 5. 6.2009  12h 00'   2h 05'  11° 44'    87.378°  16h 36'   29° 39'
 5. 6.2009  14h 00'   2h 05'  11° 45'   117.460°  18h 16'   11° 44'
 5. 6.2009  16h 00'   2h 06'  11° 47'   147.542°  19h 51'   -5° 41'
 5. 6.2009  18h 00'   2h 06'  11° 48'   177.624°  21h 38'  -19° 22'
 5. 6.2009  20h 00'   2h 06'  11° 49'   207.706°  23h 42'  -25° 33'
 5. 6.2009  22h 00'   2h 06'  11° 51'   237.788°   1h 50'  -21° 49'
```

Diese Tabelle zeigt sofort, dass Mars sehr wohl auch im Juni schon zu beobachten ist, allerdings nur tagsüber. Zum Juli hin verschiebt sich seine Aufgangszeit dann zur Mitternacht hin.

Listing 3.6 Jahrespositionen für Mars und Erde / Java (Programm ExampleMarsEphemeris.java).

```java
package de.kksoftware.astro.apps.examples;

import de.kksoftware.astro.lib.Angle;
import de.kksoftware.astro.lib.CelestialBody;
import de.kksoftware.astro.lib.CelestialBodyFactory;
import de.kksoftware.astro.lib.CelestialBodyType;
import de.kksoftware.astro.lib.DateTime;
import de.kksoftware.astro.lib.Formats;
import de.kksoftware.astro.lib.Formatter;
import de.kksoftware.astro.lib.Time;
import de.kksoftware.astro.lib.Util;
import de.kksoftware.astro.lib.Vec3d;

public class ExampleMarsEphemeris {

    /**
     * This program calculates ephemeris of Mars for a given interval.
         Besides right ascension and
     * declination, the topocentric polar coordinates (azimut, elevation
         ) are calculated for an
     * observer in Berlin.
     */
    @SuppressWarnings( "boxing" )
    public static void main( String[] args ) {
        Formatter f = new Formatter();
        Formatter fshort = new Formatter();
        fshort.setDateTimeFormat( Formats.DATETIME_DATE_SHORT );

        // observer location: Berlin
        double longitude = new Angle( -13, 19, 59.9 ).value;
        double latitude = new Angle( 52, 31, 0.1 ).value;
        double altitude = 250.0;
        Vec3d rObserverSite = Util.getGeocentricPosition( longitude,
            latitude, altitude );

        // ephemeris interval
        double JDfrom = new DateTime( 26, 4, 2009, 0, 0, 0 ).getJD();
        double JDto = new DateTime( 28, 7, 2009, 0, 0, 0 ).getJD();

        // the participating bodies (mars is target body)
        CelestialBody earth = CelestialBodyFactory.getCelestialBody(
            JDfrom,
                CelestialBodyType.EARTH );
        CelestialBody mars = CelestialBodyFactory.getCelestialBody(
            JDfrom, CelestialBodyType.MARS );

```

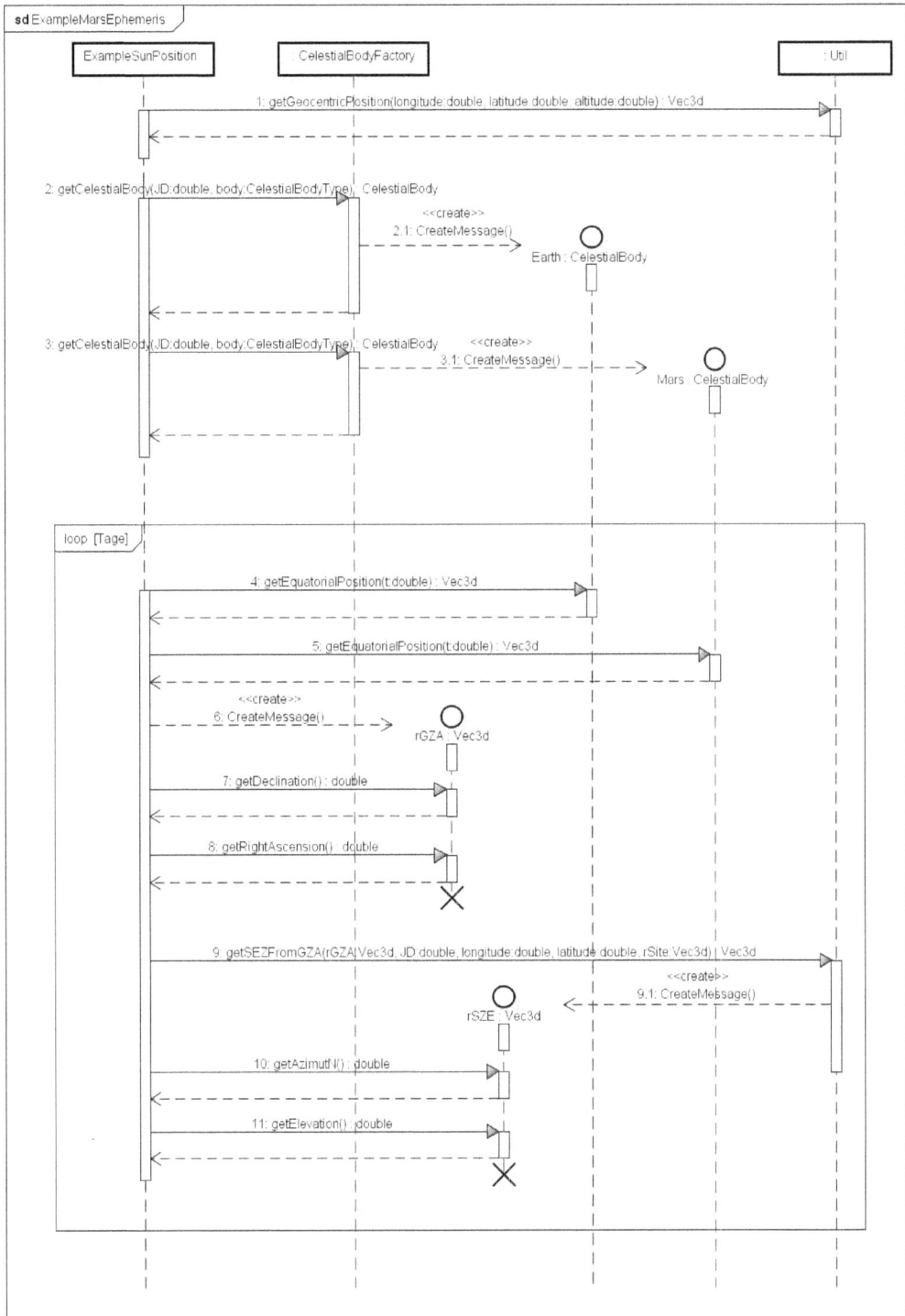

Abbildung 3.22 Struktur des Programms ExampleMarsEphemeris. Zu Beginn werden Himmelskörper vom Typ EARTH und MARS erzeugt und für die Tage des Beobachtungszeitraums ihre heliozentrisch-äquatorialen Positionen bestimmt. Die Differenz liefert die geozentrisch-äquatoriale Position des Mars und die Polarkoordinaten Deklination und Rektaszension. Aus der geozentrischen Position des Mars können über eine Util-Methode die topozentrischen Polarkoordinaten Azimut und Elevation für den Beobachterstandort ermittelt werden.

```
42    // === part A calculate earth and mars position during a
          complete year ===
43    System.out.println( "Part A: monthly positions of earth and mars
          (2009)" );
44    System.out.println( String.format( "%-10s    %-8s %-8s %-8s
          %-8s %-8s %-8s    %-8s",
45            "Date (UT)", "ie/AU", "je/AU", "ke/AU", "im/AU", "jm/AU
              ", "km/AU",
46            "dist./AU" ) );
47    for( int m = 1; m < 13; m++ ) {
48        double JD = new DateTime( 1, m, 2009, 0, 0, 0 ).getJD();
49        // get ecliptical positions of both bodies
50        Vec3d rHZAEarth = earth.getEquatorialPosition( JD );
51        Vec3d rHZAMars = mars.getEquatorialPosition( JD );
52        // calculate geocentric equatorial distance vector
53        Vec3d rGZA = rHZAMars.clone().sub( rHZAEarth );
54        System.out.println( String.format(
55                "%10s: %8.4f %8.4f %8.4f    %8.4f %8.4f %8.4f
                  %8.4f",
56                fshort.format( DateTime.fromJD( JD ) ),
57                rHZAEarth.getX( 1 ), rHZAEarth.getX( 2 ), rHZAEarth.
                  getX( 3 ),
58                rHZAMars.getX( 1 ), rHZAMars.getX( 2 ), rHZAMars.
                  getX( 3 ), rGZA.norm()
59                ) );
60    }
61    System.out.println( "\n\n" );
62
63    // === part B calculate earth and mars position for some month,
          each 10 days ===
64    System.out.println( "Part B: 10-day positions of earth and mars
          (2009)" );
65    System.out.println( String.format( "%-18s %-8s%-8s  %-8s    %-8s
          %-8s %-9s",
66            "Date (UT)", " R.Asc.", " Decl.", "Theta", " Azimut", "
              Elevation", "v(earth)" ) );
67    for( double day = JDfrom; day <= JDto; day += 10.0 ) {
68        // get equatorial positions of both bodies
69        Vec3d rHZAEarth = earth.getEquatorialPosition( day );
70        Vec3d rHZA = mars.getEquatorialPosition( day );
71        // calculate geocentric equatorial distance vector
72        Vec3d rGZA = rHZA.clone().sub( rHZAEarth );
73        // from this, calculate geocentric rectasc./decl.
74        double delta = rGZA.getDeclination();
75        double alpha = rGZA.getRightAscension();
76        // convert GZA to SEZ distance vector and get topocentric
              horicontal coordinates
77        Vec3d rSZE = Util.getSEZFromGZA( rGZA, day, longitude,
              latitude, rObserverSite );
78        double azimut = rSZE.getAzimutN();
```

```
79      double elevation = rSZE.getElevation();
80      // we are also interested in earthï¿½½ orbit velocity and
            local sidereal time
81      Vec3d vGZA = earth.getVelocity( day );
82      double theta = Util.getSiderealTime( day, longitude ).
            getRadian();
83      System.out.println( String.format( "%18s %8s %8s  %8s  %8s
            %8s  %9.3f m/s",
84          f.format( DateTime.fromJD( day ) ),
85          f.format( Time.fromRadian( alpha ) ), f.formatAngle(
                delta ),
86          f.formatAngle( Formats.ANGLE_DEG_FRAC, theta ),
87          f.format( Time.fromRadian( azimut ) ), f.formatAngle
                ( elevation ),
88          vGZA.norm() * Util.AU_per_d2m_per_s ) );
89      }
90  System.out.println( "\n\n" );
91
92  // === part C calculate earth and mars position for one day,
        hourly ===
93  System.out.println( "Part C: hourly positions of earth and mars
        (2009)" );
94  System.out.println( String.format( "%-18s %-8s%-8s  %-8s  %-8s
        %-8s",
95      "Date (UT)", " R.Asc.", " Decl.", "Theta", " Azimut", "
            Elevation" ) );
96  for( int hour = 0; hour < 24; hour++ ) {
97      DateTime dtDay = new DateTime( 5, 6, 2009, hour, 0, 0 );
98      double JDday = dtDay.getJD();
99      // get equatorial positions of both bodies
100     Vec3d rHZAEarth = earth.getEquatorialPosition( JDday );
101     Vec3d rHZA = mars.getEquatorialPosition( JDday );
102     // calculate geocentric equatorial distance vector
103     Vec3d rGZA = rHZA.clone().sub( rHZAEarth );
104     // from this, calculate geocentric rectasc./decl.
105     double delta = rGZA.getDeclination();
106     double alpha = rGZA.getRightAscension();
107     // convert GZA to SEZ distance vector and get topocentric
            horicontal coordinates
108     Vec3d rSZE = Util.getSEZFromGZA( rGZA, JDday, longitude,
            latitude, rObserverSite );
109     double azimut = rSZE.getAzimutN();
110     double elevation = rSZE.getElevation();
111     // we are also interested in local sidereal time
112     double theta = Util.getSiderealTime( JDday, longitude ).
            getRadian();
113     System.out.println( String.format( "%18s %8s %8s  %8s  %8s
            %8s",
114         f.format( DateTime.fromJD( JDday ) ),
115         f.format( Time.fromRadian( alpha ) ), f.formatAngle(
```

```
                              delta ),
116                   f.formatAngle( Formats.ANGLE_DEG_FRAC, theta ),
117                   f.format( Time.fromRadian( azimut ) ), f.formatAngle
                          ( elevation )
118                   ) );
119          }
120      }
121  }
```

3.7 Beispiel: Sternzeichen/Tierkreiszeichen

Die *Tierkreiszeichen* sind zwölf Sternbilder, die um Christi Geburt herum auf der Ekliptik lagen und deren Jahreslauf in zwölf Teile teilen. Für mythologische und astrologische Zwecke wurden diese Teile gleich gross gewählt (somit also 360/12° gleich 30°), unabhängig von der tatsächlichen Winkelausdehnung der Sternbilder.

Man kann die Sternbilder, die in der Ekliptik liegen, berechnen, wenn man für ein ganzes Jahr die heliozentrische Erdposition berechnet. Die Umkehrung dieses Vektors ergibt die geozentrische Sonnenposition, aus der man die Rektaszension der Sonne bestimmen kann. Listing 3.7 zeigt ein Programm dazu. Es berechnet die Rektaszension der Sonne für das Jahr 2009 und das Jahr 0:

```
Date now (UT)        R.Asc.      Date old (UT)        R.Asc. old
 1. 1.2009  0h 00': 280° 34'      1. 1.   0  0h 00': 306° 18'
 1. 2.2009  0h 00': 312° 08'      1. 2.   0  0h 00': 337° 37'
 1. 3.2009  0h 00': 340° 25'      1. 3.   0  0h 00':   6° 28'
 1. 4.2009  0h 00':  11° 17'      1. 4.   0  0h 00':  36° 46'
 1. 5.2009  0h 00':  40° 39'      1. 5.   0  0h 00':  65° 38'
 1. 6.2009  0h 00':  70° 32'      1. 6.   0  0h 00':  95° 12'
 1. 7.2009  0h 00':  99° 12'      1. 7.   0  0h 00': 123° 48'
 1. 8.2009  0h 00': 128° 47'      1. 8.   0  0h 00': 153° 36'
 1. 9.2009  0h 00': 158° 36'      1. 9.   0  0h 00': 183° 51'
 1.10.2009  0h 00': 187° 51'      1.10.   0  0h 00': 213° 39'
 1.11.2009  0h 00': 218° 36'      1.11.   0  0h 00': 244° 57'
 1.12.2009  0h 00': 248° 50'      1.12.   0  0h 00': 275° 31'
```

Die berechneten Rektaszensionen kann man nun Sternbildern zuordnen (▶ Tab. 1.2). Anfang Dezember 2009 etwa weist die Sonne eine Rektaszension um 250° auf, was nach der Tabelle dem Schlangenträger (Ophiochus) entspricht. Man beachte, dass die Rektaszension des Jahres Null um 20-30° oder etwa einen Monat von der heutigen abweicht. Das heisst, im Dezember der Zeitenwende befand sich die Sonne im Schützen, was mit der bekannten Zuordnung der November- und Dezembergeborenen zum Schützen in Einklang steht.

Listing 3.7 Tierkreiszeichen / Java (Programm ExampleZodiacSign.java).

```
1  package de.kksoftware.astro.apps.examples;
2
3  import de.kksoftware.astro.lib.Angle;
4  import de.kksoftware.astro.lib.CelestialBody;
5  import de.kksoftware.astro.lib.CelestialBodyFactory;
6  import de.kksoftware.astro.lib.CelestialBodyType;
7  import de.kksoftware.astro.lib.DateTime;
8  import de.kksoftware.astro.lib.Formatter;
9  import de.kksoftware.astro.lib.Vec3d;
10
```

```
11  public class ExampleZodiacSign {
12
13      /**
14       * This program calculates the geocentric right ascension of the sun
                during one day for the
15       * current year and for the year 0. The latter is the basis for the
                signs of the zodiac, while
16       * the former are shifted by nearly one month (one sign) in these
                2000 years.
17       */
18      public static void main( String[] args ) {
19          Formatter f = new Formatter();
20
21          // date of interest
22          double JDfromNow = new DateTime( 1, 1, 2009, 0, 0, 0 ).getJD();
23          double JDfrom = new DateTime( 1, 1, 0, 0, 0, 0 ).getJD();
24
25          // the participating bodies (target body is sun, viewed from
                earth)
26          CelestialBody earthNow = CelestialBodyFactory.getCelestialBody(
                JDfromNow,
27                  CelestialBodyType.EARTH );
28          CelestialBody earth = CelestialBodyFactory.getCelestialBody(
                JDfrom,
29                  CelestialBodyType.EARTH );
30
31          // create result table
32          System.out.println( String.format( "%-18s  %-8s    %-18s  %-8s",
33                  "Date now (UT)", "R.Asc.", "Date old (UT)", "R.Asc. old"
                        ) );
34          for( int month = 1; month <= 12; month++ ) {
35              // dates of interest
36              double JDmonthNow = new DateTime( 1, month, 2009, 0, 0, 0 ).
                    getJD();
37              double JDmonth = new DateTime( 1, month, 0, 0, 0, 0 ).getJD
                    ();
38              // get ecliptical position of earth
39              // geocentric ecliptical sun position = negative
                    heliocentric ecliptical earth position
40              Vec3d rHZEEarthNow = earthNow.getPosition( JDmonthNow );
41              Vec3d rHZEEarth = earth.getPosition( JDmonth );
42              Vec3d rGZENow = rHZEEarthNow.clone().scalarMultiply( -1.0 );
43              Vec3d rGZE = rHZEEarth.clone().scalarMultiply( -1.0 );
44              // convert GZA to SEZ distance vector and get topocentric
                    horicontal coordinates
45              double raNow = Angle.normalizeAngle( rGZENow.
                    getRightAscension() );
46              double ra = Angle.normalizeAngle( rGZE.getRightAscension() )
                    ;
47              System.out.println( String.format( "%18s: %8s    %18s: %8s",
```

```
48          f.format( DateTime.fromJD( JDmonthNow ) ),
49          f.formatAngle( raNow ),
50          f.format( DateTime.fromJD( JDmonth ) ),
51          f.formatAngle( ra )
52          ) );
53      }
54  }
55
56 }
```

3.8   Beispiel: Beobachtungsdaten für einen Erdsatelliten

Das Beispiel `ExampleEarthSatellite` (Listing 3.8) ist zweigeteilt: im Teil A ab Zeile 65 berechnen wir aus vorgegebenen Bahnelementen kartesische und polare Orts- und Geschwindigkeitsvektoren eines Erdsatelliten in verschiedenen Bezugssystemen. Die gewonnenen Daten benutzen wir im nächsten Abschnitt und Teil B des Programms ab Zeile 123 als Simulation einer „Beobachtung" und rechnen aus ihnen auf die Bahnelemente zurück.

In einem vorbereitenden Teil (Listing 3.8 ab Zeile 31) definieren wir die Bahnelemente mit den Daten $a = 0,0001AU$, $e = 0,1$, $i = 10°$, $\Omega = 30°$, $\omega = 40°$, $M = 30°$. Die Daten werden in einem Objekt des Typs `OrbitalElement` gespeichert, zusammen mit der Epoche `JDSatellite` als julianischem Datum. Die Daten des Zweikörpersystems Erde-Satellit werden mit Hilfe der Klasse `CelestialBody` gespeichert, wobei die Massen der beiden Körper in Einheiten der Sonnenmasse $M_\odot$ angegeben werden. Der Satellit habe im Vergleich zur Erde eine Masse, die wir vernachlässigen können:

```
double JDSatellite = new DateTime(26, 4, 2004, 8, 25, 30).getJD();
OrbitalElement oe = new OrbitalElement_MImpl( 14.9e6/Util.AE, 0.1,
       10.0 * Angle.deg2rad, 30.0 * Angle.deg2rad, 40.0 * Angle.deg2rad,
       30.0 * Angle.deg2rad, JDSatellite);
CelestialBody satellite = CelestialBodyFactory.getCelestialBody(
       0.0 /* satellite has nearly no mass compared to earth */,
       Util.massEarth / Util.massSun /* earth mass in Msol units */,
       oe);
```

Weiterhin legen wir in den Zeilen 48-52 den Standpunkt des Beobachters auf Berlin fest ($\lambda = -13.4°$, $L = 52.5°$, H=250 m), erstes Resultat ist die geozentrische Position des Beobachters in `rObserverSite`:

```
double longitude = new Angle(-13, 19, 59.9).value;
double latitude = new Angle(52, 31, 0.1).value;
double altitude = 250.0;
Vec3d rObserverSite = Util.getGeocentricPosition(longitude, latitude,
       altitude);
```

Es sollen am 26.4.2009 insgesamt drei Beobachtungen des Satelliten stattfinden, und zwar um $10^h 15^m 00^s$, $10^h 45^m 00^s$ und $11^h 15^m 00^s$ Uhr (UT). Für jedes Datum wird das julianische Datum `JDObservation[i]` berechnet (Zeilen 53-63):

```
double JDObservation[] = new double[3];
```

```
JDObservation[0] = new DateTime(26, 4, 2009, 10, 15, 0).getJD();
JDObservation[1] = new DateTime(26, 4, 2009, 10, 45, 0).getJD();
JDObservation[2] = new DateTime(26, 4, 2009, 11, 15, 0).getJD();
```

3.8.1 Berechnung der geozentrischen Koordinaten

Nach diesen Vorbereitungen können wir die Beobachtungsdaten berechnen (Listing 3.8 ab Zeile 69). Die kartesischen Orts- und Geschwindigkeitsvektoren des Satelliten zu den drei gegebenen Beobachtungszeitpunkten JDObservation[i] können über die Methoden getPosition() und getVelocity() eines CelestialBody abgefragt werden und sind in den Variablen rObservation[i] und vObservation[i] gespeichert. Einheit ist die Entfernung Erde-Sonne (AU) bzw. AU/Tag:

```
Vec3d rObservation[] = new Vec3d[3];
Vec3d vObservation[] = new Vec3d[3];
for(int i = 0; i < maxObservations; i++) {
    rObservation[i] = satellite.getPosition(JDObservation[i]);
    vObservation[i] = satellite.getVelocity(JDObservation[i]);
}
```

Die Vektoren sind geozentrisch, weil wir als Zentralkörper die Erde annehmen und die genannten Methoden die kartesischen Koordinaten relativ zum Zentralkörper berechnen. Hätten wir als Zentralkörper die Sonne betrachtet, und wäre der Satellit ein Planet, hätten die Vektoren die Bedeutung von heliozentrischen Koordinaten.

Für den Vergleich der später berechneten Bahnelemente mit den ursprünglich gegebenen ist noch zu beachten, daß die originalen Bahnelemente, besonders die mittlere Anomalie $M(T_{orig})$, für den Zeitpunkt $T_{orig} =$ JDsatellite gegeben sind. Bei der Rückrechnung wird die mittlere Anomalie $M(T_{obs,o})$ für den Zeitpunkt der ersten Beobachtung $T_{obs,o} =$ JDObservation[0] berechnet. Für den Vergleich ist es also notwendig, die erwartete mittlere Anomalie $M(T_{expected,o})$ zu berechnen:

$$M(T_{expected,o}) = \text{meanMotion}(\mu) * (T_{obs,o} - T_{orig}) + M(T_{orig}) \quad (\text{Glg. 2.34})$$

Diese Berechnung erfolgt in Zeile 87:

```
double Mobservation0 = oe.getMeanMotion(satellite.getMy())
    * (JDObservation[0] - JDSatellite)
    + ((OrbitalElement_MImpl)oe).getM();
```

Alternativ können wir anhand der Method getMeanAnomaly() des Bahnelemente-Objekts die vorgegebene Anomalie $M(T_{orig})$ rückrechnen, wobei T_{orig} in der Variablen JDSatellite gespeichert ist (Zeile 201-204):

```
System.out.println(
    "Back-calculated mean anomaly for original date (JDSatellite): "
    +
    f.formatAngle(Angle.normalizeAngle(
        oe.getMeanAnomaly(calcBody1.getMy(), JDSatellite)
    ))));
```

3.8.2 Berechnung der topozentrischen polaren Koordinaten

Für Beobachter wichtiger als die geozentrische Koordinaten sind die auf ihren Standort bezogenen polaren Koordinaten (Listing 3.8 ab Zeile 94). Wir berechnen dazu mit Hilfe der Methode `Utils.getSezFromGZA()` und `Utils.getSezFromGZAForVelocity()` zunächst die topozentrischen SEZ-Koordinaten der Orts- und Geschwindigkeitsvektoren (Variablen `rObsSEZ` und `vObsSEZ`), bezogen auf das Topozentrum in Berlin:

```
PairRhoAzEl rho[] = new PairRhoAzEl[3];
PairRhoAzEl dotRho[] = new PairRhoAzEl[3];
for(int i = 0; i < 3; i++) {
    // get cartesian SEZ coordinates from r and v vectors
    Vec3d rObsSEZ = Util.getSEZFromGZA(
        rObservation[i], JDObservation[i], longitude,
        latitude, rObserverSite );
    Vec3d vObsSEZ = Util.getSEZFromGZAForVelocity(
        rObservation[i], vObservation[i],
        JDObservation[i], longitude, latitude, rObserverSite );
    // calculate polar coordinates from cartesian SEZ coordinates
    rho[i] = PairRhoAzEl.fromVector(rObsSEZ);
    dotRho[i] = PairRhoAzEl.fromVectorForVelocity(rho[i], vObsSEZ);
}
```

Daraus können wir mit den beiden statischen Methoden `PairRhoAzEl.fromVector()` und `PairRhoAzEl.fromVectorForVelocity()` die polaren Koordinaten (Entfernung, Azimutwinkel, Elevationswinkel) berechnen:

```
    // calculate polar coordinates from cartesian SEZ coordinates
    rho[i] = PairRhoAzEl.fromVector(rObsSEZ);
    dotRho[i] = PairRhoAzEl.fromVectorForVelocity(rho[i], vObsSEZ);
}
```

Als Resultat erhalten wir folgende Werte (Entfernungen in AU, Geschwindigkeiten in AU/d):

```
Original orbital elements:
OE(a= 0,0001 AU, e= 0,10000, Omega= 10,000°, i= 30,000°, omega= 40,000°, M= 30,000°)
Keplerian revolution period: 5,0272 h  (0,2095 d)

A1. Calculating r and v from orbital elements
================================================
r for observation #0: vec=(9,0170e-05,1,6013e-05,6,4412e-08), |vec|=9,1581e-05
v for observation #0: vec=(-6,8039e-04,2,7228e-03,1,6164e-03), |vec|=3,2387e-03
r/right ascension/declination for observation #0: 9.158059067054278E-5  0h 40'   0° 02'
r for observation #1: vec=(5,4794e-05,6,3909e-05,3,0844e-05), |vec|=8,9655e-05
v for observation #1: vec=(-2,5870e-03,1,6622e-03,1,2045e-03), |vec|=3,3025e-03
r/right ascension/declination for observation #1: 8.965531035203272E-5  3h 17'  20° 07'
r for observation #2: vec=(-8,3562e-06,7,9508e-05,4,6045e-05), |vec|=9,2258e-05
v for observation #2: vec=(-3,2036e-03,-2,0299e-04,2,0577e-04), |vec|=3,2167e-03
r/right ascension/declination for observation #2: 9.225773801116147E-5  6h 23'  29° 56'
Calculated expected mean anomaly for observation #0: 327° 01'

A2. Calculating topocentric Az/El from orbital elements
=========================================================
rho, Az, El for observation #0       : 4.931376060074291E-5, 197° 48',  35° 46'
dotRho, dotAz, dotEl for observation #0: -3.1251772340905564E-4, -2682° 27', 2321° 18'
rho, Az, El for observation #1       : 6.357821327920302E-5, 106° 07',  48° 14'
dotRho, dotAz, dotEl for observation #1: 0.0012339808739964308, -3091° 53', -995° 02'
rho, Az, El for observation #2       : 9.700272956039379E-5,  72° 53',  22° 39'
```

```
dotRho, dotAz, dotEl for observation #2: 0.0013716280958658627, -891° 54', -1113° 30'
```

Listing 3.8 Ephemeriden eines Erdsatelliten / Java (Programm ExampleEarthSatellite.java).

```
 1  package de.kksoftware.astro.apps.examples;
 2
 3  import de.kksoftware.astro.lib.Angle;
 4  import de.kksoftware.astro.lib.CelestialBody;
 5  import de.kksoftware.astro.lib.CelestialBodyFactory;
 6  import de.kksoftware.astro.lib.DateTime;
 7  import de.kksoftware.astro.lib.Formats;
 8  import de.kksoftware.astro.lib.Formatter;
 9  import de.kksoftware.astro.lib.OrbitalElement;
10  import de.kksoftware.astro.lib.PairRRaDec;
11  import de.kksoftware.astro.lib.PairRhoAzEl;
12  import de.kksoftware.astro.lib.Time;
13  import de.kksoftware.astro.lib.Util;
14  import de.kksoftware.astro.lib.Vec3d;
15  import de.kksoftware.astro.lib.Vec3dFactory;
16  import de.kksoftware.astro.lib.impl.OrbitalElement_MImpl;
17
18  public class ExampleEarthSatellite {
19
20      /**
21       * This program simulates the observation of a satellite (r and v
               vector), and the calculation
22       * of its orbital elements. It also simulates the observation of rho
               ,Az,El and their time
23       * derivative by a Doppler-equiped radar station, and the
               calculation of the orbital elements
24       * from these data. Since we simulate the observation by calculating
                r and v from given orbital
25       * elements, we can check the calculated elements. Furthermore,
               ephemeris for a full revolution
26       * are calculated for an observer in Berlin.
27       */
28      @SuppressWarnings( "boxing" )
29      public static void main( String[] args ) {
30          Formatter f = new Formatter();
31          /*
32           * Preparation of satellite orbital elements and observer
                 settings
33           */
34          // specifies the satellite's original orbital elements at epoche
                 'JDSatellite'
35          DateTime dtSatellite = new DateTime( 26, 4, 2004, 8, 25, 30 );
36          double JDSatellite = dtSatellite.getJD();
37          OrbitalElement oe = new OrbitalElement_MImpl( 14.9e6 / Util.AE,
                 0.1,
38                  10.0 * Angle.deg2rad, 30.0 * Angle.deg2rad, 40.0 * Angle
                     .deg2rad,
```

```
39              30.0 * Angle.deg2rad, JDSatellite );
40     CelestialBody satellite = CelestialBodyFactory.getCelestialBody(
41              0.0 /* satellite has nearly no mass compared to earth
                   */,
42              Util.massEarth / Util.massSun /* earth mass in Msol
                   units */,
43              oe );
44     System.out.println( "Original orbital elements:\n" + oe.toString
              () );
45     System.out.println( String.format( "Keplerian revolution period:
              %6.4f h  (%6.4f d)",
46              satellite.getKeplerPeriod() * 24.0, satellite.
                   getKeplerPeriod() ) );
47
48     // the observer's location: Berlin
49     double longitude = new Angle( -13, 19, 59.9 ).value;
50     double latitude = new Angle( 52, 31, 0.1 ).value;
51     double altitude = 250.0;
52     Vec3d rObserverSite = Util.getGeocentricPosition( longitude,
              latitude, altitude );
53     // the observation times
54     int maxObservations = 3;
55     DateTime dtObservation[] = new DateTime[] {
56              new DateTime( 26, 4, 2009, 10, 15, 0 ),
57              new DateTime( 26, 4, 2009, 10, 45, 0 ),
58              new DateTime( 26, 4, 2009, 11, 15, 0 )
59     };
60     double JDObservation[] = new double[ maxObservations ];
61     for( int i = 0; i < maxObservations; i++ ) {
62          JDObservation[ i ] = dtObservation[ i ].getJD();
63     }
64
65     /*
66      *
67      * A. Calculate observation data from orbital elements
68      */
69     // ======= part 1/2: calculate r and v from orbital elements
              =========
70     System.out.println();
71     System.out.println( "A1. Calculating r and v from orbital
              elements" );
72     System.out.println(
              "=============================================" );
73     Vec3d rObservation[] = new Vec3d[ maxObservations ];
74     Vec3d vObservation[] = new Vec3d[ maxObservations ];
75     PairRRaDec raDec[] = new PairRRaDec[ maxObservations ];
76     for( int i = 0; i < maxObservations; i++ ) {
77          rObservation[ i ] = satellite.getPosition( JDObservation[ i
                   ] );
78          raDec[ i ] = PairRRaDec.fromVector( rObservation[ i ] );
```

```
79          vObservation[ i ] = satellite.getVelocity( JDObservation[ i
                ] );
80          System.out.println( "r for observation #" + i + ": " +
                rObservation[ i ] );
81          System.out.println( "v for observation #" + i + ": " +
                vObservation[ i ] );
82          System.out.println( "r/right ascension/declination for
                observation #" + i + ": "
83                  + raDec[ i ].r + " " +
84                  f.format( Time.fromRadian( raDec[ i ].rightAscension
                        ) ) + " " +
85                  f.formatAngle( raDec[ i ].declination ) );
86      }
87      double Mobservation0 = oe.getMeanMotion( satellite.getMy() )
88              * ( JDObservation[ 0 ] - JDSatellite )
89              + ( (OrbitalElement_MImpl)oe ).getM();
90      System.out
91              .println( "Calculated expected mean anomaly for
                    observation #0: " +
92                      f.formatAngle( Angle.normalizeAngle(
                        Mobservation0 ) ) );
93      System.out.println();
94      // ======= part 3/4: calculate topocentric azimut and elevation
            from orb elems =========
95      // calculate topocentric rho, azimut, elevation and their time
            derivatives
96      // by transforming geocentric-equatorial r and v vectors into
            topocentric/SEZ coordinates
97      System.out.println( "A2. Calculating topocentric Az/El from
            orbital elements" );
98      System.out.println(
            "========================================================" );
99      PairRhoAzEl rho[] = new PairRhoAzEl[ maxObservations ];
100     PairRhoAzEl dotRho[] = new PairRhoAzEl[ maxObservations ];
101     for( int i = 0; i < maxObservations; i++ ) {
102         // get cartesian SEZ coordinates from r and v vectors
103         Vec3d rObsSEZ = Util.getSEZFromGZA(
104                 rObservation[ i ], JDObservation[ i ], longitude,
105                 latitude, rObserverSite );
106         Vec3d vObsSEZ = Util.getSEZFromGZAForVelocity(
107                 rObservation[ i ], vObservation[ i ],
108                 JDObservation[ i ], longitude, latitude,
                        rObserverSite );
109         // calculate polar coordinates from cartesian SEZ
                coordinates
110         rho[ i ] = PairRhoAzEl.fromVector( rObsSEZ );
111         dotRho[ i ] = PairRhoAzEl.fromVectorForVelocity( rho[ i ],
                vObsSEZ );
112         System.out.println( String.format( "rho, Az, El for
                observation #" + i
```

```
113                    + "                    : %s, %s, %s",
114                 rho[ i ].rho, f.formatAngle( rho[ i ].azimut ),
115                 f.formatAngle( rho[ i ].elevation ) ) );
116         System.out
117                 .println( String.format( "dotRho, dotAz, dotEl for
                        observation #" + i
118                        + ": %s, %s, %s",
119                     dotRho[ i ].rho, f.formatAngle( dotRho[ i ].
                            azimut ),
120                     f.formatAngle( dotRho[ i ].elevation ) ) );
121     }
122
123     /*
124      *
125      * B. Calculate orbital elements from observation data
126      */
127     System.out.println( "\n\n\n" );
128     // ======= part 1: calculate orbital elements from r and v
            =========
129     System.out.println( "B1. Calculating orbital elements from r and
            v observation" );
130     System.out.println(
            "===========================================================" 
            );
131     // calculate orbital elements from observed r and v vector
132     double my = satellite.getMy();
133     OrbitalElement oeCalcRV = Util.calculateOrbitElementFromRandV(
134             rObservation[ 0 ], vObservation[ 0 ], my, JDObservation[
                    0 ] );
135     tabulate( f, oeCalcRV, JDObservation[ 0 ], longitude, latitude,
            rObserverSite, JDSatellite );
136     System.out.println( "\n\n" );
137
138     // ======= part 2: calculate orbital elements from 3 x r
            =========
139     System.out.println( "B2. Calculating orbital elements from 3 r
            observations" );
140     System.out.println(
            "===========================================================" );
141     // calculate orbital elements from observed r vectors
142     OrbitalElement oeCalcRRR = Util.calculateOrbitElementFromRRR(
143             rObservation[ 0 ], rObservation[ 1 ], rObservation[ 2 ],
                    my, JDObservation[ 0 ] );
144     tabulate( f, oeCalcRRR, JDObservation[ 0 ], longitude, latitude,
            rObserverSite, JDSatellite );
145     System.out.println( "\n\n" );
146
147     // ======= part 3/4: calculate orbital elements from topocentric
            azimut
```

```
148    // and elevation (observed rho (rho, az, el) and their time
           derivatives) =========
149    Vec3d rObsAzelIJK[] = new Vec3d[ maxObservations ];
150    Vec3d vObsAzelIJK[] = new Vec3d[ maxObservations ];
151    for( int i = 0; i < maxObservations; i++ ) {
152        // calculate cartesian topocentric/SEZ vectors from polar (
               rho, Az,El) coordinates
153        Vec3d rObsAzelSEZ = Vec3dFactory.fromAzEl( rho[ i ] );
154        Vec3d vObsAzelSEZ = Vec3dFactory.fromAzElForVelocity( rho[ i
               ], dotRho[ i ] );
155        // calculate cartesian geocentric-equatorial r and v vectors
               from SEZ coordinates
156        rObsAzelIJK[ i ] = Util.getGZAFromSEZ( rObsAzelSEZ,
               JDObservation[ i ], longitude,
157            latitude,
158            rObserverSite );
159        vObsAzelIJK[ i ] = Util.getGZAFromSEZForVelocity(
               rObsAzelIJK[ i ], vObsAzelSEZ,
160            JDObservation[ i ],
161            longitude, latitude, rObserverSite );
162    }
163    System.out.println( "B3. Calculating orbital elements from Az/El
           observation" );
164    System.out.println(
           "=======================================================" );
165    System.out.println( "Resulting r from AzEl #0: " + rObsAzelIJK[
           0 ] );
166    System.out.println( "Resulting v from AzEl #0: " + vObsAzelIJK[
           0 ] );
167    OrbitalElement oeCalcAzel = Util.calculateOrbitElementFromRandV(
168        rObsAzelIJK[ 0 ], vObsAzelIJK[ 0 ], my, JDObservation[ 0
               ] );
169    tabulate( f, oeCalcAzel, JDObservation[ 0 ], longitude, latitude
           , rObserverSite,
170        JDSatellite );
171    System.out.println( "\n\n" );
172
173    System.out.println( "B4. Calculating orbital elements from 3 Az/
           El observations" );
174    System.out.println(
           "======================================================="
           );
175    for( int i = 0; i < maxObservations; i++ ) {
176        System.out.println( "resulting r from AzEl #" + i + ": " +
               rObsAzelIJK[ i ] );
177        System.out.println( "resulting v from AzEl #" + i + ": " +
               vObsAzelIJK[ i ] );
178    }
179    OrbitalElement oeCalcAzelAzelAzel = Util.
           calculateOrbitElementFromRRR(
```

```
180            rObsAzelIJK[ 0 ], rObsAzelIJK[ 1 ], rObsAzelIJK[ 2 ], my
                   , JDObservation[ 0 ] );
181        tabulate( f, oeCalcAzelAzelAzel, JDObservation[ 0 ], longitude,
               latitude, rObserverSite,
182                JDSatellite );
183        System.out.println( "\n\n" );
184
185    }
186
187    /**
188     * Calculates ephemeris for satellite using the calculated elements
               interval is around
189     * observation time, including a full revolution of the satellite
190     */
191    @SuppressWarnings( "boxing" )
192    private static void tabulate( Formatter f, OrbitalElement oe, double
               JDObservation,
193            double longitude, double latitude, Vec3d rSite, double
                   JDSatellite )
194    {
195        CelestialBody calcBody1 = CelestialBodyFactory.getCelestialBody(
196                0.0 /* satellite has nearly no mass */,
197                Util.massEarth / Util.massSun /* earth mass in Msol
                       units */,
198                oe );
199        System.out.println();
200        System.out.println( "Calculated orbital elements from
               observation:\n" + oe.toString() );
201        System.out.println( "Back-calculated mean anomaly for original
               date (JDSatellite): "
202                +
203                f.formatAngle( Angle.normalizeAngle( oe.getMeanAnomaly(
                       calcBody1.getMy(),
204                    JDSatellite ) ) ) );
205        System.out.println( String.format( "Calculated Keplerian
               revolution period: %6.2f d",
206                calcBody1.getKeplerPeriod() ) );
207
208        double deltaDays = 2.5 / 24.0;
209        double incrDays = 0.25 / 24.0;
210        System.out.println( String
211                .format( "%-18s    %-7s %-8s %-8s  %-8s  %-8s %-8s  %-9s
                       ",
212                    "Date (UT)", "r [km]", "R.Asc.", "Decl.", "Theta
                           ", "Azimut", "Elevation",
213                    "v [m/s]" ) );
214        for( double day = JDObservation - deltaDays; day <=
               JDObservation + deltaDays; day += incrDays )
215        {
216            // get geocentric-equatorial position and velocity
```

```
217          Vec3d rGZA = calcBody1.getPosition( day );
218          Vec3d vGZA = calcBody1.getVelocity( day );
219          // get geocentric equat. rectasc./decl.
220          double r = rGZA.norm();
221          double delta = rGZA.getDeclination();
222          double alpha = rGZA.getRightAscension();
223          // convert GZA to SEZ distance vector and get topocentric
                horicontal coordinates
224          Vec3d rSZE = Util.getSEZFromGZA( rGZA, day, longitude,
                latitude, rSite );
225          double azimut = rSZE.getAzimutN();
226          double elevation = rSZE.getElevation();
227          // we are also interested in local sidereal time
228          double theta = Util.getSiderealTime( day, longitude ).
                getRadian();
229
230          System.out.println( String.format( "%18s %8.0f  %8s %8s  %8s
                %8s %8s  %9.3f",
231              f.format( DateTime.fromJD( day ) ), r * Util.AE / 1
                    e3,
232              f.format( Time.fromRadian( alpha ) ), f.formatAngle(
                    delta ),
233              f.formatAngle( Formats.ANGLE_DEG_FRAC, theta ),
234              f.format( Time.fromRadian( azimut ) ), f.formatAngle
                    ( elevation ),
235              vGZA.norm() * Util.AU_per_d2m_per_s ) );
236      }
237    }
238 }
```

3.9   Beispiel: Ephemeriden eines Erdsatelliten anhand von Beobachtungsdaten

In diesem Beispiel (dem Teil B des Programms ExampleEarthSatellite, Listing 3.8 ab Zeile 123) werden die Bahnelemente eines Erdsatelliten anhand verschiedener Beobachtungen bestimmt:

1. aus einer Beobachtung eines geozentrischen Orts- und eines geozentrischen Geschwindigkeitsvektor ($\mathbf{r}$ und $\mathbf{v}$, Möglichkeit ① in ▸ Abb. 2.10),

2. aus einer Beobachtung von drei geozentrischen Ortsvektoren $\mathbf{r}$ (Möglichkeit ③ in ▸ Abb. 2.10),

3. aus einer Beobachtung von topozentrischen polaren Orts- und Geschwindigkeitskoordinaten (ρ, Az, El) und $(\dot{\rho}, \dot{Az}, \dot{El})$, Möglichkeit ② in ▸ Abb. 2.10,

4. aus einer Beobachtung von drei topozentrischen polaren Ortskoordinaten (ρ, Az, El) mit dem Topozentrum Berlin, Möglichkeit ④ in ▸ Abb. 2.10.

Als Bezugssystem für die Bahnelemente und alle Koordinaten ist für einen Erdsatelliten das geozentrische Äquatorsystem gut geeignet. Nach Bestimmung der Bahnelemente rechnet das Programm eine Ephemeride, in der die Satellitenposition in sphärischen Koordinaten (α, δ) sowie in topozentrischen Koordinaten (Az, El) berechnet wird. Topozentrum ist wiederum Berlin ($\lambda = -13.4°, L = 52.5°$).

Teil B des Programms (Listing 3.8 ab Zeile 123) benutzt als Eingabewerte keine realen Beobachtungsdaten, sondern die Orts- und Geschwindigkeitsvektoren sowie Azimut und Elevation, die in Teil A des Programms anhand vorgegebener Bahnelemente berechnet wurden. Wir können auf diese Weise die hier berechneten Bahnelemente einfach gegen die in ▶Absch. 3.8 vorgegebenen Bahnelemente vergleichen. Außerdem können wir diese vorgegebenen Bahnelemente in Teil A des Programms, speziell den Zeilen 37-43, beliebig manipulieren, um ihre Auswirkungen auf die Umlaufbahn zu studieren, wovon wir im Folgenden reichlich Gebrauch machen werden.

Die Ausgabe der berechneten Werte erfolgt für alle vier Teile des Programms mit der Methode `tabulate()` (Listing 3.8 ab Zeile 187). Als Eingabe dienen die berechneten Bahnelemente, Ausgabe sind Listen mit stündlichen Satellitenkoordinaten (als Rektaszension/Deklination und Azimut/Elevation).

3.9.1 Bahnelemente aus einer Beobachtung eines geozentrischen Orts- und Geschwindigkeitsvektors

Zur Berechnung der Bahnelemente aus je einem geozentrischen Orts- und Geschwindigkeitsvektor (in Listing 3.8 ab Zeile 128) stellt das Astronomie-Framework in der Hilfsklasse `Utils` eine Methode `Utils.calculateOrbitElementFromRandV()` bereit, die wie folgt benutzt wird:

```
double my = satellite.getMy();
double JDObservation = get timestamp from somewhere ...
Vec3d rObservation = get r from somewhere ...
Vec3d vObservation = get v from somewhere ...

OrbitalElement oeCalcRV = Util.calculateOrbitElementFromRandV(
    rObservation, vObservation, my, JDObservation);
```

Die „Beobachtungswerte" am 26.4.2009 um $10^h15^m00^s$ (UT) sind in `rObservation[0]` und `vObservation[0]` enthalten, siehe Ausgabe ab ▶S. 126:

$$r = \begin{pmatrix} 9.0170e-05 \\ 1.6013e-05 \\ 6.4412e-08 \end{pmatrix} AU, \quad v = \begin{pmatrix} -6.8039e-04 \\ 2.7228e-03 \\ 1.6164e-03 \end{pmatrix} AU/d, \tag{3.8}$$

Die Berechnung der Bahnelemente liefert $a = 0,0001 AU, e = 0,10000, \Omega = 10,000°, i = 30,000°, \omega = 40,000°, M = 30,000°$, die berechnete Umlaufzeit beträgt 5,0272 h oder 0,21 d. Alle Zahlen sind im Rahmen der Rechenungenauigkeiten in Übereinstimmung mit den bekannten Ausgangswerten.

Daraus ergibt sich für die Ephemeride, gerechnet für eine Umlaufperiode, die ▶Tab. 3.4. Man erkennt hier gut, dass die Deklinationswerte eines Orbit mit $i = 30°$ innerhalb des Intervalls $[-30°; 30°]$, also $[-i; i]$ liegen. Weiterhin ist zu sehen, dass dieser Satellit von Berlin aus nur zu einem geringen Bruchteil seiner Umlaufzeit zu sehen ist, da nur in einem kurzen Zeitraum um 10:30 herum die Elevation (Höhe über topozentrischem Horizont) grösser Null ist.

Was ebenso gut sichtbar ist, ist die hohe Bahngeschwindigkeit von 5 km/s. Man kann schön den Einfluss der Höhe des Orbits sehen, wenn man die Anfangsbedingung a (grosse Halbachse)

Tabelle 3.4 Berechnung von Bahnelementen aus einem Orts- und Geschwindigkeitsvektor **r** und **v**, sowie Ephemeriden des Satelliten für einen Umlauf für das Topozentrum Berlin.

```
B1. Calculating orbital elements from r and v observation
==========================================================

Calculated orbital elements from observation:
OE(a=  0,0001 AU, e= 0,10000, Omega= 10,000°, i= 30,000°, omega= 40,000°, M=327,027°)
Back-calculated mean anomaly for original date (JDSatellite): 30° 00'
Calculated Keplerian revolution period:   0,21 d
Date (UT)        r [km]   R.Asc.  Decl.      Theta     Azimut    Elevation   v [m/s]
26. 4.2009  7h 45'  16201  13h 26'  -6° 41'  344.027°  21h 03' -34° 16'  4739,535
26. 4.2009  8h 00'  16353  14h 20' -13° 45'  347.788°  20h 26' -36° 16'  4690,950
26. 4.2009  8h 15'  16387  15h 16' -19° 59'  351.548°  19h 47' -37° 17'  4680,007
26. 4.2009  8h 29'  16302  16h 16' -25° 03'  355.308°  19h 07' -37° 07'  4707,065
26. 4.2009  8h 44'  16102  17h 22' -28° 33'  359.068°  18h 26' -35° 30'  4771,221
26. 4.2009  8h 59'  15798  -5h 26' -29° 59'    2.829°  17h 45' -32° 10'  4870,089
26. 4.2009  9h 14'  15409  -4h 12' -28° 55'    6.589°  17h 04' -26° 43'  4999,237
26. 4.2009  9h 29'  14963  -2h 57' -25° 07'   10.349°  16h 23' -18° 30'  5151,318
26. 4.2009  9h 44'  14497  -1h 43' -18° 42'   14.110°  15h 39'  -6° 21'  5314,968
26. 4.2009  9h 59'  14058   0h 31' -10° 04'   17.870°  14h 43'  11° 38'  5473,967
26. 4.2009 10h 14'  13700   0h 40'   0° 02'   21.630°  13h 11'  35° 46'  5607,735
26. 4.2009 10h 29'  13473   1h 55'  10° 34'   25.390°  10h 10'  53° 16'  5694,603
26. 4.2009 10h 44'  13412   3h 17'  20° 07'   29.151°   7h 04'  48° 14'  5718,085
26. 4.2009 10h 59'  13528   4h 48'  27° 01'   32.911°   5h 35'  35° 07'  5673,373
26. 4.2009 11h 14'  13802   6h 24'  29° 56'   36.671°   4h 51'  22° 39'  5569,490
26. 4.2009 11h 29'  14191   7h 56'  28° 36'   40.431°   4h 24'  11° 36'  5425,345
26. 4.2009 11h 44'  14644   9h 19'  23° 55'   44.192°   4h 06'   1° 42'  5262,821
26. 4.2009 11h 59'  15108  10h 30'  17° 13'   47.952°   3h 52'  -7° 20'  5101,317
26. 4.2009 12h 14'  15540  11h 31'   9° 36'   51.712°   3h 41' -15° 45'  4955,476
26. 4.2009 12h 29'  15904  12h 27'   1° 45'   55.472°   3h 30' -23° 41'  4835,273
26. 4.2009 12h 44'  16177  13h 21'  -5° 53'   59.233°   3h 19' -31° 16'  4747,021
```

ändert. ▸ Tab. 3.5 zeigt die sich ergebenden Daten. Man erkennt leicht, dass die Bahngeschwindigkeiten für niedrige Orbits erheblich höher sind als für hohe. Dies ist leicht erklärlich, benötigt man für erdnahe Bahnen doch eine höhere Zentrifugalkraft und damit höhere Umlaufgeschwindigkeiten, um der höheren Erdanziehung entgegenzuwirken.

Mit ▸ Glg. 2.21 kann die exakte Höhe des geosynchronen Orbits berechnet werden. Da bei diesem Orbit die Umlaufdauer genau dem siderischen Tag ($23^h56^m04.09054^s$) entspricht ($P_t =$

Tabelle 3.5 Einfluß der großen Halbachse a auf Höhe einer Satellitenbahn und die Bahngeschwindigkeit. h ist die Höhe über Erdboden mit 6371 km als mittlerem Erdradius.

a [km]	h [km]	v [km/s]
7 000	630	7
10 000	3 600	6
15 000	8 700	5
20 000	13 600	4
30 000	23 000	3

Tabelle 3.6 Ephemeriden eines Satelliten für einen Umlauf für das Topozentrum Berlin. Die Inklination i beträgt $0°$, die Rektaszension beschreibt einen vollen Umlauf von 0^h bis 24^h, die Deklination ist immer $0°$.

```
Calculated orbital elements from observation:
OE(a= 0,0001 AU, e= 0,10000, Omega= 0,000°, i= 0,000°, omega= 50,000°, M=327,027°)
Calculated Keplerian revolution period:   0,21 d
Date (UT)          r [km]   R.Asc.   Decl.     Theta     Azimut     Elevation   v [m/s]
26. 4.2009  7h 45'   16201   13h 33'  0° 00'   344.027°   21h 07'   -29° 22'    4739,535
26. 4.2009  8h 00'   16353   14h 33'  0° 00'   347.788°   20h 38'   -26° 14'    4690,950
26. 4.2009  8h 15'   16387   15h 32'  0° 00'   351.548°   20h 11'   -22° 45'    4680,007
26. 4.2009  8h 29'   16302   16h 31'  0° 00'   355.308°   19h 44'   -18° 53'    4707,065
26. 4.2009  8h 44'   16102   17h 31'  0° 00'   359.068°   19h 17'   -14° 31'    4771,221
26. 4.2009  8h 59'   15798   -5h 26'  0° 00'     2.829°   18h 49'    -9° 29'    4870,089
26. 4.2009  9h 14'   15409   -4h 21'  0° 00'     6.589°   18h 17'    -3° 33'    4999,237
26. 4.2009  9h 29'   14963   -3h 12'  0° 00'    10.349°   17h 38'     3° 45'    5151,318
26. 4.2009  9h 44'   14497   -1h 59'  0° 00'    14.110°   16h 47'    13° 04'    5314,968
26. 4.2009  9h 59'   14058    0h 41'  0° 00'    17.870°   15h 27'    24° 53'    5473,967
26. 4.2009 10h 14'   13700    0h 40'  0° 00'    21.630°   13h 11'    35° 42'    5607,735
26. 4.2009 10h 29'   13473    2h 06'  0° 00'    25.390°   10h 16'    34° 12'    5694,603
26. 4.2009 10h 44'   13412    3h 33'  0° 00'    29.151°    8h 15'    22° 48'    5718,085
26. 4.2009 10h 59'   13528    5h 01'  0° 00'    32.911°    7h 03'    11° 34'    5673,373
26. 4.2009 11h 14'   13802    6h 26'  0° 00'    36.671°    6h 14'     2° 29'    5569,440
26. 4.2009 11h 29'   14191    7h 47'  0° 00'    40.431°    5h 35'    -4° 53'    5425,345
26. 4.2009 11h 44'   14644    9h 03'  0° 00'    44.192°    5h 02'   -11° 02'    5262,821
26. 4.2009 11h 59'   15108   10h 14'  0° 00'    47.952°    4h 31'   -16° 15'    5101,317
26. 4.2009 12h 14'   15540   11h 21'  0° 00'    51.712°    4h 02'   -20° 44'    4955,476
26. 4.2009 12h 29'   15904   12h 25'  0° 00'    55.472°    3h 34'   -24° 37'    4835,273
26. 4.2009 12h 44'   16177   13h 27'  0° 00'    59.233°    3h 05'   -28° 00'    4747,021
```

$23, 9345^d$), erhält man mit

$$P_t = 2\pi \sqrt{\frac{a^3}{G(m_\oplus + m_S)}} \approx 2\pi \sqrt{\frac{a^3}{Gm_\oplus}} \Rightarrow a = \sqrt[3]{Gm_\oplus \left(\frac{P_t}{2\pi}\right)^2}$$

den Wert $42\,168$ km für a, also eine Bahnhöhe über Boden von $35\,797$ km, wenn man einen mittleren Erdradius von 6381 km zugrundelegt.

Die Variation der Inklination erlaubt es, die Auswirkungen auf die sphärischen Koordinaten zu studieren. Für eine äquatoriale Bahn ($i = 0$) ist die Deklination immer Null, und die Rektaszension beschreibt einen vollständigen Umlauf von 0^h bis 24^h (▶Tab. 3.6).

Setzen wir die Inklination auf einen Wert grösser als $90°$, so erhalten wir eine retrograde Bahn, d. h. der Satellit bewegt sich in entgegengesetzter Richtung auf seiner Bahn, die Rektaszension nimmt ab (▶Tab. 3.7).

Im Gegensatz zum äquatorialen Orbit durchläuft für eine polare Bahn ($i = 90°$) die Deklination den gesamten Wertebereich von $-90°$ bis $90°$. Besonders schön ist in diesem Falle die Auswirkung des Bahnelements Ω zu erkennen. Da die Umlaufbahn senkrecht auf dem Äquator steht, gibt es für die Rektaszension nur die beiden möglichen Werte Ω und $180° + \Omega$ (hier für $\Omega = 10° = 0^h40'$) (▶Tab. 3.8). Setzen wir $\Omega = 30° = 2^h$, erhalten wir die beiden möglichen Werte 2^h und $12+2^h$ für die Rektaszension (▶Tab. 3.9).

Tabelle 3.7 Ephemeriden eines Satelliten für einen Umlauf für das Topozentrum Berlin. Die Inklination i beträgt 120° und beschreibt damit eine retrograde Bahn (d. h. der Satellit vollführt eine gegenläufige Bewegung).

```
Calculated orbital elements from observation:
OE(a=  0,0001 AU, e= 0,10000, Omega= 10,000°, i=120,000°, omega= 40,000°, M=327,027°)
Calculated Keplerian revolution period:    0,21 d
```

Date (UT)		r [km]	R.Asc.	Decl.	Theta	Azimut	Elevation	v [m/s]
26. 4.2009	7h 45'	16201	12h 12'	-11° 38'	344.027°	21h 59'	-42° 30'	4739,535
26. 4.2009	8h 00'	16353	11h 39'	-24° 18'	347.788°	22h 37'	-54° 00'	4690,950
26. 4.2009	8h 15'	16387	10h 59'	-36° 18'	351.548°	23h 39'	-64° 34'	4680,007
26. 4.2009	8h 29'	16302	10h 05'	-47° 12'	355.308°	1h 38'	-72° 37'	4707,065
26. 4.2009	8h 44'	16102	8h 46'	-55° 53'	359.068°	4h 51'	-73° 33'	4771,221
26. 4.2009	8h 59'	15798	6h 52'	-59° 57'	2.829°	7h 16'	-65° 42'	4870,089
26. 4.2009	9h 14'	15409	4h 49'	-56° 53'	6.589°	8h 36'	-53° 21'	4999,237
26. 4.2009	9h 29'	14963	3h 15'	-47° 20'	10.349°	9h 33'	-37° 59'	5151,318
26. 4.2009	9h 44'	14497	2h 10'	-33° 44'	14.110°	10h 25'	-18° 50'	5314,968
26. 4.2009	9h 59'	14058	1h 22'	-17° 38'	17.870°	11h 28'	5° 59'	5473,967
26. 4.2009	10h 14'	13700	0h 39'	0° 04'	21.630°	13h 12'	35° 47'	5607,735
26. 4.2009	10h 29'	13473	0h 04'	18° 32'	25.390°	16h 41'	54° 30'	5694,603
26. 4.2009	10h 44'	13412	-1h 01'	36° 34'	29.151°	20h 06'	46° 43'	5718,085
26. 4.2009	10h 59'	13528	-2h 29'	51° 53'	32.911°	21h 49'	31° 20'	5673,373
26. 4.2009	11h 14'	13802	-4h 52'	59° 49'	36.671°	22h 54'	17° 18'	5569,490
26. 4.2009	11h 29'	14191	16h 35'	56° 01'	40.431°	23h 48'	5° 23'	5425,345
26. 4.2009	11h 44'	14644	14h 58'	44° 37'	44.192°	0h 38'	-4° 36'	5262,821
26. 4.2009	11h 59'	15108	14h 00'	30° 52'	47.952°	1h 28'	-12° 50'	5101,317
26. 4.2009	12h 14'	15540	13h 20'	16° 48'	51.712°	2h 20'	-19° 27'	4955,476
26. 4.2009	12h 29'	15904	12h 47'	3° 02'	55.472°	3h 15'	-24° 30'	4835,273
26. 4.2009	12h 44'	16177	12h 16'	-10° 14'	59.233°	4h 12'	-28° 04'	4747,021

Tabelle 3.8 Ephemeriden eines Satelliten für einen Umlauf für das Topozentrum Berlin. Die Inklination i beträgt 90° und beschreibt damit eine polare Bahn. Die Deklination umfaßt alle Werte von [-90°;90°].

```
Calculated orbital elements from observation:
OE(a=  0,0001 AU, e= 0,10000, Omega= 10,000°, i= 90,000°, omega= 40,000°, M=327,027°)
Calculated Keplerian revolution period:    0,21 d
```

Date (UT)		r [km]	R.Asc.	Decl.	Theta	Azimut	Elevation	v [m/s]
26. 4.2009	7h 45'	16201	12h 40'	-13° 28'	344.027°	21h 32'	-42° 04'	4739,535
26. 4.2009	8h 00'	16353	12h 40'	-28° 23'	347.788°	21h 26'	-53° 28'	4690,950
26. 4.2009	8h 15'	16387	12h 40'	-43° 07'	351.548°	21h 12'	-64° 42'	4680,007
26. 4.2009	8h 29'	16302	12h 40'	-57° 54'	355.308°	20h 23'	-75° 28'	4707,065
26. 4.2009	8h 44'	16102	12h 40'	-72° 57'	359.068°	16h 43'	-82° 08'	4771,221
26. 4.2009	8h 59'	15798	12h 40'	-88° 29'	2.829°	13h 01'	-74° 44'	4870,089
26. 4.2009	9h 14'	15409	0h 39'	-75° 16'	6.589°	12h 16'	-61° 31'	4999,237
26. 4.2009	9h 29'	14963	0h 40'	-58° 07'	10.349°	12h 09'	-45° 29'	5151,318
26. 4.2009	9h 44'	14497	0h 40'	-39° 53'	14.110°	12h 17'	-25° 31'	5314,968
26. 4.2009	9h 59'	14058	0h 40'	-20° 28'	17.870°	12h 35'	0° 58'	5473,967
26. 4.2009	10h 14'	13700	0h 40'	0° 04'	21.630°	13h 11'	35° 49'	5607,735
26. 4.2009	10h 29'	13473	0h 40'	21° 32'	25.390°	15h 19'	70° 39'	5694,603
26. 4.2009	10h 44'	13412	0h 40'	43° 28'	29.151°	22h 19'	69° 20'	5718,085
26. 4.2009	10h 59'	13528	0h 40'	65° 19'	32.911°	23h 57'	48° 54'	5673,373
26. 4.2009	11h 14'	13802	0h 40'	86° 32'	36.671°	0h 39'	31° 49'	5569,490
26. 4.2009	11h 29'	14191	12h 40'	73° 14'	40.431°	1h 10'	17° 34'	5425,345
26. 4.2009	11h 44'	14644	12h 40'	54° 12'	44.192°	1h 40'	5° 18'	5262,821
26. 4.2009	11h 59'	15108	12h 40'	36° 20'	47.952°	2h 11'	-5° 28'	5101,317
26. 4.2009	12h 14'	15540	12h 40'	19° 30'	51.712°	2h 43'	-15° 02'	4955,476
26. 4.2009	12h 29'	15904	12h 40'	3° 30'	55.472°	3h 19'	-23° 37'	4835,273
26. 4.2009	12h 44'	16177	12h 40'	-11° 50'	59.233°	3h 58'	-31° 19'	4747,021

Tabelle 3.9 Ephemeriden eines Satelliten für einen Umlauf für das Topozentrum Berlin. Die Inklination i beträgt 90° und beschreibt damit eine polare Bahn. Die Deklination umfaßt alle Werte von [-90°;90°].

```
Calculated orbital elements from observation:
OE(a=  0,0001 AU, e= 0,10000, Omega= 30,000°, i= 90,000°, omega= 40,000°, M=327,027°)
Calculated Keplerian revolution period:   0,21 d
Date (UT)           r [km]   R.Asc.   Decl.     Theta    Azimut     Elevation    v [m/s]
26. 4.2009   8h 00'  16353   14h 00' -28° 23'  347.788°  20h 14'   -47° 23'     4690,950
26. 4.2009   8h 29'  16302   14h 00' -57° 54'  355.308°  19h 04'   -69° 19'     4707,065
26. 4.2009   8h 59'  15798   14h 00' -88° 29'    2.829°  13h 08'   -74° 29'     4870,089
26. 4.2009   9h 29'  14963    2h 00' -58° 07'   10.349°  10h 59'   -46° 33'     5151,318
26. 4.2009   9h 59'  14058    2h 00' -20° 28'   17.870°  10h 33'     0° 15'     5473,967
26. 4.2009  10h 29'  13473    2h 00'  21° 32'   25.390°   8h 43'    68° 13'     5694,603
26. 4.2009  10h 59'  13528    2h 00'  65° 19'   32.911°   0h 53'    50° 10'     5673,373
26. 4.2009  11h 29'  14191   13h 59'  73° 14'   40.431°   0h 51'    16° 34'     5425,345
26. 4.2009  11h 59'  15108   13h 59'  36° 20'   47.952°   1h 25'    -8° 55'     5101,317
26. 4.2009  12h 29'  15904   14h 00'   3° 30'   55.472°   2h 21'   -29° 29'     4835,273
```

3.9.2 Bahnelemente aus der Beobachtung eines topozentrischen polaren Ortsvektors und seiner zeitlichen Ableitung

Liegen die topozentrischen Angaben Entfernung, Azimut, Elevation (ρ, Az, El) sowie deren zeitliche Änderung $(\dot{\rho}, \dot{Az}, \dot{El})$ als Beobachtungsdaten vor, wie sie von Radarstationen geliefert werden, können wir daraus den geozentrischen kartesischen Orts- und und Geschwindigkeitsvektor berechnen. Das Verfahren aus ▶Abschn. 3.9.1 liefert daraufhin wieder die Bahnelemente (Listing 3.8 ab Zeile 147):

```
double my = satellite.getMy();
double JDObservation = get timestamp from somewhere ...
PairRhoAzEl rho = get rho from somewhere ...
PairRhoAzEl dotRho = get dot rho from somewhere ...

// cartesian topocentric/SEZ vectors from polar (rho, Az,El) coordinates
Vec3d rObsAzelSEZ = Vec3dFactory.fromAzEl(rho);
Vec3d vObsAzelSEZ = Vec3dFactory.fromAzElForVelocity(rho, dotRho);

// cartesian geocentric-equatorial r and v vectors from SEZ coordinates
Vec3d rObsAzelIJK = Util.getGZAFromSEZ(rObsAzelSEZ, JDObservation,
    longitude, latitude, rObserverSite);
Vec3d vObsAzelIJK = Util.getGZAFromSEZForVelocity(rObsAzelIJ,
    vObsAzelSEZ, JDObservation,
    longitude, latitude, rObserverSite);

OrbitalElement oeCalcAzel = Util.calculateOrbitElementFromRandV(
    rObsAzelIJK, vObsAzelIJK, my, JDObservation);
```

Topozentrum im Beispiel ist Berlin ($\lambda = -13.4°, L = 52.5°$).

Die „Beobachtungswerte" am 26.4.2009 um $10^h 15^m 00^s$ (UT) wurden in Teil A des Programms aus ▶Abschn. 3.8 berechnet (siehe Ausgabe ab ▶S. 126) und sind in den Variablen `rho[0].rho`, `rho[0].azimut`, `rho[0].elevation`, `dotRho[0].rho`, `dotRho[0].azimut` und `dotRho[0].elevation` enthalten:

$$\rho = 4.931376060074291 \cdot 10^{-5}\text{AU}, \qquad \dot{\rho} = -3.1251772340905564 \cdot 10^{-4}\text{AU/d}$$

$$Az = 197°48', \qquad \dot{Az} = -2682°27'/\text{d}$$

$$El = 35°46', \qquad \dot{El} = 2321°18'/\text{d}$$

Die Berechnung der Bahnelemente liefert $a = 0,0001 AU, e = 0,10000, \Omega = 10,000°, i = 30,000°, \omega = 40,000°, M = 30,000°$, die berechnete Umlaufzeit beträgt 5,0272 h. Alle Zahlen sind im Rahmen der Rechenungenauigkeiten in Übereinstimmung mit den bekannten Ausgangswerten.

3.9.3 Bahnelemente aus der Beobachtung dreier geozentrischer Ortsvektoren

Haben wir als Beobachtungswerte drei geozentrische Ortsvektoren vorliegen, können wir die Bahnelemente aus ihnen mit dem Verfahren von GIBBS ermitteln, ▸ Absch. 2.10. Das Astronomie-Framework stellt dazu eine Methode `Utils.calculateOrbitElementFromRRR` bereit (Listing 3.8 ab Zeile 138):

```
double my = satellite.getMy();
double JDObservation = get timestamp from somewhere ...
Vec3d rObservation[] = get r array from somewhere ...

OrbitalElement oeCalcRRR = Util.calculateOrbitElementFromRRR(
    rObservation[0], rObservation[1], rObservation[2], my,
    JDObservation);
```

Die „Beobachtungswerte" am 26.4.2009 um $10^\text{h}15^\text{m}00^\text{s}$, $10^\text{h}45^\text{m}00^\text{s}$ und $11^\text{h}15^\text{m}00^\text{s}$ (UT) wurden mit Hilfe des Programms aus ▸ Absch. 3.8 berechnet (siehe Ausgabe ab ▸ S. 126) und sind in den Variablen `rObservation[0]`, `rObservation[1]` und `rObservation[2]` enthalten:

$$\mathbf{r}_1 = \begin{pmatrix} 9.0170e - 05 \\ 1.6013e - 05 \\ 6.4412e - 08 \end{pmatrix} \text{AU}, \quad \mathbf{v}_1 = \begin{pmatrix} -6.8039e - 04 \\ 2.7228e - 03 \\ 1.6164e - 03 \end{pmatrix} \text{AU/d}$$

$$\mathbf{r}_2 = \begin{pmatrix} 5.4794e - 05 \\ 6.3909e - 05 \\ 3.0844e - 05 \end{pmatrix} \text{AU}, \quad \mathbf{v}_2 = \begin{pmatrix} -2.5870e - 03 \\ 1.6622e - 03 \\ 1.2045e - 03 \end{pmatrix} \text{AU/d}$$

$$\mathbf{r}_3 = \begin{pmatrix} -8.3562e - 06 \\ 7.9508e - 05 \\ 4.6045e - 05 \end{pmatrix} \text{AU}, \quad \mathbf{v}_3 = \begin{pmatrix} -3.2036e - 03 \\ -2.0299e - 04 \\ 2.0577e - 04 \end{pmatrix} \text{AU/d}$$

Die Berechnung der Bahnelemente liefert $a = 0,0001 AU, e = 0,10000, \Omega = 10,000°, i = 30,000°, \omega = 40,000°, M = 30,000°$, die berechnete Umlaufzeit beträgt 5,0272 h oder 0,21 d. Alle Zahlen sind im Rahmen der Rechenungenauigkeiten in Übereinstimmung mit den bekannten Ausgangswerten.

3.9.4 Bahnelemente aus der Beobachtung dreier topozentrischer polarer Ortsvektoren

Liegen als Beobachtungsdaten drei Beobachtungen mit den topozentrischen Angaben Entfernung, Azimut, Elevation (ρ, Az, El) vor, können wir daraus drei geozentrische kartesische Ortsvektoren berechnen und mit diesen und dem Verfahren aus ▸ Absch. 3.9.3 die Bahnelemente erhalten:

```
double my = satellite.getMy();
double JDObservation[i] = get timestamp array from somewhere ...
PairRhoAzEl rho[] = get rho array from somewhere ...

Vec3d rObsAzelIJK[] = new Vec3d[3];
for( int i = 0; i < 3; i++ ) {
    // cartesian topocentric/SEZ vector from polar (rho, Az,El) coord.
    Vec3d rObsAzelSEZ = Vec3dFactory.fromAzEl(rho[i]);
    // cartesian geocentric-equatorial r vector from SEZ coordinates
    rObsAzelIJK[i] = Util.getGZAFromSEZ(rObsAzelSEZ, JDObservation[i],
        longitude, latitude, rObserverSite);
}

OrbitalElement oeCalcAzelAzelAzel = Util.calculateOrbitElementFromRRR(
    rObsAzelIJK[0], rObsAzelIJK[1], rObsAzelIJK[2], my,
    JDObservation[0]);
```

Die Umrechnung von topozentrischen Polarkoordinaten in geozentrische kartesische Koordinaten erfolgt wie in ▸Absch. 3.9.2 beschrieben, jedoch in einer Schleife mit drei Durchläufen, entsprechend den drei Beobachtungsdaten und ohne Berücksichtigung der zeitlichen Ableitungen bzw. der Geschwindigkeitsvektoren, da wir es in diesem Beispiel lediglich mit Ortsvektoren zu tun haben. Topozentrum ist wie in jedem Beispiel Berlin ($\lambda = -13.4°$, $L = 52.5°$).

Auch diese „Beobachtungswerte" vom 26.4.2009 um $10^h15^m00^s$, $10^h45^m00^s$ und $11^h15^m00^s$ (UT) wurden mit Hilfe des Programms aus ▸Absch. 3.8 berechnet (siehe Ausgabe ab ▸S. 126) und sind in den Variablen rho[0].rho, rho[0].azimut, rho[0].elevation bis hin zu rho[2].rho, rho[2].azimut, rho[2].elevation enthalten:

$$\rho_1 = 4.931376060074291 \cdot 10^{-5}\text{AU}, \qquad Az_1 = 197°48', \qquad El_1 = 35°46'$$

$$\rho_2 = 6.357821327920302 \cdot 10^{-5}\text{AU}, \qquad Az_2 = 106°07', \qquad El_2 = 48°14'$$

$$\rho_3 = 9.700272956039379 \cdot 10^{-5}\text{AU}, \qquad Az_3 = 72°53', \qquad El_3 = 22°39'$$

Die Berechnung der Bahnelemente liefert wiederum $a = 0,0001AU, e = 0,10000, \Omega = 10,000°, i = 30,000°, \omega = 40,000°, M = 30,000°$, die berechnete Umlaufzeit beträgt 5,0272 h. Alle Zahlen sind im Rahmen der Rechenungenauigkeiten in Übereinstimmung mit den bekannten Ausgangswerten.

A Rechen-Schemata (Kurzfassung)

A.1 Näherungsweise Lösung der Keplergleichung

Gegeben ist die mittlere Anomalie $M \in [0, 2\pi]$ sowie die Exzentrizität $e \in]0, 1[$. Gesucht ist die näherungsweise Lösung E' der Keplergleichung (Absch. 2.8.2)

$$M = E - e \sin E$$

Es gilt die Fehlerabschätzung $|E^* - E| < \delta$, wobei E die exakte Lösung ist.

Es stehen zwei Näherungsverfahren zur Verfügung, einmal die Lösung über den *Banachschen Fixpunktsatz*:

```
E_0 = M
E_1 = M + e sin E_0

solange  e/(1-e) |E_1 - E_0| ≥ δ  {
   E_0 = E_1
   E_1 = M + e sin E_0
}

E* = E_1
```

Die Lösung über das *Newton-Verfahren* beruht auf der Lösung der Gleichung

$$E_{n+1} = E_n - \frac{g(E_n)}{g'(E_n)} = \frac{M + e(\sin E_n - E_n \cos E_n)}{1 - e \cos E_n}$$

```
E_0 = M
E_1 = (M + e(sin E_0 - E_0 cos E_0)) / (1 - e cos E_0)

solange  e/(1-e) |E_1 - E_0| ≥ δ  {
   E_0 = E_1
   E_1 = (M + e(sin E_0 - E_0 cos E_0)) / (1 - e cos E_0)
}

E* = E_1
```

A.2 Koordinatentransformationen

Tab. A.1 enthält die wesentlichen Umrechnungen von kartesischen in polare Koordinaten. Die Transformationen zwischen den üblichen astronomischen Koordinatensystemen zeigt Tab. A.2.

Tabelle A.1 Umrechnung zwischen üblichen astronomischen Koordinatensystemen und den zugehörenden Polarkoordinaten.

Helio-/geozentrisch-ekliptikal (i_e, j_e, k_e) Ekliptikale Länge/Breite (r, l, b)

$$r = \sqrt{i_e^2 + j_e^2 + z_e^2}$$

$$b = \arcsin \frac{k_e}{r}$$

$$l = \arctan \frac{j_e}{i_e} + \begin{cases} 0 & i_e \geq 0 \\ \pi & i_e < 0 \end{cases}$$

$$i_e = r \cos b \cos l$$

$$j_e = r \cos b \sin l$$

$$k_e = r \sin b$$

Helio-/geozentrisch-äquatorial (i_a, j_a, k_a) Rektaszension/Deklination (ρ, α, δ)

$$\rho = \sqrt{i_a^2 + j_a^2 + z_a^2}$$

$$\delta = \arcsin \frac{k_a}{\rho}$$

$$\alpha = \arctan \frac{j_a}{i_a} + \begin{cases} 0 & i_a \geq 0 \\ \pi & i_a < 0 \end{cases}$$

$$i_a = \rho \cos \delta \cos \alpha$$

$$j_a = \rho \cos \delta \sin \alpha$$

$$k_a = \rho \sin \delta$$

---

topozentrisch SEZ (s, e, z) Azimut/Elevation (ρ, Az, El)

$$\rho = \sqrt{s^2 + e^2 + z^2}$$

$$El = \arcsin \frac{z}{\rho}$$

$$Az = \begin{cases} Az' + 2\pi & \rho_S < 0, \rho_E < 0 \,(IV) \\ Az' & \rho_S < 0, \rho_E \geq 0 \,(I) \\ \pi - Az' & \rho_S \geq 0, \rho_E < 0 \,(III) \\ \pi - Az' & \rho_S \geq 0, \rho_E \geq 0 \,(II) \end{cases}$$

$$s = -\rho \cos El \cos Az$$

$$e = \rho \cos El \sin Az$$

$$z = \rho \sin El$$

$$\sin Az' = \frac{\rho_E}{\sqrt{\rho_S^2 + \rho_E^2}}$$

$$\cos Az' = \frac{-\rho_S}{\sqrt{\rho_S^2 + \rho_E^2}}$$

Tabelle A.2 Umrechnung zwischen üblichen astronomischen Koordinatensystemen. Die Formeln für Ortsvektoren gelten analog auch für Geschwindigkeitsvektoren, sofern diese nicht gesondert aufgeführt werden.

von in	ekliptikal $(\mathbf{r}_E)$	äquatorial $(\mathbf{r}_A)$
ekliptikal	$\mathbf{r}_E = \mathbf{I} \cdot \mathbf{r}_E$	$\mathbf{r}_E = \mathbf{D}_I(+\epsilon) \cdot \mathbf{r}_A$
äquatorial	$\mathbf{r}_A = \mathbf{D}_I(-\epsilon) \cdot \mathbf{r}_E$	$\mathbf{r}_A = \mathbf{I} \cdot \mathbf{r}_A$

von in	helioz.-ekliptikal $(\mathbf{r}_{HE})$	geoz.ekliptikal $(\mathbf{r}_{GE})$
helioz. ekl.	$\mathbf{r}_{HE} = \mathbf{I} \cdot \mathbf{r}_{HE}$	$\mathbf{r}_{HE} = \mathbf{r}_{GE} - \mathbf{R}_\odot$
geoz. ekl.	$\mathbf{r}_{GE} = \mathbf{r}_{HE} + \mathbf{R}_\odot$	$\mathbf{r}_{GE} = \mathbf{I} \cdot \mathbf{r}_{GE}$

von in	perifokal $(\mathbf{r}_{PQW})$	kartesisch IJK $(\mathbf{r}_{IJK})$
perifokal	$\mathbf{r}_{PQW} = \mathbf{I} \cdot \mathbf{r}_{PQW}$	$\mathbf{r}_{PQW} = \mathbf{D}_K(+\omega) \cdot \mathbf{D}_I(+i) \cdot \mathbf{D}_K(+\Omega) \cdot \mathbf{r}_{IJK}$
IJK	$\mathbf{r}_{IJK} = \mathbf{D}_K(-\Omega) \cdot \mathbf{D}_I(-i) \cdot \mathbf{D}_K(-\omega) \cdot \mathbf{r}_{PQW}$	$\mathbf{r}_{IJK} = \mathbf{I} \cdot \mathbf{r}_{IJK}$

Ob das kartesische IJK-System ein heliozentrisches oder geozentrisches, ein ekliptikales oder ein äquatoriales System ist, hängt davon ab, gegen welches System die Bahnelemente bestimmt wurden.

von in	geozentrisch IJK $(\mathbf{r}_{IJK})$	topozentrisch IJK $(\boldsymbol{\rho}_{IJK})$
geoz. IJK	$\mathbf{r}_{IJK} = \mathbf{I} \cdot \mathbf{r}_{IJK}$	$\mathbf{r}_{IJK} = \boldsymbol{\rho}_{IJK} + \mathbf{R}_{IJK}$ $\mathbf{v}_{IJK} = \dot{\boldsymbol{\rho}}_{IJK} + \boldsymbol{\omega}_\oplus \times \mathbf{r}_{IJK}$
topoz. IJK	$\boldsymbol{\rho}_{IJK} = \mathbf{r}_{IJK} - \mathbf{R}_{IJK}$ $\dot{\boldsymbol{\rho}}_{IJK} = \mathbf{v}_{IJK} - \boldsymbol{\omega}_\oplus \times \mathbf{r}_{IJK}$	$\boldsymbol{\rho}_{IJK} = \mathbf{I} \cdot \boldsymbol{\rho}_{IJK}$

$\mathbf{R}_{IJK}$ ist der Ortsvektor der topozentrischen Beobachterposition. Für die Erde kann sie aus geographischer Länge und Breite bestimmt werden.

von in	topozentrisch SEZ $(\boldsymbol{\rho})$	topozentrisch IJK $(\boldsymbol{\rho}_{IJK})$
topoz. SEZ	$\boldsymbol{\rho} = \mathbf{I} \cdot \boldsymbol{\rho}$	$\boldsymbol{\rho} = \mathbf{D}_J(90 - L) \cdot \mathbf{D}_K(\theta) \cdot \boldsymbol{\rho}_{IJK}$
topoz. IJK	$\boldsymbol{\rho}_{IJK} = \mathbf{D}_K(-\theta) \cdot \mathbf{D}_J(L - 90) \cdot \boldsymbol{\rho}$	$\boldsymbol{\rho}_{IJK} = \mathbf{I} \cdot \boldsymbol{\rho}_{IJK}$

A.3   Rechenschema: r, v, Polarkoordinaten aus Bahnelementen (Ephemeriden)

Gesucht sind Ort und Geschwindigkeit $\mathbf{r}$, $\mathbf{v}$ eines Himmelskörpers zu einem beliebigen Zeitpunkt t. Gegeben sind die Bahnelemente zur Epoche T. Das Rechenschema liefert die heliozentrischen sowie die geozentrisch-äquatorialen Polarkoordinaten (α, δ) des Körpers (Ephemeriden):

1. Berechne den Ortsvektor $\mathbf{r}(t)$ im perifokalen System (▶ Absch. 2.8.2):

   - Berechne $M(t) = M(T) + \frac{2\pi}{P_t}(t - T) = M(T) + \sqrt{\frac{G(m+M_\odot)}{a^3}}(t - T)$ und daraus die exzentrische Anomalie $E(t)$ durch Lösen der Keplergleichung

   - Bilde den Ortsvektor im perifokalen System

   $$\mathbf{r} = \frac{a(1 - e^2)}{1 + e\cos\nu} \begin{pmatrix} \cos\nu(t) \\ \sin\nu(t) \\ 0 \end{pmatrix} = a \begin{pmatrix} \cos E(t) - e \\ \sqrt{1 - e^2}\sin E(t) \\ 0 \end{pmatrix}$$

2. Transformiere die Koordinaten aus dem Bahn-System in heliozentrisch-ekliptikale und heliozentrisch-äquatoriale Koordinaten (▶ Absch. 2.8.3):

   $$\mathbf{r_1} = \mathbf{D_I}(-\epsilon)\mathbf{D_K}(-\Omega) \cdot \mathbf{D_I}(-i) \cdot \mathbf{D_K}(-\omega) \cdot \mathbf{r}$$

3. Berechne Rektaszension und Deklination (▶ Absch. 2.8.4):

   - Rechne das helio- in ein geozentrisches Koordinatensystem um (heliozentrische Erdposition ist bekannt oder analog berechnet):

   $$\mathbf{r_2} = \mathbf{r_1} - \mathbf{r_{1,\oplus}}$$

   - Berechne Rektaszension und Deklination

   $$r = \sqrt{r_{2,x}^2 + r_{2,y}^2 + r_{2,z}^2} \quad \delta = \arcsin\frac{r_{2,z}}{r} \quad \alpha = \arctan\frac{r_{2,y}}{r_{2,x}} + \begin{cases} 0 & r_{2,x} \geq 0 \\ \pi & r_{2,x} < 0 \end{cases}$$

A.4 Rechenschema: Bahnelemente aus Orts- und Geschwindigkeitsvektor

Gesucht sind die klassischen Bahnelemente. Gegeben sind die Anfangsbedingungen, d. h. der Orts- und Geschwindigkeitsvektor $\mathbf{r}$ und $\mathbf{v}$ zu einem gegebenen Zeitpunkt in heliozentrisch-ekliptikalen Koordinaten. Das Rechenschema liefert die sechs klassischen Bahnelemente:

1. Berechne Energie, Drehimpuls, Knotenlinie und Runge-Lenz-Vektor:

$$E = \frac{v^2}{2} - \frac{\mu}{r}, \quad \mathbf{h} = \mathbf{r} \times \mathbf{v}, \quad \mathbf{n} = \mathbf{K} \times \mathbf{h}, \quad \mathbf{B} = \mathbf{v} \times \mathbf{h} - \frac{\mu}{r}\mathbf{r}$$

2. Berechne die Formparameter a und e:

$$a = \frac{\mu}{2E}, \quad e = \sqrt{1 - \frac{h^2}{\mu a}}$$

3. Berechne die Lageelemente Inklination, Länge des aufsteigenden Knotens und Argument der Periapsis:

$$i = \arccos \frac{\mathbf{h} \cdot \mathbf{K}}{h} = \arccos \frac{h_k}{h}$$

$$i = 0 : \Omega = 0, \quad \omega = \begin{cases} 0 & e = 0 \vee B = 0 \\ \arccos \frac{\mathbf{B} \cdot \mathbf{I}}{B} & B_k \geq 0 \\ 2\pi - \arccos \frac{\mathbf{B} \cdot \mathbf{I}}{B} & B_k < 0 \end{cases}$$

$$i \neq 0 : \Omega = \arccos \frac{\mathbf{n} \cdot \mathbf{I}}{n} = \begin{cases} \arccos \frac{n_i}{n} & n_j \geq 0 \\ 2\pi - \arccos \frac{n_i}{n} & n_j < 0 \end{cases}$$

$$\omega = \begin{cases} 0 & e = 0 \vee B = 0 \\ \arccos \frac{\mathbf{B} \cdot \mathbf{n}}{Bn} & B_k \geq 0 \\ 2\pi - \arccos \frac{\mathbf{B} \cdot \mathbf{n}}{Bn} & B_k < 0 \end{cases}$$

Die ersten Fallunterscheidungen filtern kreisförmige Bahnen ($e = 0$) ohne eindeutige Periapsis oder Runge-Lenz-Vektor $\mathbf{B}$ sowie Bahnen innerhalb der Bezugsebene ohne Knotenlinie aus.

4. Berechne die mittlere Anomalie $M(T)M = M(t)$ für $T = t$:

$$\nu_0 = \begin{cases} 0 & e = 0 \vee B = 0 \\ \arccos \frac{\mathbf{r} \cdot \mathbf{B}}{rB} & \mathbf{r} \cdot \mathbf{v} \geq 0 \\ 2\pi - \arccos \frac{\mathbf{r} \cdot \mathbf{B}}{rB} & \mathbf{r} \cdot \mathbf{v} < 0 \end{cases}$$

$$E = \begin{cases} \arccos \frac{e + \cos \nu_0}{1 + e \cos \nu_0} & 0 \leq \nu_0 \leq \pi \\ 2\pi - \arccos \frac{e + \cos \nu_0}{1 + e \cos \nu_0} & \pi < \nu_0 \leq 2\pi \end{cases}$$

$$M(T) = M(t) = E(t) - e \sin E(t)$$

Die erste Fallunterscheidung filtert kreisförmige Bahnen ($e = 0$) ohne eindeutige Periapsis oder Runge-Lenz-Vektor $\mathbf{B}$ aus.

A.5 Bahnelementebestimmung aus drei Ortsvektoren

- Berechne die Vektoren $\mathbf{N}$, $\mathbf{S}$ und $\mathbf{D}$ aus den Beobachtungsdaten

$$
\begin{aligned}
\mathbf{N} &= r_1(\mathbf{r}_2 \times \mathbf{r}_3) + r_2(\mathbf{r}_3 \times \mathbf{r}_1) + r_3(\mathbf{r}_1 \times \mathbf{r}_2) \\
\mathbf{D} &= \mathbf{r}_2 \times \mathbf{r}_3 + \mathbf{r}_3 \times \mathbf{r}_1 + \mathbf{r}_1 \times \mathbf{r}_2 \\
\mathbf{U} &= ((r_2 - r_3)\mathbf{r}_1 + (r_3 - r_1)\mathbf{r}_2 + (r_1 - r_2)\mathbf{r}_3)
\end{aligned}
$$

- Überprüfe die Koplanarität mit der Bedingung $\mathbf{D} \cdot \mathbf{N} > 0$

- Berechne die Bahnelemente p ($\blacktriangleright$ Glg. 2.50) und e ($\blacktriangleright$ Glg. 2.54)

$$
p = \frac{N}{D}, \quad e = \frac{U}{Q}
$$

- Berechne die orthogonalen Basisvektoren des PQW-Systems ($\blacktriangleright$ Glg. 2.55)

$$
\mathbf{Q} = \frac{\mathbf{U}}{U}, \quad \mathbf{P} = \mathbf{Q} \times \mathbf{W}, \quad \mathbf{W} = \frac{\mathbf{N}}{N}
$$

- Berechne $\mathbf{v}$

$$
\mathbf{v} = \sqrt{\frac{\mu}{DN}} \left(\frac{\mathbf{D} \times \mathbf{r}}{r} + \mathbf{U} \right)
$$

- Weiter mit $\blacktriangleright$ Absch. A.4

B Mathematisch-physikalische Grundlagen

Dieses Kapitel stellt einen „Spickzettel" dar für die wesentlichen physikalischen und mathematischen Grundlagen, Sätze und Werkzeuge, die benötigt werden, um astrodynamische Vorgänge zu beschreiben oder zu berechnen. Es ist in knapper Form gehalten und enthält nur die für die Thematik wesentlichen Erläuterungen. Hauptzweck ist, rasch Zusammehänge oder Formeln nachzuschlagen, die man etwa nicht mehr präsent hat. Weitergehende Kenntnisse in Physik und Mathematik sind unerlässlich für ein Verständnis der Vorgänge.

B.1 Mechanik

B.1.1 Formeln zur geradlinigen Bewegung

Der *Impuls* ist das Produkt aus (träger) Masse und Geschwindigkeit. Der Impuls ist eine Erhaltungsgröße, zu seiner Änderung muß eine *Kraft* einwirken:

$$\mathbf{p} = m\mathbf{v} \tag{B.1}$$
$$\mathbf{F} = \frac{d}{dt}\mathbf{p} = m\dot{\mathbf{v}} = m\mathbf{a}$$

Die *Arbeit* W in einem Kraftfeld $\mathbf{F}$ ist das längs eines Wegs C gebildete Produkt aus Kraft und Wegstück:

$$W = \mathbf{F} \cdot \mathbf{s} = \int_C \mathbf{F}(\mathbf{r})\, d\mathbf{r} \tag{B.2}$$

Das Kraftfeld kann auch durch ein skalares Potential ϕ beschrieben werden:

$$\mathbf{F}(\mathbf{r}) = -\nabla\phi(\mathbf{r}) \tag{B.3}$$

Die in einem Potential geleistete Arbeit wird häufig als Energie bezeichnet, bspw. als potentielle Energie, wenn das Kraftfeld die Gravitation beschreibt. Sie kann aus dem Kraftfeld ermittelt werden, wobei man einen beliebigen Bezugspunkt P wählen muss:

$$W(\mathbf{r}) = W(\mathbf{P}, \mathbf{r}) = \int_{\mathbf{P}}^{\mathbf{r}} \mathbf{F}\, d\mathbf{r}'$$

Ist das Kraftfeld konservativ oder wirbelfrei ($\nabla \times \mathbf{F} = 0$), so ist die geleistete Arbeit unabhängig vom Weg und nur abhängig von Start- und Endpunkt, sodass sich für die Energie ergibt:

$$W(\mathbf{r}) = W(\mathbf{P}, \mathbf{r}) = \phi(\mathbf{r}) - \phi(\mathbf{P})$$

Die Wahl des Bezugspunktes liefert eine konstante additive Komponente zu *allen* Zahlenwerten, sodass der Bezugspunkt selber unerheblich ist. Häufig wird er so gewählt, daß die Energie an diesem Punkt Null wird.

Die *Leistung* ist die zeitliche Änderung der Energie:

$$P = \frac{d}{dt}W = \mathbf{F} \cdot \mathbf{v} \tag{B.4}$$

Beispiel kinetische Energie Bei gleichförmiger Beschleunigung längs einer Geraden ($F = ma$, $v(t) = at$, $r(t) = \frac{1}{2}at^2$) gilt:

$$E_{\text{kin}} = \int_C \mathbf{F}(\mathbf{r})\,d\mathbf{r} = \int_0^{\mathbf{r}} ma\,d\mathbf{r} = mar = \frac{1}{2}ma^2t^2 = \frac{1}{2}mv^2$$

B.1.2 Formeln zur Rotationsbewegung

Der *Drehimpuls* ist definiert als Kreuzprodukt zwischen Ortsvektor $\mathbf{r}$ und Impuls $\mathbf{p} = m\mathbf{v}$:

$$\mathbf{L} = \mathbf{r} \times \mathbf{p} = m\mathbf{r} \times \mathbf{v} \tag{B.5}$$

Die drei Vektoren $\mathbf{r}$, $\mathbf{v}$ und $\mathbf{L}$ bilden in dieser Reihenfolge ein Rechtssystem. Auch der Drehimpuls ist eine Erhaltungsgröße; um den Drehimpuls zu ändern, ist ein *Drehmoment* erforderlich, das durch den Angriff einer Kraft $\mathbf{F}$ am Punkt $\mathbf{r}$ entsteht:

$$\frac{d\mathbf{L}}{dt} = \mathbf{D} = \mathbf{r} \times \mathbf{F} \tag{B.6}$$

Die Bahngeschwindigkeit $\mathbf{v}$ eines rotierenden Punktes im Abstand $\mathbf{r}$ vom Rotationszentrum wird durch $\boldsymbol{\omega}$ beschrieben:

$$\mathbf{v} = \boldsymbol{\omega} \times \mathbf{r} \tag{B.7}$$

Die nach innen gerichtete *Zentripetalkraft* ergibt sich aus:

$$\begin{aligned} \mathbf{F}_{\text{ZP}} &= m\boldsymbol{\omega} \times (\boldsymbol{\omega} \times \mathbf{r}) \\ F_{\text{ZP}} &= m\omega^2 r \\ &= \frac{mv^2}{r} \end{aligned} \tag{B.8}$$

B.2 Polarkoordinaten

Umrechnung kartesische in polare Koordinaten ($(x,y) \to (r,\nu)$):

$$\begin{aligned} r &= \sqrt{x^2 + y^2} \\ \tan\nu &= \frac{y}{x} \end{aligned} \tag{B.9}$$

Umrechnung polare in kartesische Koordinaten ($(r,\nu) \to (x,y)$):

$$\begin{aligned} x &= a\cos\nu \\ y &= b\sin\nu \end{aligned} \tag{B.10}$$

B.3 Trigonometrie im ebenen Dreieck

Definitionen:

$$\sin\alpha \;=\; \frac{\text{Gegenkathete}}{\text{Hypotenuse}} \tag{B.11}$$

$$\cos\alpha \;=\; \frac{\text{Ankathete}}{\text{Hypotenuse}} \tag{B.12}$$

$$\tan\alpha \;=\; \frac{\sin\alpha}{\cos\alpha} = \frac{\text{Gegenkathete}}{\text{Ankathete}} \tag{B.13}$$

Sinus-Satz:

$$\frac{a}{\sin\alpha} = \frac{b}{\sin\beta} = \frac{c}{\sin\gamma} \tag{B.14}$$

Cosinus-Satz:

$$a^2 \;=\; b^2 + c^2 - 2ab\cos\alpha \tag{B.15}$$
$$b^2 \;=\; a^2 + c^2 - 2ab\cos\beta$$
$$c^2 \;=\; a^2 + b^2 - 2ab\cos\gamma$$

Additionstheoreme:

$$\sin(\alpha+\beta) \;=\; \sin\alpha\cos\beta + \cos\alpha\sin\beta \tag{B.16}$$
$$\cos(\alpha+\beta) \;=\; \cos\alpha\cos\beta - \sin\alpha\sin\beta \tag{B.17}$$

Einige Identitäten:

$$\sin^2\alpha + \cos^2\alpha \;=\; 1 \tag{B.18}$$
$$\cos\alpha \;=\; \sin\left(90° - \alpha\right) = \sin\left(90° + \alpha\right) \tag{B.19}$$
$$\sin\alpha \;=\; \cos\left(90° - \alpha\right) = -\cos\left(90° + \alpha\right) \tag{B.20}$$

B.4 Vektoranalysis

B.4.1 Identitäten der Vektoranalysis

$$\mathbf{A} \cdot \mathbf{B} = AB\cos\theta \tag{B.21}$$
$$\mathbf{A} \times \mathbf{B} = AB\sin\theta \tag{B.22}$$
$$\mathbf{A} \times \mathbf{B} = -\mathbf{B} \times \mathbf{A} \tag{B.23}$$
$$\nabla(U+V) = \nabla U + \nabla V \tag{B.24}$$
$$\nabla \cdot (\mathbf{A}+\mathbf{B}) = \nabla \cdot \mathbf{A} + \nabla \cdot \mathbf{B} \tag{B.25}$$
$$\nabla \times (\mathbf{A}+\mathbf{B}) = \nabla \times \mathbf{A} + \nabla \times \mathbf{B} \tag{B.26}$$
$$\mathbf{A} \cdot (\mathbf{B} \times \mathbf{C}) = \mathbf{B} \cdot (\mathbf{C} \times \mathbf{A}) = \mathbf{C} \cdot (\mathbf{A} \times \mathbf{B}) = [\mathbf{ABC}] \quad \text{(Spatprodukt)} \tag{B.27}$$
$$\mathbf{A} \times (\mathbf{B} \times \mathbf{C}) = (\mathbf{A} \cdot \mathbf{C})\mathbf{B} - (\mathbf{A} \cdot \mathbf{B})\mathbf{C} \tag{B.28}$$
$$(\mathbf{A} \times \mathbf{B}) \times \mathbf{C} = (\mathbf{A} \cdot \mathbf{C})\mathbf{B} - (\mathbf{B} \cdot \mathbf{C})\mathbf{A} \tag{B.29}$$

$$\nabla \cdot (U\mathbf{A}) = (\nabla U) \cdot \mathbf{A} + U(\nabla \cdot \mathbf{A}) \tag{B.30}$$

$$\nabla \times (U\mathbf{A}) = (\nabla U) \times \mathbf{A} + U(\nabla \times \mathbf{A}) \tag{B.31}$$

$$\nabla \cdot (\mathbf{A} \times \mathbf{B}) = \mathbf{B} \cdot (\nabla \times \mathbf{A}) - \mathbf{A} \cdot (\nabla \times \mathbf{B}) \tag{B.32}$$

$$\nabla(\mathbf{A} \cdot \mathbf{B}) = (\mathbf{B} \cdot \nabla)\mathbf{A} + (\mathbf{A} \cdot \nabla)\mathbf{B} + \mathbf{B} \times (\nabla \times \mathbf{A}) + \mathbf{A} \times (\nabla \times \mathbf{B}) \tag{B.33}$$

$$\nabla \times (\nabla U) = 0 \tag{B.34}$$

$$\nabla \cdot (\nabla \cdot \mathbf{A}) = 0 \tag{B.35}$$

$$\nabla \times (\nabla \times \mathbf{A}) = \nabla(\nabla \cdot \mathbf{A}) - \nabla^2 \mathbf{A} \tag{B.36}$$

Ableitungen von vektoriellen Grössen:

$$\mathbf{a} \cdot \dot{\mathbf{a}} = a\dot{a} \quad \left(\mathbf{a}^2 = a^2, \frac{d}{dt}\mathbf{a}^2 = 2\mathbf{a}\dot{\mathbf{a}} = \frac{d}{dt}a^2 = 2a\dot{a}\right) \tag{B.37}$$

$$\mathbf{a} \times \mathbf{a} = 0 \tag{B.38}$$

$$\frac{d}{dt}(\mathbf{r} \times \dot{\mathbf{r}}) = \underbrace{\dot{\mathbf{r}} \times \dot{\mathbf{r}}}_{=0} + \mathbf{r} \times \ddot{\mathbf{r}} \tag{B.39}$$

$$\frac{d}{dt}(U\mathbf{A}) = U\frac{d\mathbf{A}}{dt} + \frac{dU}{dt}\mathbf{A} \tag{B.40}$$

$$\frac{d}{dt}(\mathbf{A} \cdot \mathbf{B}) = \mathbf{A} \cdot \frac{d\mathbf{B}}{dt} + \frac{d\mathbf{A}}{dt} \cdot \mathbf{B} \tag{B.41}$$

$$\frac{d}{dt}(\mathbf{A} \times \mathbf{B}) = \mathbf{A} \times \frac{d\mathbf{B}}{dt} + \frac{d\mathbf{A}}{dt} \times \mathbf{B} \tag{B.42}$$

$$\tag{B.43}$$

Ist $\mathbf{r_0}$ ein Einheitsvektor, so steht seine zeitliche Änderung immer senkrecht auf dem Einheitsvektor:

$$\frac{d}{dt}\mathbf{r_0} \cdot \mathbf{r_0} = 0 \tag{B.44}$$

Das Differential einer mittelbaren Funktion $u = f(x_1, x_2, \dots)$ ist gegeben durch

$$du = \frac{\partial f}{\partial x_1}dx_1 + \frac{\partial f}{\partial x_2}dx_2 + \cdots = \sum_i \frac{\partial f}{\partial x_i}dx_i \tag{B.45}$$

B.4.2 Ebenengleichung

Gleichung einer Ebene durch die drei Punkte P_{1-3}: das Spatprodukt $[\overline{PP_1}, \overline{P_2P_1}, \overline{P_3P_1}]$ muss Null werden:

$$
\begin{aligned}
\overline{PP_1} \cdot (\overline{P_2P_1} \times \overline{P_3P_1}) &= 0 \\
&= (\mathbf{r} - \mathbf{r_1}) \cdot ((\mathbf{r_2} - \mathbf{r_1}) \times (\mathbf{r_3} - \mathbf{r_1})) \\
&= \begin{vmatrix} x - r_{x1} & y - r_{y1} & z - r_{z1} \\ r_{x2} - r_{x1} & r_{y2} - r_{y1} & r_{z2} - r_{z1} \\ r_{x3} - r_{x1} & r_{y3} - r_{y1} & r_{z3} - r_{z1} \end{vmatrix}
\end{aligned} \tag{B.46}
$$

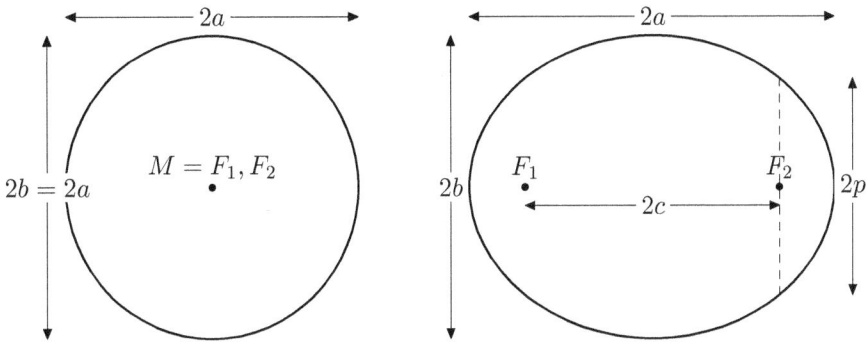

Abbildung B.1 Zwei bedeutende Kegelschnitte: Kreis und Ellipse und die Lage wichtiger Kenn-größen: grosse und kleine Halbachse a und b, Parameter p, Brennweite c.

B.5   Kegelschnitte, die Ellipse

Eine *Ellipse* ist die Menge aller Punkte P, für die die Summe der Abstände zu zwei gegebenen Punkten F_1 und F_2 gleich $2a$ ist:

$$E = \left\{ P \mid |\overline{F_1P}| + |\overline{PF_2}| = 2a \right\} \tag{B.47}$$

Die beiden Punkte F_i heissen *Brennpunkte*. Weitere Begriffe sind (Abb. B.1):

F_i Brennpunkte.

a, b Grosse und kleine Halbachse, $b = a\sqrt{1 - e^2}$.

p (Halb-)Parameter, $p = \frac{b^2}{a} = a(1 - e^2)$.

c Brennweite, lineare Exzentrizität, $c = \sqrt{a^2 - b^2} = ae$.

e Numerische Exzentrizität, $e = \frac{c}{a}$ Ein Wert von 0 steht für einen Kreis, ein Wert grösser Eins für eine Hyperbel, ein Wert genau gleich Eins für eine Parabel.

Die Gleichung einer Ellipse in kartesischen Koordinaten:

$$\frac{x^2}{a^2} + \frac{y^2}{b^2} = 1 \tag{B.48}$$

Die Gleichung einer Ellipse in Polar-Koordinaten:

$$r = \frac{p}{1 + e\cos\nu} = \frac{a(1 - e^2)}{1 + e\cos\nu} \tag{B.49}$$

Die Gleichung einer Ellipse in Parameterdarstellung:

$$\begin{aligned} x &= a\cos\phi \\ y &= b\sin\phi \end{aligned} \tag{B.50}$$

Diese Darstellungen liefern folgende Zusammenhänge für a und e

$$e = \frac{r_{\text{Apoapsis}} - r_{\text{Periapsis}}}{r_{\text{Apoapsis}} + r_{\text{Periapsis}}}$$

$$a = \frac{r_{\text{Apoapsis}} + r_{\text{Periapsis}}}{2}$$

und für die Periapsisentfernung

$$r_{\text{Periapsis}} = a - c = a - ae = a(1 - e) \qquad \text{(B.51)}$$

B.6 Koordinatentransformationen

Die Transformation von Koordinaten (i, j, k) im IJK-System in die Koordinaten (u, v, w) im UVW-System kann durch eine Matrixmultiplikation mit der Matrix $\mathbf{A}$ dargestellt werden:

$$(u, v, w) = \mathbf{A}\,(i, j, k) \qquad \text{(B.52)}$$

$$= \begin{pmatrix} a_{11}i + a_{12}j + a_{13}k \\ a_{21}i + a_{22}j + a_{23}k \\ a_{31}i + a_{32}j + a_{33}k \end{pmatrix}$$

Einfache Basisoperationen sind Drehungen um alle drei Koordinatenachsen (▸ Abb. B.2).

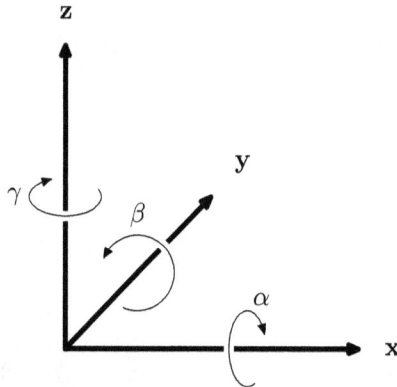

Abbildung B.2 Elementare Drehungen.

Drehung um α um die I-Achse

$$\mathbf{D_I} = \begin{pmatrix} 1 & 0 & 0 \\ 0 & \cos\alpha & \sin\alpha \\ 0 & -\sin\alpha & \cos\alpha \end{pmatrix} \qquad \text{(B.53)}$$

Drehung um β um die J-Achse

$$\mathbf{D_J} = \begin{pmatrix} \cos\beta & 0 & -\sin\beta \\ 0 & 1 & 0 \\ \sin\beta & 0 & \cos\beta \end{pmatrix} \qquad \text{(B.54)}$$

Drehung um γ um die K-Achse

$$\mathbf{D_K} = \begin{pmatrix} \cos\gamma & \sin\gamma & 0 \\ -\sin\gamma & \cos\gamma & 0 \\ 0 & 0 & 1 \end{pmatrix} \tag{B.55}$$

Parallelperspektive   Die Parallelperspektive kann durch folgende Matrix beschrieben werden, wobei angenommen wird, dass die **J**-Achse aus der Bildebene herauszeigt:

$$\mathbf{P_J} = \begin{pmatrix} 1 & -s_x & 0 \\ 0 & 0 & 0 \\ 0 & -s_z & 1 \end{pmatrix} \tag{B.56}$$

Pseudo-Zentralperspektive   Eine vereinfachte Zentralperspektive kann wie folgt beschrieben werden. Wiederum zeigt die **J**-Achse aus der Bildebene heraus:

$$\mathbf{P_J} = \begin{pmatrix} \exp(kj) & -s_x & 0 \\ 0 & 0 & 0 \\ 0 & -s_z & \exp kj \end{pmatrix} \tag{B.57}$$

Diese Konstruktion simuliert einen Fluchtpunkt durch Verkürzung in Abhängigkeit von j. Die Grösse k beschreibt das Mass der perspektivischen Verkürzung (k gross bedeutet eine starke Verkürzung).

C Glossar und Symbolverzeichnis

C.1 Benutzte mathematische Symbole

Symbol	Bedeutung
Az	Azimut eines Objektes in topozentrischen polaren Koordinaten (Az, El) ($\triangleright$ Glg. 1.39)
a	a) Große Halbachse einer Ellipse ($\triangleright$ Absch. B.5) b) Bahnelement, große Halbachse ($\triangleright$ Absch. 2.7)
AE	Astronomische Einheit (Entfernung Erde–Sonne), $1\,\text{AE} = 149\,597\,870\,\text{km}$
$\mathbf{B}$	Runge-Lenz-Vektor, $\mathbf{B} = \mu e \mathbf{P} = \mathbf{v} \times \mathbf{h} - \frac{\mu}{r}\mathbf{r}$ ($\triangleright$ Absch. 2.5)
b	a) Kleine Halbachse einer Ellipse, $b = a\sqrt{1-e^2}$ ($\triangleright$ Absch. B.5) b) Ekliptikale Breite der polaren Darstellung (r, l, b) ($\triangleright$ Absch. 1.3.1, $\triangleright$ Glg. 1.21)
c	a) Brennweite oder lineare Exzentrizität einer Ellipse, $c = \sqrt{a^2 - b^2}$ ($\triangleright$ Absch. B.5) b) Lichtgeschwindigkeit, $c = 299\,792\,458\,\text{m s}^{-1}$
$\mathbf{D}_{i,j,k}$	Rotationsmatrizen für Drehungen um die $\mathbf{I}$-, $\mathbf{J}$- oder $\mathbf{K}$-Achse eines IJK-Systems ($\triangleright$ Absch. B.6)
$\mathbf{D}$	Drehmoment $\mathbf{D} = \frac{d}{dt}\mathbf{L} = \mathbf{r} \times \mathbf{F}$ ($\triangleright$ Absch. B.1.2)
$\mathbf{E}$	Einheitsvektor im SEZ-System ($\triangleright$ Absch. 1.3.6)
$\mathbf{e}$	Exzentrizitätsvektor $\mathbf{e} = e\mathbf{P} = \frac{1}{\mu}\mathbf{B}$ ($\triangleright$ Absch. 2.5, $\triangleright$ Glg. 2.27, $\triangleright$ Glg. 2.26)
e	a) Numerische Exzentrizität einer Ellipse, $e = \frac{c}{a}$ ($\triangleright$ Absch. B.5) b) Bahnelement, numerische Exzentrizität ($\triangleright$ Absch. 2.7)
El	Elevation eines Objektes in topozentrischen polaren Koordinaten (Az, El) ($\triangleright$ Glg. 1.39)
$\mathbf{F}$	a) Brennpunkt einer Ellipse ($\triangleright$ Absch. B.5) b) allgemein: Kraftvektor. Geradlinig: $\mathbf{F} = \frac{d}{dt}\mathbf{p} = m\dot{\mathbf{v}} = m\mathbf{a}$ ($\triangleright$ Absch. B.1.1)
$\mathbf{F}_{\text{ZP}}$	Zentripetalkraft $\mathbf{F}_{\text{ZP}} = m\boldsymbol{\omega} \times (\boldsymbol{\omega} \times \mathbf{r})$ ($\triangleright$ Absch. B.1.2)
F_{ZP}	Betrag der Zentripetalkraft $F_{\text{ZP}} = m\omega^2 r = \frac{mv^2}{r}$ ($\triangleright$ Absch. B.1.2)
G	Allgemeine Gravitationskonstante, $G = 6{,}672 \cdot 10^{-11}\,\text{m}^3\text{kg}^{-1}\text{s}^{-2}$
$\mathbf{h}$	Spezifischer Bahndrehimpuls $\mathbf{h} = \mathbf{r} \times \mathbf{v}$ ($\triangleright$ Absch. 2.1.2 auf S. 46)
H	Höhenlage eines Beobachters der polaren Darstellung (λ_E, L, H) ($\triangleright$ Absch. 1.2)
$\mathbf{I}$	Einheitsvektor im IJK-System
i	Bahnelement, Inklination ($\triangleright$ Absch. 2.7)
$\mathbf{J}$	Einheitsvektor im IJK-System
$\mathbf{K}$	Einheitsvektor im IJK-System
k	Gausssche Gravitationskonstante, $k = 0{,}017\,202\,098\,95\,\text{AE}^{3/2}M_{\odot}^{-1/2}\text{d}^{-1}$

k^2	Quadrat der Gausssschen Gravitationskonstante, $k^2 = 2,959\,122\,083 \cdot 10^{-4}\,\mathrm{AE}^3 M_\odot^{-1} \mathrm{d}^{-2}$
$\mathbf{L}$	Bahndrehimpuls $\mathbf{L} = \mathbf{r} \times \mathbf{p} = \mathbf{r} \times m\mathbf{v}$ (▸Absch. B.1.2)
L	a) Geographische Breite eines Beobachters der polaren Darstellung (λ_E, L, H) (▸Absch. 1.2)
	b) Betrag des Bahndrehimpulsvektors (▸Absch. B.1.2)
	c) Bahnelement, mittlere Länge $L = M + \bar\omega = M + \Omega + \omega$ (▸Absch. 2.7)
LJ	Lichtjahr, $1\,\mathrm{LJ} = 63\,240,37\,\mathrm{AE} = 9,4605 \cdot 10^{-15}\,\mathrm{m}$
l	Ekliptikale Länge der polaren Darstellung (r, l, b) (▸Absch. 1.3.1, ▸Glg. 1.21)
$M_\odot$	Masse der Sonne, $M_\odot = 1,9891 \cdot 10^{30}\,\mathrm{kg}$
$M_\oplus$	Masse der Erde, $M_\oplus = \frac{1}{328\,900,56} M_\odot$
M	Bahnelement, mittlere Anomalie $M = L - \Omega - \omega = L - \bar\omega$ (▸Absch. 2.7)
$\mathbf{N}$	Allgemein: Normalenvektor
n	Mittlere Bewegung $n = \frac{M(t)-M(T)}{t-T} = \sqrt{\frac{\mu}{a^3}}$ (▸Absch. 2.8.2)
$\mathbf{P}$	Einheitsvektor im PQW-System (▸Absch. 1.3.5)
P	Leistung $P = \frac{d}{dt}W = \mathbf{F} \cdot \mathbf{v}$ (▸Absch. B.1.1)
$\mathbf{p}$	Impuls $\mathbf{p} = m\mathbf{v}$ (▸Absch. B.1.1)
p	Halbparameter einer Ellipse, $p = \frac{b^2}{a} = a(1 - e^2)$ (▸Absch. B.5)
$\mathbf{Q}$	Einheitsvektor im PQW-System (▸Absch. 1.3.5)
$\mathbf{R}_{\mathbf{abc}\to\mathbf{def}}$	Rotationsmatrizen aus einem ABC- in ein DEF-System (▸Absch. 1.3.2, ▸Absch. 1.3.5, ▸Absch. 1.3.6)
$\mathbf{R}$	helio- oder geozentrischer oder perifokaler Ortsvektor
$\mathbf{r}$	helio- oder geozentrischer oder perifokaler Ortsvektor
r	a) Länge des Ortsvektors (Bahndarstellung in Polarkoordinaten (r, ν)
	b) Entfernung eines Objektes in polaren Koordinaten (r, α, δ) (▸Absch. 1.3.2, ▸Glg. 1.25)
	c) Entfernung eines Objektes in polaren Koordinaten (r, l, b) (▸Absch. 1.3.1, ▸Glg. 1.21)
$\mathbf{S}$	Einheitsvektor im SEZ-System (▸Absch. 1.3.6)
$\mathbf{T}$	Allgemein: Tangentenvektor
T	Bahnelement, Zeit des Periapsis-Durchgangs (▸Absch. 2.7)
t	a) Zeit allgemein
	b) Stundenwinkel (▸Absch. 1.1.10)
$\mathbf{v}$	a) helio- oder geozentrischer oder perifokaler Geschwindigkeitsvektor
	b) Bahngeschwindigkeit $\mathbf{v} = \boldsymbol\omega \times \mathbf{r}$ (▸Absch. B.1.2)
$\mathbf{W}$	Einheitsvektor im PQW-System (▸Absch. 1.3.5)
W	Arbeit in einem Kraftfeld $\mathbf{F}$ längs eines Wegs C $W = \mathbf{F} \cdot \mathbf{s} = \int_C \mathbf{F}(\mathbf{r})\,d\mathbf{r}$ (▸Absch. B.1.1)
$\mathbf{Z}$	Einheitsvektor im SEZ-System (▸Absch. 1.3.6)
α	Rektaszension eines Objektes in polaren Koordinaten (r, α, δ) (▸Absch. 1.3.2, ▸Glg. 1.25)
δ	Deklination eines Objektes in polaren Koordinaten (r, α, δ) (▸Absch. 1.3.2, ▸Glg. 1.25)
λ_E	Geographische Länge eines Beobachters der polaren Darstellung (λ_E, L, H) (▸Absch. 1.2)

μ	a) Standardgravitationsparameter eines Körpers $\mu = Gm$ oder zweier Körper $\mu = G(m+M)$; b) Reduzierte Masse eines Zweikörpersystems $\mu = \frac{mM}{m+M}$
ρ	topoozentrischer oder perifokaler Ortsvektor
$\dot{\rho}$	topoozentrischer oder perifokaler Geschwindigkeitsvektor
ν	Winkel zwischen Ortsvektor und einem Basisvektor (Bahndarstellung in Polarkoordinaten (r, ν))
θ	Lokale siderische Zeit eines Ortes (☞ Absch. 1.1.9)
θ_g	Lokale Sternzeit von Greenwich zum Zeitpunkt t (☞ Absch. 1.1.9)
Ω	Bahnelement, Länge des aufsteigenden Knotens (☞ Absch. 2.7)
ω	Bahnelement, Argument der Periapsis (☞ Absch. 2.7)
$\bar{\omega}$	Bahnelement, Länge der Periapsis $\bar{\omega} = \Omega + \omega$ (☞ Absch. 2.7)
$\omega_\oplus$	Winkelgeschwindigkeit der Erdrotation (☞ Absch. 1.1.9)

C.2 Glossar

Im folgenden werden einige allgemeine astronomische Begriffe benötigt, die hier kurz vorgestellt werden sollen, ☞ Abb. C.1. Eine tiefergehende Einführung in die astronomischen Hintergründe ist in [4] [5] [8] [9] zu finden.

- Basis-, Bezugs-, Referenz- oder Fundamentalsystem: Bei der Beschreibung der Bahn eines Himmelskörpers wird häufig auf ein perifokales oder PQW-System zurückgegriffen, in dem die Bahnebene der **PQ**-Ebene entspricht. Wie in ☞ Absch. 1.3.5 dargestellt wurde, kann die Bahn in diesem System besonders einfach formuliert werden.

  Die Lage der Bahn im Raum wird dagegen meist in einem übergeordneten kartesischen IJK-System, etwa einem helio- oder geozentrischem System, beschrieben. Das heliozentrische Bezugssystem eignet sich besonders zur Beschreibung der Bewegung von Körpern des Sonnensystems, während das geozentrische System sich zur Beschreibung der Bewegung von terrestrischen Satelliten eignet.

  In ☞ Absch. 1.3.5 wird der Zusammenhang zwischen IJK- und PQW-Systemen dargestellt.

- Fundamentalebene: die **IJ**-Ebene des IJK-Systems, das der Beschreibung des Orbits zugrundeliegt, z. B. ein helio- oder geozentrisches System.

- Knotenlinie: die Schnittlinie zwischen der **IJ**-Ebene und der Bahnebene (der **PQ**-Ebene, wenn die Bahn in einem PQW-System beschrieben ist).

- Knoten: die beiden Schnittpunkte zwischen der **IJ**-Ebene und der Bahn.

- Aufsteigender Knoten: der Schnittpunkt zwischen der **IJ**-Ebene und der Bahn, an dem die Bahn zu positiven Werten von **K** (oder von Süden nach Norden) wechselt.

- Absteigender Knoten: der Schnittpunkt zwischen der **IJ**-Ebene und der Bahn, an dem die Bahn zu negativen Werten von **K** (oder von Norden nach Süden) wechselt.

- Apoapsis, Periapsis: die beiden Punkte der Bahn, an dem der Körper die maximale (Apoapsis) und minimale (Periapsis) Entfernung vom Brennpunkt aufweist. Steht die Sonne im

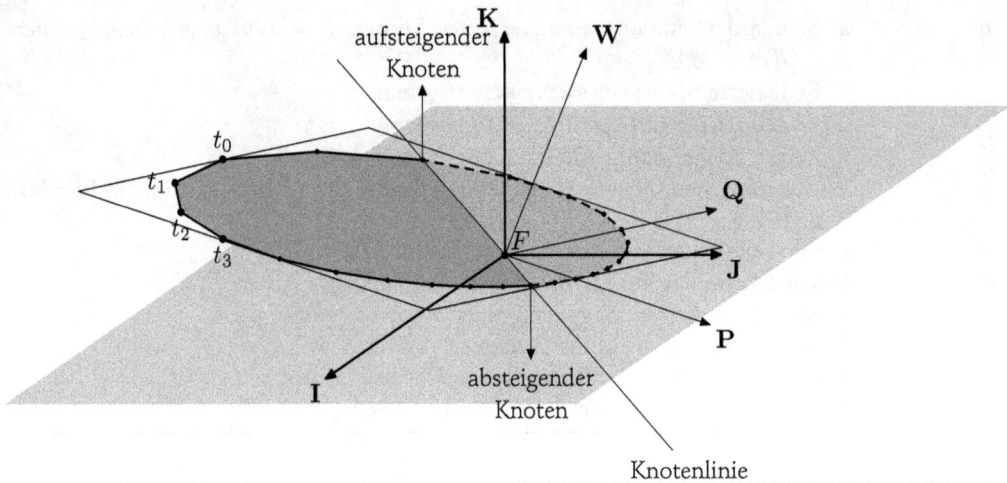

Abbildung C.1 Wichtige Begriffe im Zusammenhang mit Bahnberechnungen. Das kartesische IJK-System ist das Bezugssystem mit dem Ursprung im Bezugskörper (für Bahnberechnungen im Sonnensystem z. B. die Sonne, d. h. das IJK-System ist dann ein heliozentrisches System). Der Bezugskörper ist gleichzeitig der Brennpunkt der Bahnellipsen des umlaufenden Körpers, dessen Bahn einfach in einem perifokalen oder PQW-System beschrieben werden kann. Die Knotenlinie ist die Schnittlinie zwischen der **IJ**- und der **PQ**- oder Bahnebene.

Brennpunkt wie bei Planetenumläufen, wird auch von Aphel und Perihel gesprochen. Steht die Erde im Brennpunkte, werden die Punkte Apogäum und Perigäum genannt.

Allgemein wird von den Apsiden gesprochen, wenn beide Punkte gemeint sind.

Literaturverzeichnis

[1] R. R. Bate, D. D. Mueller, J. E. White, *Fundamentals of Astrodynamics*, Dover Publications, Inc.1971, New York, ISBN 0-486-60061-0

[2] D. A. Vallado, W. D. McClain, *Fundamentals of Astrodynamics and Applications*, Springer Verlag 2007, ISBN 978-0387718316

[3] A. Guthmann, *Einführung in die Himmelsmechanik und Ephemeridenrechnung*, Spektrum, Akad. Verlag, 2. Auflage 2000, ISBN 978-3827405746

[4] A. Weigert, H. J. Wendker, L. Wisotzki, *Astronomie und Astrophysik*, WILEY-VCH Weinheim, 4. Auflage 2005, ISBN 3-527-40358-2 Spektrum, Akad. Verlag 2000, Heidelberg, Berlin, 2. Auflage, ISBN 3-8274-0574-2

[5] W. Broda, *Astronomischer Berechnungs Cocktail*, Oculum Verlag 2007, Erlangen, ISBN 3-938469-15-3 Spektrum, Akad. Verlag 2000, Heidelberg, Berlin, 2. Auflage, ISBN 3-8274-0574-2

[6] R. H. Battin, *An introduction to the mathematics and methods of astrodynamics*, American Institute of Aeronautics and Astronautics, New York, rev. ed. 1999, ISBN 978-1563473425 Spektrum, Akad. Verlag 2000, Heidelberg, Berlin, 2. Auflage, ISBN 3-8274-0574-2

[7] O. Montenbruck, *Grundlagen der Ephemeridenrechnung*, Springer Spektrum, 7. Auflage 2009, ISBN 978-3-8274-2292-7

[8] O. Montenbruck, T. Pfleger, *Astronomie mit dem Personal Computer*, Springer Verlag 1999, Heidelberg, Berlin, 3. Auflage, ISBN 3-540-66218-9

[9] B. W. Carroll, D. A. Ostlie, *An Introduction to Modern Astrophysics*, Pearson–addison-Wesley 2007, 2nd edition, ISBN 0-8053-0402-9

[10] Website des NASA Jet Propulsion Labors, JPL Solar System Dynamics: http://ssd.jpl.nasa.gov/ (Zugriff am 04.05.2014)

[11] NASA Jet Propulsion Labor, Online-Berechnung des julianischen Datums: http://ssd.jpl.nasa.gov/tc.cgi#top (Zugriff am 04.05.2014)

[12] NASA Jet Propulsion Labor, Onlinezugang zu einem wissenschaftlichen Ephemeriden-Berechnungs-Werkzeug: http://ssd.jpl.nasa.gov/horizons.cgi#top (Zugriff am 04.05.2014)

[13] NASA Jet Propulsion Labor, *Keplerian Elements for Approximate Positions of the Major Planets*: http://ssd.jpl.nasa.gov/?planet_pos, speziell das Dokument http://ssd.jpl.nasa.gov/txt/aprx_pos_planets.pdf und die Tabelle der Bahnelemente http://ssd.jpl.nasa.gov/txt/p_elem_t1.txt (Zugriff am 14.05.2014)

[14] Website des U.S. Naval Observatory, Astronomical Applications: http://www.usno.navy.mil/USNO/astronomical-applications (Zugriff am 04.05.2014), speziell die Programmbibliothek NOVAS (Naval Observatory Vector Astrometry Software) zur Durchführung von astrometrischen Berechnungen: http://aa.usno.navy.mil/software/novas/novas_info.php (Zugriff am 04.05.2014)

[15] U.S. Naval Observatory, Astronomical Applications (Ermittlung der Greenwich-Sternzeit): http://aa.usno.navy.mil/faq/docs/GAST.php (Zugriff am 04.05.2014)

[16] U.S. Naval Observatory, Astronomical Applications (Online-Berechnung der Sternzeit nach geographischer Länge und Breite): http://tycho.usno.navy.mil/sidereal.html (Zugriff am 04.05.2014)

[17] Website des U.S. Naval Observatory, Astronomical Applications zur Berechnung von Sonnenauf- und Sonnenuntergangszeiten, http://aa.usno.navy.mil/data/docs/RS_OneYear.php (Zugriff am 04.05.2014)

[18] IAU Standards Of Fundamental Astronomy, Fortran SOFA Libraries (astronomische Bibliothek): http://www.iausofa.org/index.html (Homepage, Zugriff am 04.05.2014), http://www.iausofa.org/current.html (Fortran-Bibliothek, Zugriff am 04.05.2014)

[19] J. Meyer, *Die Sonnenuhr und ihre Theorie*, Europa-Lehrmittel Verlag 2008, ISBN 978-3808554920

[20] A. Zenkert, *Faszination Sonnenuhr*, Verlag Harri Deutsch, 2005, ISBN 978-3808555149

[21] A. Barmettler, *Die Zeitgleichung*, einfache Näherungsformeln für Zeitgleichung, Sonnenauf- und Sonnenuntergangszeiten: http://lexikon.astronomie.info/zeitgleichung (Zugriff am 20.05.2014)

Weitere Bücher des gleichen Autors

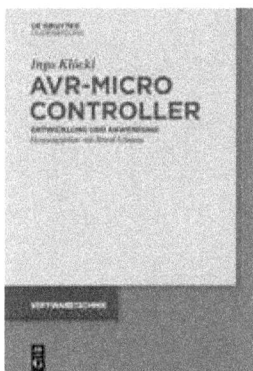

AVR®Mikrocontroller
ISBN 978-3-11-040769-3, de Gruyter-Verlag 2015
Für Programmierer: Embedded-Entwicklung mit den Mikrocontrollern der ATmega®-Serie von Atmel®: Struktur von Firmware in C und Assembler, Interruptprogrammierung, direkte Programmierung der Peripherieeinheiten wie Digital-I/O, Timer/Counter, ADC sowie Kommunikation über TWI, SPI und USART.

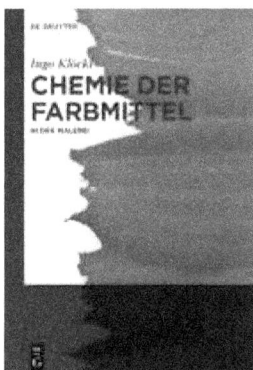

Chemie der Farbmittel. In der Malerei.
ISBN 978-3-11-037453-7, de Gruyter-Verlag 2015
Für Neugierige: Womit haben Maler ihre Bildwirkung erreicht? Welche Farben haben sie verwendet und woraus bestehen sie? Was hält die Farbe auf dem Malgrund, was ist Leim und wieso kann man mit Milch und Eiern malen? Das Buch betrachtet Kunstwerke mit den Augen des Chemikers und beantwortet Fragen zu den verwendeten Pigmenten, Bindemitteln und der Zusammensetzung von Künstlerfarben. Es fasst weit verstreutes Wissen zusammen, eine umfangreiche Bibliographie weist den Weg zu Originalarbeiten und weiterführenden Fachbüchern.

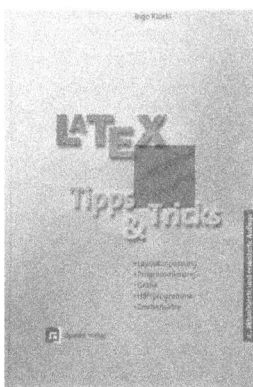

Latex – Tipps und Tricks
ISBN 978-3898641456, dpunkt-Verlag, 2., aktualis. u. erw. Auflage 2002
Für fortgeschrittene LaTeX-Anwender: Anpassung und Erweiterung von Gestaltungselementen wie Inhaltsverzeichnis, Fließobjekte, Fußnoten, Überschriften, Bibliographien und Register. Vorstellung wichtiger Hilfsprogramme, Erweiterungspakete und Zeichensätze.

Index

www.ingramcontent.com/pod-product-compliance
Lightning Source LLC
Chambersburg PA
CBHW051215200326
41519CB00025B/7128